Cornel Stan
(Hrsg.)

Direkteinspritzsysteme

Springer

*Berlin
Heidelberg
New York
Barcelona
Hongkong
London
Mailand
Paris
Singapur
Tokio*

Cornel Stan
(Hrsg.)

Direkteinspritzsysteme

für Otto- und Dieselmotoren

Mit 187 Abbildungen

Springer

Professor Dr.-Ing. habil. CORNEL STAN
Westsächsische Hochschule Zwickau (FH)
Forschungs- und Transferzentrum e. V.
Dr.-Friedrichs-Ring 2
D-08056 Zwickau

e-mail: cornel.stan@fh-zwickau.de

ISBN-13: 978-3-642-64237-1

Die Deutsche Bibliothek – CIP-Einheitsaufnahme

Direkteinspritzsysteme: für Otto- und Dieselmotoren / Hrsg.: Cornel Stan. – 1. Auflage. – Berlin;
Heidelberg; New York; Barcelona; Hongkong; London; Mailand; Paris; Singapur; Tokio: Springer, 1999
(VDI-Buch)
ISBN-13: 978-3-642-64237-1

ISBN-13: 978-3-642-64237-1   e-ISBN-13: 978-3-642-60059-3
DOI: 10.1007/978-3-642-60059-3

© Springer-Verlag Berlin Heidelberg 1999
Softcover reprint of the hardcover 1st edition 1999

Einbandentwurf: Struve & Partner GmbH, Heidelberg
Satz: Camera ready-Vorlage des Herausgebers
SPIN: 10684505   68/3020 - 5 4 3 2 1 0 - Gedruckt auf säurefreiem Papier

Vorwort

„Die Kraft ist ein Kind stofflicher Bewegung und ein Enkel der geistigen Bewegung"

(Leonardo da Vinci, 1452-1519)

Der Stoffwechsel zwischen der Kraftmaschine und ihrer – beziehungsweise unserer - Umwelt erfährt derzeit eine sehr starke Wandlung: weniger Stoff durch mehr Geist, ohne Beeinträchtigung der Kraft selbst. Die Kraft als solche im Dienste der Mobilität erscheint derzeit als unantastbar: über das Drei-Liter-Auto im Sinne des Streckenverbrauchs wird gesprochen, das Hubraum-Drei-Liter-Auto ist aber der Verkaufsschlager. Für das eine werden Limitierungsgesetze erlassen, das andere wird eben als Gesetz der Marktwirtschaft interpretiert und der Ingenieur hat das Problem zu lösen – mehr Kraft mit geringerem Stoffwechsel. Dabei bedeutet Stoffwechsel nicht nur die Energiezufuhr, sondern auch die Struktur der Abfuhrstoffe, als Emissionen.

Die Bilanz des Austausches zwischen dem Verbrennungsmotor im Otto- oder Dieselverfahren und seiner Umwelt hängt maßgeblich von der Art der Gemischbildung zwischen Luft und Kraftstoff ab, als Voraussetzung für einen entsprechenden Verbrennungsvorgang.

Die Gemischbildungskonzepte für Ottomotoren sind derzeit von einer Konvergenz geprägt, die zu einer neuen Qualität führt: nach der allgemeinen Ablösung der Vergaser durch elektronisch gesteuerte und geregelte Saugrohreinspritzanlagen bilden gegenwärtig die Systeme zur Kraftstoffdirekteinspritzung – aufgrund ihrer Verbrauchs- und Emissionsvorteile - die bevorzugte Alternative. Dabei stellen jedoch die verkürzte Gemischbildungsdauer und die Beibehaltung optimaler Gemischbildungskenngrößen in einem breiten Last-/ Drehzahlbereich des Motors wesentliche Probleme dar, wofür Lösungsstrategien noch entwickelt werden.

Für Dieselmotoren ist die Direkteinspritzung als das Gemischbildungskonzept mit den besten Perspektiven bereits anerkannt. Die geeignete Art des Einspritzsystems – als Hauptkriterium der Gemischbildung - ist allerdings ein noch zu optimierendes Problem: ein breites Band der Arbeitsfrequenz, exakte Steuerung und Regelung, niedriger energetischer und konstruktiver Aufwand sind nur einige Komponenten des Problems, welche für die Wahl des geeigneten Systems zwischen Pumpe-Düse, Verteiler-Pumpe oder Common Rail Bedeutung haben.

Die Aktualität der Thematik Direkteinspritzung für Otto- und Dieselmotoren resultiert auch aus deren zunehmender Betrachtung auf internationalen Kongressen und darüber hinaus (und was kann mehr überzeugen ?) durch eine regelrechte Polarisierung auf bestimmte Einspritzkonzepte, wovon einige bereits in Serie überführt werden.

Es ist dennoch erst der Anfang eines Entwicklungsweges, der zwischen Potential und komplexen Problemen für die Spezialisten – Wissenschaftler, Entwicklungsingenieure und Praktiker im Werkstattbetrieb - einige Engpässe aufweisen wird. Die interaktive Funktion eines Gemischbildungssystems in der Gesamtheit eines modernen Antriebs oder Fahrzeugs, aber auch die interdisziplinären Komponenten während dessen Entwicklung macht die Thematik nicht nur für Motorspezialisten, sondern auch für Elektroniker, Informatiker und Technologen interessant. Diese Erfahrung, verstärkt von der Überzeugung, daß auch unsere heutigen Studenten damit noch zu tun haben werden, waren Gründe dieses Buch herauszugeben.

Um die effiziente Ableitung eines auf die jeweilige Anwendung angepaßten Lösungsweges zu gewähren, erfolgt in dem Buch eine Synthese von modularen Konzepten nach ihrer Wirkungsweise und weiterhin eine Klassifizierung nach dem angewandten physikalischen Modell. Dies wird zu diesem Zeitpunkt als wichtiger für die Entwicklung von Direkteinspritzsystemen erachtet, als eine detaillierte Beschreibung einzelner technischer Lösungen – die zumindest für den Dieselbereich in anderen gegenwärtigen Fachpublikationen zu finden sind. Einige komplexe Lösungen werden dennoch als Beispiele aufgeführt.

Die theoretischen Grundlagen werden etwas allgemein gehalten, um so die Plattform für einen möglichst breiten Kreis von Spezialisten zu bilden, die interdisziplinär an entsprechenden Lösungen arbeiten. Die Betrachtungen werden andererseits auf das Einspritzsystem im Gemischbildungsprozeß polarisiert, bis zu einer mehr oder weniger exakt definierbaren Grenze zu den benachbarten Prozessen – Ladungswechsel und Verbrennung – zu welchen ein enger kausaler Zusammenhang besteht.

Bei der Darstellung unterschiedlicher Einspritzsysteme, der dazu gehörenden Gemischbildungsverfahren und der entsprechenden Entwicklungsstrategien wurde allgemein eine einheitliche Klassifizierung vorgenommen, um die Hauptkriterien einer solchen Unternehmung zu fixieren. Andererseits wurden jedoch bewußt einige Abweichungen von der einheitlichen Abhandlung jedes Verfahrens zugelassen, um die zum Teil unterschiedliche Herangehensweise der Entwicklungsteams zu zeigen, als Ansporn für die Kreativität zukünftiger Mitstreiter.

Die Klassifizierung und Darstellung eines derart komplexen und aktuellen Gebietes wäre kaum möglich gewesen, wenn anerkannte und geschätzte Fachkollegen aus Australien, Deutschland, Frankreich, Großbritannien, Japan und Österreich nicht in einer ausgezeichneten Form zu der Entstehung dieses Buches beigetragen hätten. Diese Zusammenarbeit ist nicht nur wegen Distanzen und Sprachbarrieren zu würdigen: Eine Besonderheit ist dabei die Tatsache, daß die Autoren an der Entwicklung von Konkurrenzprodukten derzeit intensiv beteiligt sind.

Auch das ist Zeichen einer neuen Qualität des Technikverständnisses, im Sinne einer besseren gemeinsamen Umwelt. Möge diese Ars Movendi mit Synergieantrieb auch andere Geister bewegen.

Zwickau im Sommer 1998   Cornel Stan

Inhaltsverzeichnis

Teil I
Direkteinspritzsysteme für Ottomotoren

Teil II
Direkteinspritzsysteme für Dieselmotoren

Autorenverzeichnis

Duret, Pierre, Dipl.-Ing., Institut Francais du Pétrole, Ruéil-Malmaison/France: Kap. 6

Heimel, Gerhard, Dipl.-Ing., AVL List GmbH, Graz/Österreich: Kap. 11

Houston, Rodney, Dr.-Ing., Orbital Engine Company, Perth/Australia: Kap. 7

Hummel, H.-G., Dipl.-Ing., Robert Bosch GmbH, Stuttgart/Deutschland: Kap. 9, 10.1

Iwamoto, Yasuhiko, Dipl.-Ing., Mitsubishi Motor Corporation, Okazaki/Japan: Kap. 3

Kampmann, Stefan, Dr.-Ing., Robert Bosch GmbH, Stuttgart/Deutschland: Kap. 4

Moser, Wilfried, Dr. techn., Robert Bosch GmbH, Stuttgart/Deutschland: Kap. 4

Nagl, Gerald, Dr.-Ing., AVL List GmbH, Graz/Österreich: Kap. 11

Newmann, Ramon, Dipl.-Ing., Orbital Engine Company, Perth/Australia: Kap. 7

Ofner, Herwig, Dr.-Ing., AVL List GmbH, Graz/Österreich: Kap. 13

Renner, Gregor, Dr.-Ing., Daimler Chrysler AG, Stuttgart/Deutschland: Kap. 10.2

Russel, Mike, Prof.-Dr. C Eng., Lucas Varity, Gillingham/United Kingdom: Kap. 8.1, 8.2

Stan, Cornel, Prof. Dr.-Ing. habil., Westsächsische Hochschule Zwickau/ Deutschland: Kap. 1, 2, 5, 8.3, 12, Gesamtkonzept, redaktionelle Überarbeitung, Übersetzungen

Teil I

Direkteinspritzsysteme für Ottomotoren

1 Direkteinspritzung als Element des Gemischbildungskonzeptes

1.1 Einführung

Die Entwicklung des Verbrennungsmotors ist durch periodische Polarisierungen von Lösungen gekennzeichnet, die jedes Mal ein qualitativ neues Konzept zur Folge hatten. Ein solcher Prozeß erfolgte auch auf dem Gebiet der Gemischbildung, indem die Direkteinspritzung nach den Dieselmotoren auch den Ottomotoren eine bessere Perspektive ermöglicht. Eine Perspektive, die in Anbetracht der imperativen Umwelterfordernissen wesentlich geändert werden mußte – was derzeit intensiv erfolgt – von dem geräuscherzeugenden Beschleunigungsmittel zu der rationellen und sauberen Art der Mobilität. Dafür ist einerseits die mit der Umwelt ausgetauschte Materie – in Form von Energieverbrauch und belastender Stoff- und Geräuschemission – zu minimieren, andererseits die Energieumwandlung in nutzbare Arbeit zu maximieren.

Die Energieumwandlung von der Wärme in mechanische Arbeit und ihre Nebenwirkungen in Form von Emissionen wird hauptsächlich vom Verbrennungsprozeß bestimmt, wofür wiederum die Art der Gemischbildung zwischen Luft und Kraftstoff die wesentliche Voraussetzung ist.

Ein ganzes Jahrhundert wurde bei Motoren mit Fremdzündung die äußere Gemischbildung – die meiste Zeit mittels Vergaser, in den letzten Jahrzehnten durch Saugrohreinspritzung – in vielen Varianten konzipiert und weiterentwickelt, bis hin zur elektronischen Steuerung oder Regelung.

Die innere Gemischbildung – durch Benzin-Direkteinspritzung – wurde erstmals im Jahre 1937 durch BOSCH bei Flugmotoren angewendet. Weitere Verfahren zur Benzin-Direkteinspritzung wurden in einem GUTBROD-Zweitaktmotor für Automobile (1952) und im Viertaktmotor des Mercedes 300 SL (1960) verwirklicht. Bei all diesen Varianten stand nicht der Verbrauch oder die Schadstoffemission, sondern die Leistung im Vordergrund.

Das Konzept der Gemischbildung vor dem Ladungswechsel – mittels Vergaser oder Saugrohreinspritzung – hatte dabei zwei Grundvorteile: Die relativ lange Dauer, die dem Gemischbildungsprozeß außerhalb des Arbeitsraumes zur Verfügung steht und die strömungsmechanischen Bedingungen, zum großen Teil stationär oder gut kontrollierbar.

Die längere Gemischbildungsdauer resultiert aus der Tatsache, daß der Mischungsvorgang – kontinuerlich oder intermittierend – allgemein unabhängig von den Zustandsänderungen im Arbeitszylinder erfolgen kann. Wenn beispielsweise die Gemischbildung als ein Vorgang je Arbeitsspiel konzipiert wird, kann die Kraftstoffzufuhr bereits im Ansaugtakt eines Viertaktmotors initiiert werden, was nicht nur eine lange Dauer vor Verbrennungsbeginn sondern auch lange Bahnen der Kraftstofftropfen vor Bildung des eigentlichen Brennraums gewährt.

Die vorteilhaften strömungsmechanischen Bedingungen für die Gemischbildung vor dem Ladungswechsel sind hauptsächlich ein Effekt des jeweiligen Druckwellenverlaufs der Luft im Ansaugrohr, der durch gut definierbare Richtung und Geschwindigkeit eine entsprechende Basis für die Kraftstoffzerstäubung und -verteilung bietet. Darüber hinaus ist die Luft im Ansaugsystem als weitgehend homogene Phase einer einzelnen Komponente zu betrachten – frei von Abgaszonen und bei niedrigem bzw. nahezu konstantem Druck.

All diese Voraussetzungen einer äußeren Gemischbildung – die in Bild 1.1 schematisch dargestellt ist – vereinfachen die Anforderungen an das Gemischbildungssystem selbst.

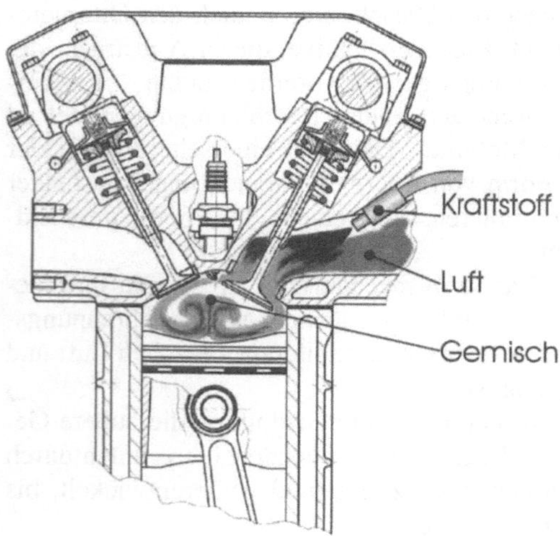

Bild 1.1: Gemischbildung vor dem Ladungswechsel

Im Falle einer Saugrohreinspritzung genügt beispielsweise ein Kraftstoffdruck von 4-5 bar, um eine gute Zerstäubung und Verteilung des Kraftstoffes auf die Luft zu erreichen.

Die Gemischbildung vor dem Ladungswechsel hat allerdings auch verfahrensbedingte Nachteile, die sich letzten Endes in Kraftstoffverbrauch und Schadstoffemission widerspiegeln; eine weitere Senkung dieser Werte ist allein durch Verbesserungen des Gemischbildungssystems selbst kaum noch möglich.

Ein erster Nachteil resultiert aus der Prozeßfolge in sich: Verluste an zugeführtem Arbeitsstoff während des Ladungswechsels (Spülverluste) – die auch bei modernen Steuersystemen in einem breiten Last/Drehzahlbereich vorkommen – beinhalten auch Kraftstoff, der bereits homogen in der Luft verteilt ist. Dieser Nachteil ist besonders gravierend bei schnellaufenden Zweitaktmotoren, entsprechend ihrer höheren Spülverluste, die bis zu 30% – im Vergleich zu 3-4% bei Viertaktmotoren – erreichen.

Ein weiterer Nachteil resultiert als Begleiterscheinung der bereits bei der Zufuhr zum Arbeitszylinder vorhandenen Gemischhomogenität – welche an sich Gemischbildungs- und Brennverzug verkürzt und einen hohen Gemischheizwert sichert. Ein solches homogenes Gemisch, allgemein bei stöchiometrischem Luft/Kraftstoff-Verhältnis ist nur unter Vollastbedingungen vom Vorteil. Bei Teillast muß entsprechend der Verringerung der Kraftstoffzufuhr auch die zugeführte Luftmenge reduziert werden, um die Zundfähigkeit des Gemisches im Fremdzündverfahren abzusichern. Diese Drosselung der Arbeitsstoffzufuhr beeinträchtigt den thermischen Wirkungsgrad und somit den spezifischen Kraftstoffverbrauch.

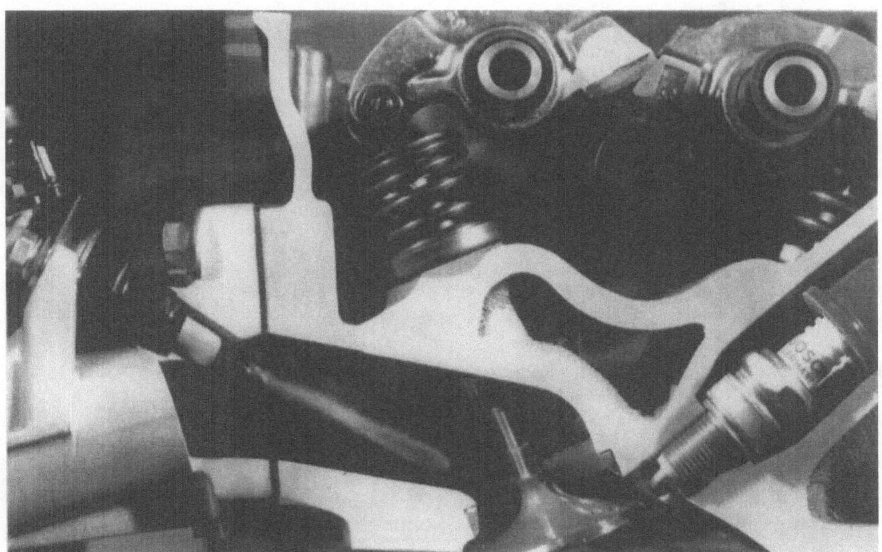

Bild 1.2: Gemischbildung im Ansaugtrakt

Die Gemischbildung im Ansaugrohr schafft zusätzlich das Problem des Gemischkontaktes mit den Wänden entlang seiner Strömungsrichtung – sei es im Ansaugtrakt selbst oder im Brennraum:

- Im Ansaugtrakt entstehen dadurch lokale Gemischanreicherungen die in folgenden Ansaugphasen unkontrollierbare Kraftstoffkonzentrationen ergeben; dieses Problem ist bei der Saugrohreinspritzung geringer als bei Vergaseranwendung aber grundsätzlich nicht vermeidbar, wie in Bild 1.2 ersichtlich ist.
- Im Brennraum ergibt der Kraftstoffkontakt mit der Wand entweder durch lokalen Sauerstoffmangel oder durch Reaktionskinetik bei niedriger Temperatur eine unvollständige Verbrennung, die insbesondere die Schadstoffemission begünstigt.

1.2
Gemischbildung nach dem Ladungswechsel

Die Gemischbildung nach dem Ladungswechsel – durch Direkteinspritzung in den Brennraum – die in Bild 1.3 schematisch dargestellt ist, bietet grundsätzlich die Möglichkeit die erwähnten Probleme zu vermeiden und schafft verfahrensbedingt weitere Potentiale, wie folgt:

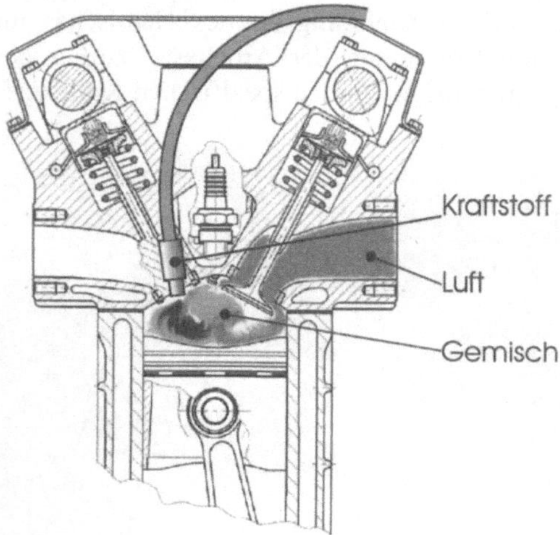

Bild1.3: Gemischbildung nach dem Ladungswechsel

– Vermeidung der Luftdrosselung im Ansaugsystem für Teillastgebiete, wenn durch die Kraftstoffdirekteinspritzung zwei Stoffgebiete im Brennraum (als Ladungsschichtung) realisierbar bzw. kontrollierbar werden:
• Ein Gebiet bestehend aus homogenem Luft/Kraftstoffgemisch im stöchiometrischen Verhältnis, ohne Diskontinuitäten bzw. mit klar definierten Grenzen, welches stets die Fremdzündquelle einschließt.
• Ein Gebiet bestehend aus reiner Luft, welches das brennbare Gemisch möglichst umhüllt, um Reaktionen an der Brennraumwand zu vermeiden.
– Erhöhung des Verdichtungverhältnisses und dadurch weitere Verbesserung des thermischen Wirkungsgrades durch Vermeidung von Klopfvorgängen. Grundvoraussetzungen dafür sind die wesentlich kürzere Gemischbildungsdauer, die nur während eines Teils des Kompressionsvorgangs erfolgt und die relativ kompakte Gemischzone im Brennraum.
– Erhöhung des absoluten Gemischheizwertes und dadurch der Energiedichte eines Motors.
Offensichtlich erreicht der maximale Gemischheizwert bei einem gegebenen Hubvolumen ein Maximum bei homogenem Gemisch – allgemein geringfügig unter dem stöchiometrischen Verhältnis – was grundsätzlich ein Vorteil der Gemischbildung vor dem Ladungswechsel ist. Dieser Vorteil kann mittels Di-

rekteinspritzung nicht nur relativiert sondern auch übertroffen werden: einerseits ermöglicht der Ladungswechsel mit reiner Luft die Konstruktion von Ansaugsystemen mit geringerem Strömungswiderstand, andererseits ist ein höherer Luftaufwand durch geänderte Steuerzeiten ohne Gemischverluste während der Zylinderspülung möglich. Durch solche Vorteile, die noch ausgeprägter durch Aufladung und erst recht durch Ladeluftkühlung wirken, kann die Masse der Luft in einem gegebenen Hubvolumen erhöht werden.

Es gilt zwar allgemein:

$$H_g \left[\frac{kJ}{m^3} \right] = \frac{H_u * \eta_u}{\lambda * L_{min}}$$

Dabei ist:

$$H_u \left[\frac{kJ}{kgKraftstoff} \right]$$

– unterer Heizwert des Kraftstoffs

$$L_{min} \left[\frac{kgLuft}{kgKraftstoff} \right]$$

– Luftbedarf für stöchiometrische Reaktionsbedingungen (Mindestluftbedarf)

$$\eta_u [-]$$

– Umsetzungsgrad bei der Verbrennung

$$\lambda [-]$$

– Luftverhältnis

Das ist jedoch ein relativer Gemischheizwert, bezogen auf die Einheit der angesaugten Luftmenge $L = \lambda * L_{min}$. Wenn zu dieser Luftmenge die entsprechende Kraftstoffmenge eingespritzt wird, so daß $\lambda = 1$ wird, bleibt der relative Gemischheizwert erhalten, während sein absoluter Wert, entsprechend der größeren Luft- und Kraftstoffmenge im Zylinder, steigt.

– Erhöhung des Gemischheizwerts in extensiver Form – mit der Bedingung, daß die Gemischbildung nach dem Ladungswechsel für Vollast auch bei einem homogenen Gemisch möglich ist.

– Möglichkeit der Gemischbildungssteuerung bis hin zum Beginn des Verbrennungsvorgangs bzw. der Korrelation zwischen den beiden Prozessen. Durch gezielte Variation der Einspritzmenge, des Einspritzverlaufes und der Anpassung zwischen Einspritz- und Zündbeginn können beispielsweise Beschleunigungsvorgänge besser gestaltet werden. Bei der Gemischbildung vor dem Ladungswechsel wirkt jede Steuerung oder Regelung nur bis zum Schließen des Einlaßventils, auf das Gemisch im Zylinder kann dann während des Kompressionsvorgangs kein Einfluß mehr genommen werden.

– Dieses Potential kann weiterhin während der Verbrennung genutzt werden um die Reaktionskinetik und damit die Bildung der Reaktionsprodukte zu steuern. Ein entsprechendes Verfahren wird derzeit bei der Direkteinspritzung in Dieselmotoren genutzt, wobei durch sequentielle Einspritzung von Kraftstoff und Wasser die Flammentemperatur und dadurch die NO_x-Bildung reduziert werden kann.

Diese Vorteile sind nur dann vom Nutzen, wenn durch das Einspritzsystem gewährleistet werden kann, daß eine vollständige Gemischbildung trotz der für Direkteinspritzung verhältnismäßig kurzen Dauer und komplexen Strömungsbedingungen zustande kommt. Bezüglich der Strömungsbedingungen sind im Vergleich zu der Gemischbildung vor dem Ladungswechsel folgende Aspekte zu beachten:

– der Gegendruck der Luft während der Kraftstoffeinspritzung entspricht dem Kompressionsverlauf im Arbeitszylinder und nimmt mit der Verstellung des Einspritzbeginns nach spät zu, was eine Verzögerung der Strahlgeschwindigkeit verursacht.
– die Luft, die im Zylinder für die Gemischbildung vorhanden ist, weist wegen Brenngasresten nicht nur homogene Bereiche auf.
– die Gemischbildungsbedingungen sind im Vergleich zu dem entsprechenden Vorgang im Ansaugrohr stark instationär.

Weiterhin ist die Lage der Fremdzündquelle an einer Brennraumwand kein Nachteil für ein stets homogenes Gemisch wie bei Saugrohreinspritzung, kann aber während der Direkteinspritzung Probleme bereiten, wenn die Kraftstoffstrahlkenngrößen kombiniert mit der variablen Luftbewegung, last- und drehzahlabhängige Konzentrationsbereiche des Gemisches ergeben. Dadurch kann die Zündung in einer Gemischzone mit nicht stöchimetrischen Verhältnissen erfolgen, was den weiteren Verbrennungsablauf beeinträchtigt. Lang dauernde Zündfunken oder mehrere örtlich verteilte Zündkerzen sind in diesem Zusammenhang prinzipiell geeignet aber praktisch kaum umsetzbar

1.3
Korrelation der Luft- und Kraftstoffbeteiligung an der Gemischbildung

Grundsätzlich gilt, luft- und kraftstoffseitig die Voraussetzungen für eine Schichtung oder Homogenisierung des Gemisches vor der Zündquelle zu schaffen, die weitgehend reproduzierbar und unabhängig von Last und Drehzahl bleibt.

Luftseitig ist dies durch die Erhöhung des Luftaufwandes im Zylinder erreichbar, d. h. durch dessen bessere Spülung, um die Restgaskerne zu entfernen. Dieses Potential ist – wie bereits erwähnt - gerade bei Kraftstoff-Direkteinspritzung im höchsten Maße vorhanden.

Kraftstoffseitig soll der Einspritzstrahl nicht nur eine gute Anpassung an den jeweiligen Brennraum durch:

– Geschwindigkeitsverlauf ,
– Eindringtiefe (Penetration) des Einspritzstrahls,
– Form des Einspritzstrahls und
– Tropfengröße

aufweisen, sondern diese Kenngrößen sollen im größtmöglichen Teil des Motorkennfeldes beibehalten werden. Offensichtlich ist dies in Abhängigkeit der Motorlast nur zum Teil erfüllbar, dadurch daß die Einspritzmenge selbst variabel wird. Um so wichtiger ist dann, daß die Einspritzstrahlkenngrößen grundsätzlich unabhängig von der Motordrehzahl bleiben bzw. im Idealfall als Optimierungsfunktion entsprechend dem Verbrennungsverlauf an verschiedene Drehzahlbereiche angepaßt werden. Die meisten Einspritzpumpen, deren Pumpenelemente von Nocken angetrieben werden, zeigen jedoch gerade eine starke Abhängigkeit des Einspritzverlaufes von der Motordrehzahl, die für den Gemischbildungsvorgang sehr nachteilig ist. Beispielsweise verursacht in solchen Fällen die Drehzahlsenkung eine geringere Strahlgeschwindigkeit und -länge bzw. größere Tropfendurchmesser. Andererseits ist bei geringer Drehzahl auch die Luftenergie im Brennraum als Träger der Gemischbildung niedriger. Diese Voraussetzungen führen meistens zu unvollständiger Verbrennung mit negativen Konsequenzen bezüglich Kraftstoffverbrauch und Schadstoffemission.

Daraus ist folgendes ideales Gemischbildungsmodell ableitbar:

– eine erste Zone im Brennraum – in direktem Kontakt mit der Zündquelle – enthält stöchiometrisches Luft/Kraftstoffgemisch mit ausreichender Kraftstoffzerstäubung und homogener Verteilung
  eine zweite Zone, bestehend aus reiner Luft oder Restgas umgibt die erste Zone – bis auf den Zündquellenbereich – als weiträumiger Schutz vor einem direkten Kontakt des frischen Gemisches mit den Brennraumwänden, wo Sauerstoffmangel oder eine kalte Wand die vollständige Verbrennungsreaktion beeinträchtigen kann. In Bild 1.4. ist dieser Zusammenhang schematisch dargestellt.

Die erreichte Konfiguration soll möglichst im gesamten Drehzahlbereich beibehalten und in einem breiten Lastbereich nicht wesentlich geändert werden.

Die mögliche Beteiligung verschiedener Komponenten an den Gemischbildungsprozeß kann wie folgt zusammengefaßt werden [1.2], [1.5], [1.6], [1.7], [1.9], [1.10], [1.13], [1.14], [1.15], [1.16]:

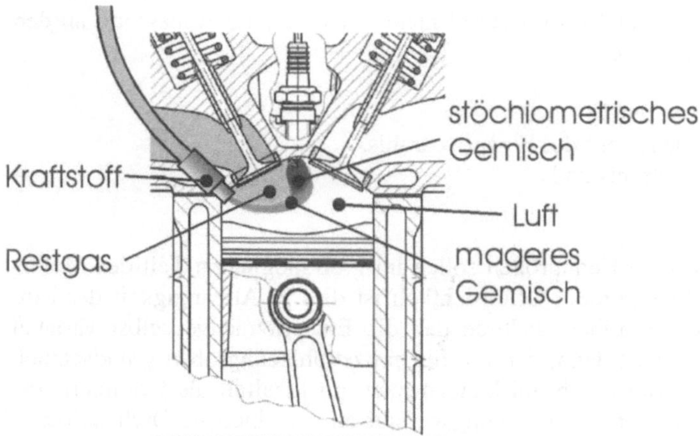

Bild 1.4: Ideales Gemischbildungsmodell

- ***Beteiligung des Kraftstoffes an der Gemischbildung**** durch:

– Modulation des Einspritzverlaufs bzw. Anpassung der resultierenden Einspritzmenge
– Lage und geometrische Auslegung der Einspritzdüse – woraus die Form des Einspritzstrahls resultiert
– Einspritzbeginn und Einspritzdauer

- ***Beteiligung der Luft an der Gemischbildung**** durch:

– Abmessungen bzw. Geometrie der Ansaugrohre – wodurch der Massenstrom und der Geschwindigkeitsprofil der Luft bestimmt werden.
– Steuerung der Ladungswechsels durch die Ventilöffnungszeiten – woraus der Fanggrad resultiert
– Druckverlauf der Luft am Zylindereingang – durch Aufladung oder durch Resonanzwellen – zur Steuerung der Luftmenge im Zylinder bzw. der Luftenthalpie, die während der Gemischbildung zum Teil in kinetische Energie umsetzbar ist.

- ***Unterstützung der Gemischbildung**** durch:

– Form des Brennraumes
– Lage der Fremdzündquelle
– Zündbeginn und -dauer

Grundsätzlich sollte jeder dieser Faktoren der entsprechenden Bedingungen

- Last,
- Drehzahl,
- Luftzustand
- Umgebungszustand des Brennraumes
- Fahrsituation – Beschleunigung, Schub

angepaßt bzw. in optimaler Korrelation mit den übrigen Faktoren gebracht werden. Manche davon – wie die Lage der Einspritzdüse oder der Zündquelle – sind nicht veränderbar, deswegen sind sie zumindest für ein breites Kennfeld des Motors zu optimieren. Bild 1.5 zeigt welche Faktoren eine ständige Korrelation mit den erwähnten variablen Bedingungen prinzipiell erfahren können.

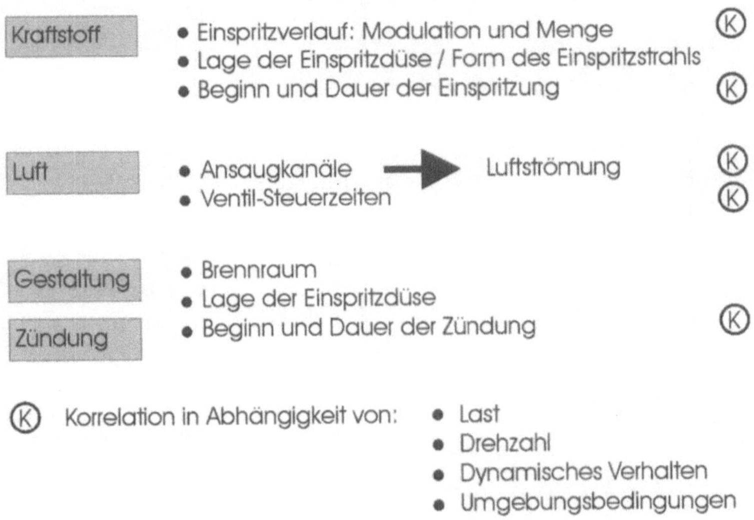

Bild 1.5: Möglichkeiten zur Unterstützung der Gemischbildung

Bei dem gegenwärtigen Stand der Technik ist mindestens die Korrelation von Einspritzbeginn und -verlauf mit dem Zündbeginn und -dauer, wie in Bild 1.6 schematisch dargestellt, erforderlich.

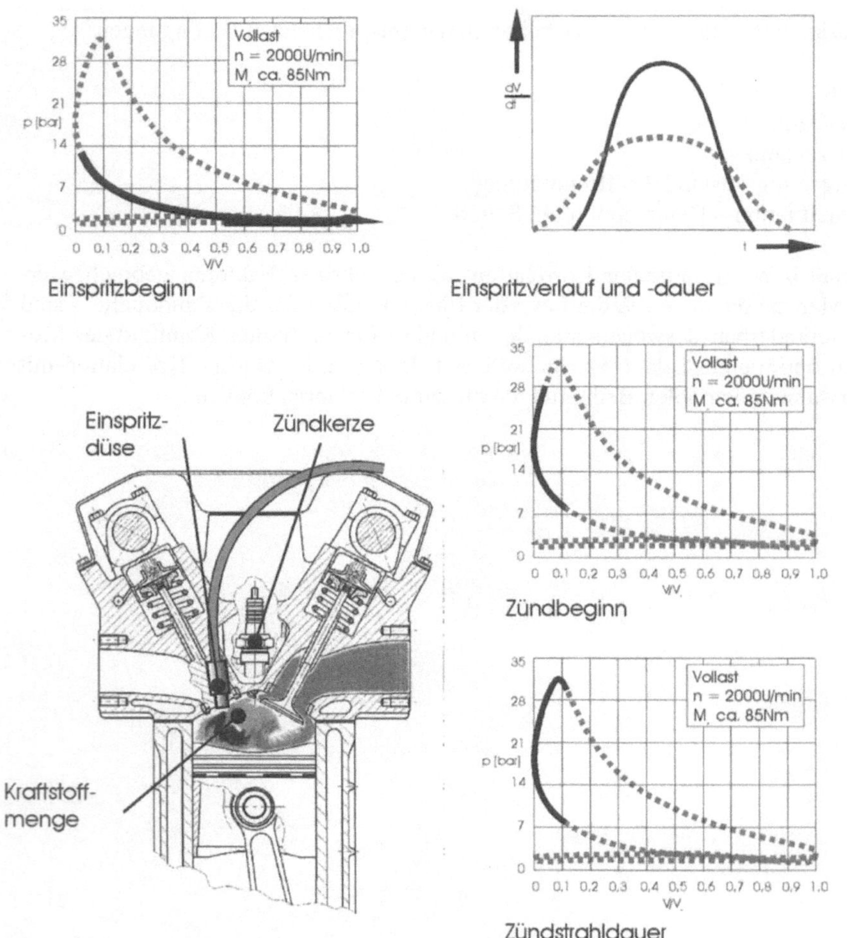

Bild 1.6: Variable Parameterkorrelation für optimierte Gemischbildung in Verbrennungsmotoren mit Fremdzündung und Direkteinspritzung

Eine solche Optimierung von Zünd- und Einspritzbeginn mit Last und Drehzahl bei der Anpassung eines Benzin-Direkteinspritzsystems am Motor ist in Bild 1.7 dargestellt. Die Gemischbildung während der Direkteinspritzung erfolgt nahezu vollständig zwischen Einspritz- und Zündbeginn, so daß über die Differenz beider Größen im gesamten Motorkennfeld Rückschlüsse bezüglich des Vorgangs möglich sind. Dabei ist die Betrachtung der Gemischbildungsdauer aufschlußreicher als der winkelbezogene Vorgang, wie aus dem Bild 1.8 abgeleitet werden kann.

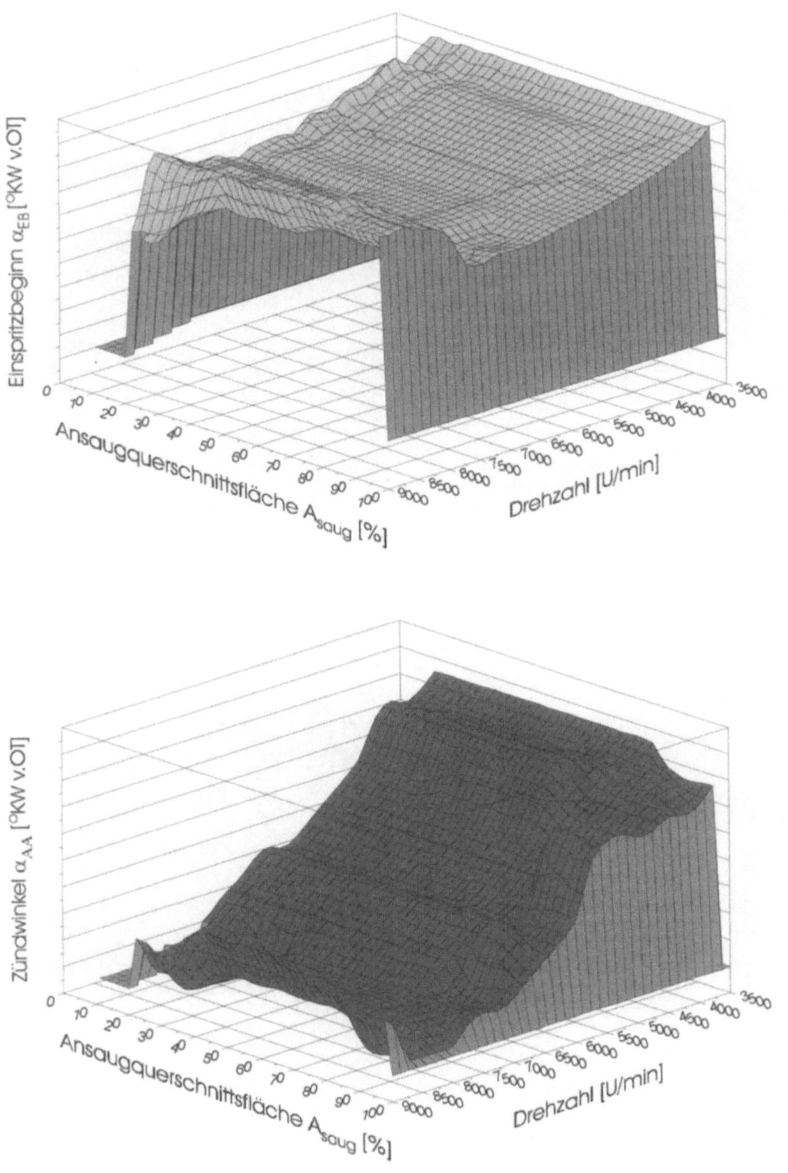

Bild 1.7: Einspritz- und Zündbeginn als Funktion von Last und Drehzahl für einen Verbrennungsmotor mit Fremdzündung und Direkteinspritzung

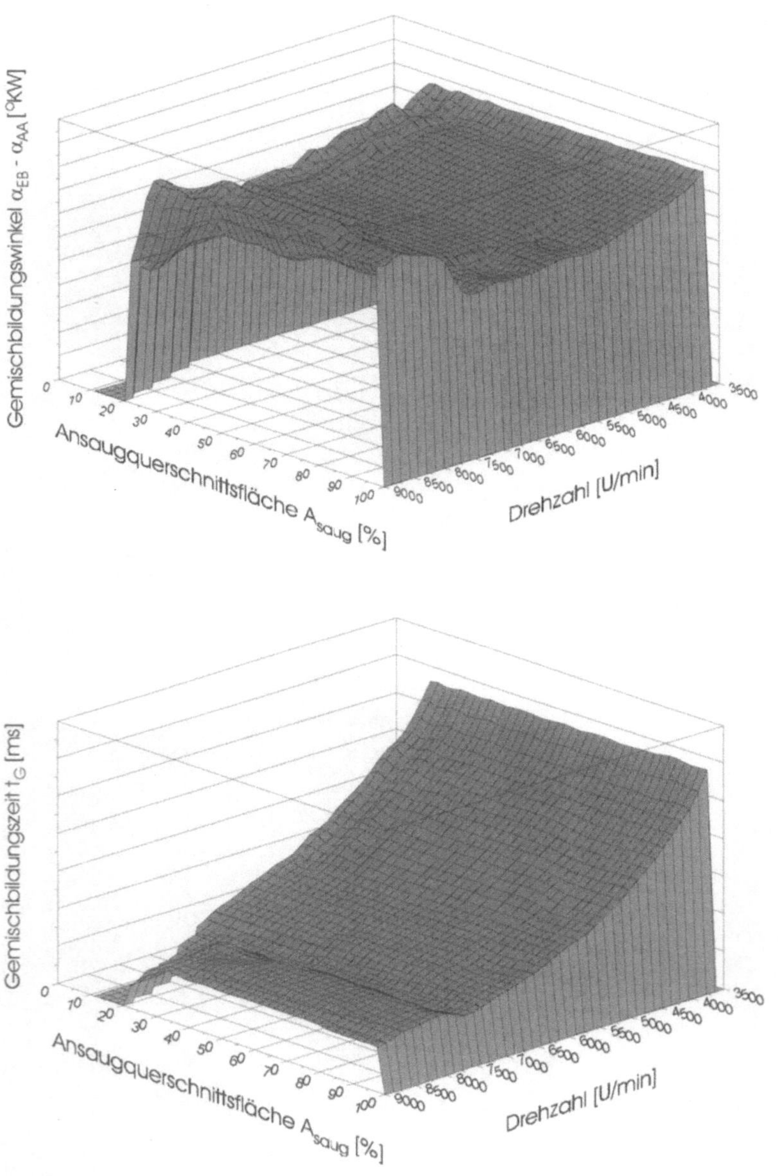

Bild 1.8: Winkel- und zeitbezogene Differenz zwischen Einspritz- und Zündbeginn

Es ist bemerkenswert, daß im Vergleich zu der Drehzahlabhängigkeit die Lastvariation eine eher geringfügige Rolle spielt. Dieser Zusammenhang wird im Kapitel 5.2 anhand eines konkreten Beispiels näher erläutert.

Das Beispiel zweier extremer Situationen läßt dennoch den Zusammenhang deutlicher erscheinen:

Vollast bei hoher Drehzahl:

Die Kraftstoffmenge, die zerstäubt und auf Luft verteilt werden soll, erreicht ein Maximum, die Dauer der Gemischbildung und Verbrennung ein Minimum. Das erfordert einerseits einen Einspritzverlauf mit kurzer Einspritzdauer, andererseits einen möglichst frühen Einspritz- und Zündbeginn, um der Gemischbildung bzw. der Verbrennung eine ausreichende Dauer zu gewähren.

Niedrige Last und Drehzahl

Die Kraftstoffmenge, die zerstäubt und auf Luft verteilt werden soll, erreicht ein Minimum, die mögliche Dauer der Gemischbildung ein Maximum. Der Einspritz- beginn, aber auch der Zündbeginn kann prinzipiell viel später als im erstem Fall erfolgen. Der Abstand zwischen Einspritz- und Zündbeginn darf dennoch nicht zunehmen: Weil das Gemisch so nahe wie möglich an der Fremdzündquelle vor- liegen soll, wäre ein langer Weg der geringen Kraftstoffmenge durch den Zylinder für die Gemischbildung von Nachteil.

Dies ist nicht zwingend, wenn die Einspritzdauer bei niedrigen Drehzahlen zu- nimmt, wie es bei allen Einspritzpumpen mit Nockenführung des Plungers der Fall ist. Dabei ist jedoch zu beachten, daß die Begleiterscheinungen der längeren Ein- spritzdauer eine geringere Kraftstoffgeschwindigkeit und dadurch eine Zunahme der Tropfengröße bei kürzerer Strahllänge sind. Gerade durch diese Beeinträchti- gung der Gemischbildung in Teillastgebieten ist die Anpassung von nockenange- tiebenen Plungerpumpen für Benzineinspritzung schwer möglich.

1.4
Methoden zur Optimierung des Gemischbildungsvorgangs

Grundsätzlich ist die Beteiligung der Luft an die Gemischbildung im Falle der Kraftstoff-Direkteinspritzung in Motoren mit Fremdzündung sehr gering: Wenn beispielsweise bei Dieselmotoren mit Wirbelkammer kontrollierte Luftdrallen bei einer Intensität von 40:1 im Vergleich zu der Winkelgeschwindigkeit der Kurbel- welle erreichbar sind, kann dieses Verhältnis bei einem Ottomotor mit entspre- chender Kolbenmulde kaum 1,5:1 übersteigen.

Eine Verbesserung wird erwartet, wenn die Enthalpie der einströmenden Luft durch Aufladung und weiterhin durch Anpassung an den Drehzahlbereich mittels variablen Steuerzeiten des Ladungswechsels erhöht werden kann.

Andererseits ist der erreichte Kompressionsdruck am Beginn der Einspritzung grundsätzlich ein Nachteil: Die dadurch verursachte Senkung der Kraftstoffge- schwindigkeit während der Einspritzung kann zur Beeinträchtigung der Strahl- länge, bzw. zur Konzentration von Tropfen an einer bestimmten Distanz von der

Düse führen. Dieses Problem tritt insbesondere bei solchen Einspritzsystemen auf, die einen relativ geringen Druck des eingespritzten Kraftstoffes oder der Kraftstoff/Luft-Emulsion aufweisen: Die Konzentration der Tropfen bewirkt in einem solchen Fall die Entstehung eines großen Tropfens, obwohl am Austritt aus der Düse die Zerstäubung ausreichend war. Dadurch wird der Verbrennungsprozeß beeinträchtigt.

Ein relativ hoher Druck des eingespritzten Kraftstoffes bewirkt wiederum in den meisten Fällen auch die Zunahme der Strahllänge. Besonders im Falle kompakter Brennräume wird dadurch der Aufprall des Strahles auf einer Brennraumwand sehr wahrscheinlich, was negative Folgen hinsichtlich de Vollständigkeit der Verbrennung hat.

In Bild 1.9 ist die rechnerische Simulation eines solchen Vorgangs dargestellt.

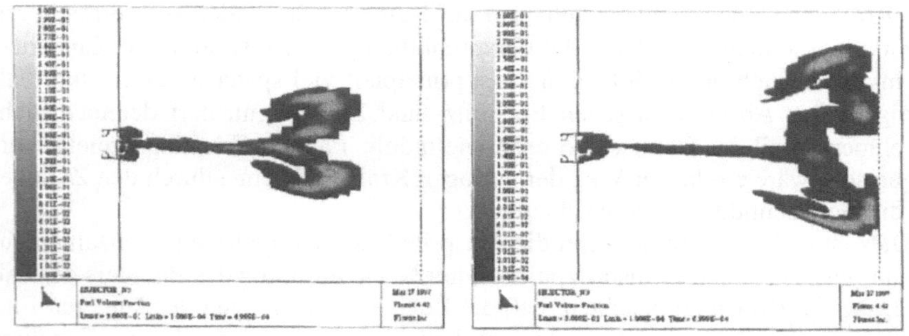

Bild 1.9: Aufprall eines Einspritzstrahls auf die Brennraumwand infolge zunehmender Strahleindringtiefe – berechnet

Diese Beispiele zeigen, daß die Korrelation der Kenngrößen, die zur Gemischbildung beitragen, einerseits als Konstanten – Geometrie des Brennraums und der Ein- und Auslaßkanäle, Lage der Zündquelle und der Düse - andererseits als Variablen – Einspritz- und Zündbeginn, Einspritz- und Zünddauer, Einspritzverlauf – zu zahlreichen Kombinationsmöglichkeiten führt, die allein auf experimentellem Wege nicht mehr optimiert werden können.

In diesem Zusammenhang sind Berechnungsprogramme zur Simulation der strömungsmechanischen Vorgänge bei der interaktiven Luft- und Kraftstoffbewegung, wie beispielsweise in [1.1], [1.3], [1.4], [1.11] eine wirkungsvolle Ergänzung jeweiliger Entwicklungsprogramme.

Bild 1.10 zeigt als Beispiel die Berechnung der räumlichen und zeitlichen Entwicklung eines Kraftstoffstrahls während der Direkteinspritzung in einen Zylinder unter Berücksichtigung der Luftbewegung, die in diesem Fall eine senkrechte Bahn verfolgt.

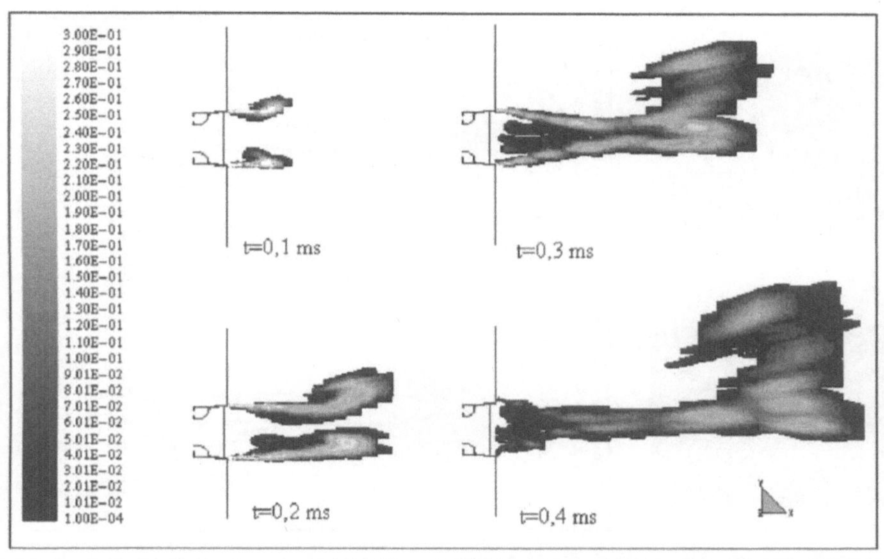

Bild 1.10: Zeit- und raumabhängige Entwicklung des Kraftstoffstrahles in einem Zylinder unter Berücksichtigung des Luftströmungseinflusses – berechnet

Die experimentelle Basis kann als wirkungsvolle Ergänzung, zur Bestätigung der Simulationsergebnisse und zur Definition von Eingangsdaten für das Rechenprogramm herangezogen werden. In Bild 1.11 sind experimentell ermittelte Strahlkenngrößen – Strahlform, Tropfengröße und Geschwindigkeit – in Strahlquerschnitten an verschiedenen Distanzen vor der Einspritzdüsen dargestellt. Bei dieser Methode wird die einfache Aufnahme (Belichtung mittels Stroboskop) mit Laser Anemometrie kombiniert, um die Effektivität der experimentellen Untersuchungen zu erhöhen [1.11].

Die sinnvolle Ergänzung der rechnerischen Simulation mit der experimentellen Untersuchung kann die Entwicklungsdauer erheblich verkürzen. Folgendes Beispiel ist dafür repräsentativ. Im Rahmen der Entwicklung eines Direkteinspritzverfahrens für einen besonders kompakten Brennraum bestand die Aufgabe, die Einspritzdüse derart zu gestalten, daß ein kegelförmiger Kraftstoffstrahl mit folgenden Merkmalen entsteht:

- geringer Hohlraum inmitten des Kegels, um dessen Aufweitung in Richtung der Brennraumwände zu vermeiden.
- kein flüssiger Kern inmitten des Kegels, um unvollständige Verbrennung durch lokalen Sauerstoffmangel zu vermeiden.

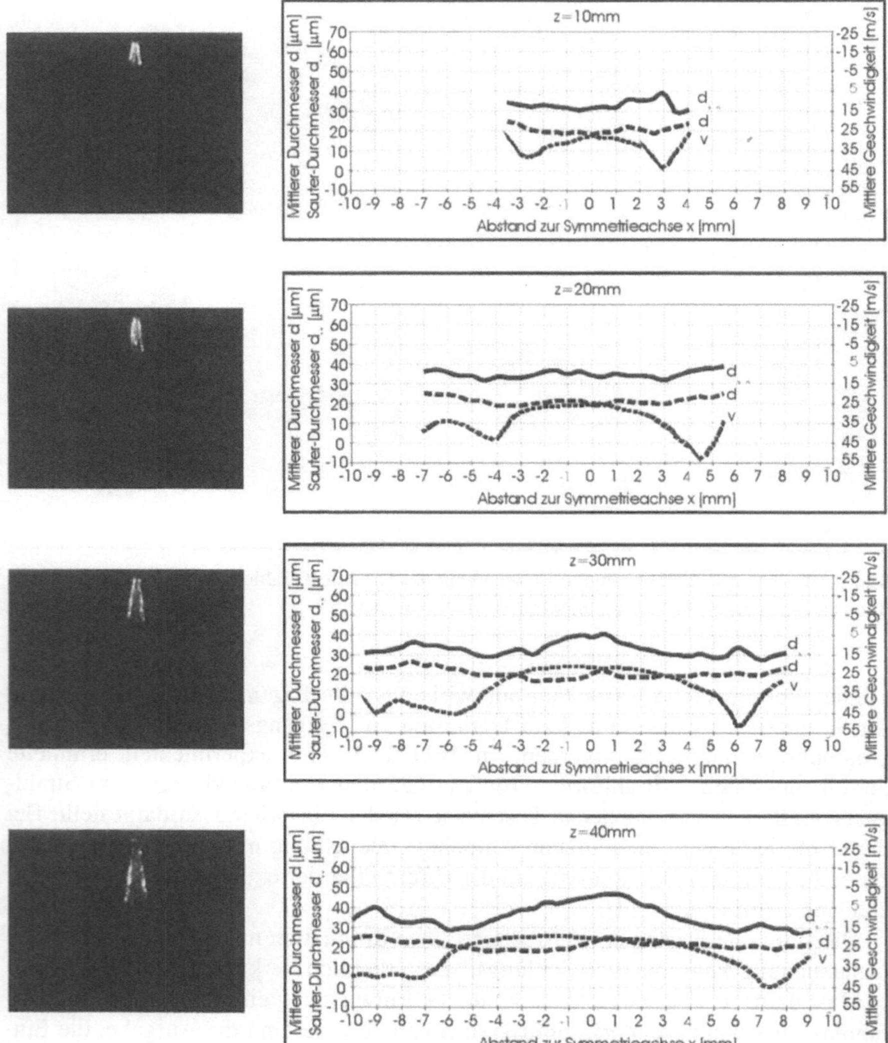

Bild 1.11: Kraftstoffstrahl, Tropfengröße und -geschwindigkeit bei Benzindirekteinspritzung mit einem Druckstoßsystem – gemessen

Dafür war die Düsennadel und der Dichtsitz entsprechend zu gestalten, ausgehend von dem möglichen Druckverlauf im Einspritzsystem sowie von Düsenöffnungsdruck und Nadelhub – alle 3 Größen mit einem Variationspotential, die eine entsprechende Anpassung an den Motor erlauben sollte. Dabei waren die entsprechenden Kenngrößen der Luft im Brennraum einzubeziehen. Die Simulation, die für eine große Anzahl von Kombinationen durchgeführt wurde, ergab eine klare Tendenz. Ausgehend von den repräsentativen Ergebnissen wurden zunächst

3 Varianten ausgeführt – entsprechend der Fälle mit Hohlraum, mit Flüssigkern und Optimalvariante, wobei zwischen den 3 Formen der Strahlkegelwinkel nur sehr wenig differieren sollte [1.12].

In Bild 1.12 ist die Übereinstimmung der rechnerischen mit den experimentellen Ergebnissen für die 3 Fälle dargestellt, die es erlaubte, das Problem in relativ kurzer Zeit zu lösen.

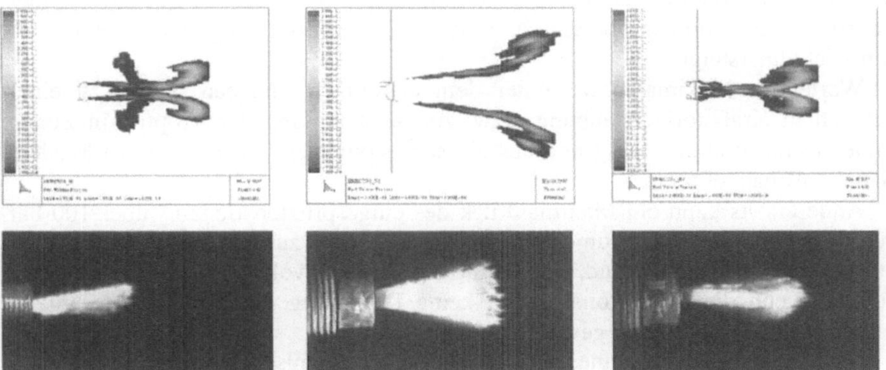

Bild 1.12: Ausbreitung eines direkt eingespritzten Kraftstoffstrahls für verschiedene Formen der Einspritzdüse – berechnet und gemessen

Die komplexen Zusammenhänge der kraftstoff- und der luftseitigen Kenngrößen für die Gemischbildung während der Direkteinspritzung und die eher begrenzte Wirkung eines einzelnen Parameters zeigt aber auch, daß die Auswahl eines modernen Einspritzsystems und der Versuch, es an einen bestimmten Motor anzupassen, keine Erfolgsgarantie bedeutet. Effektiver erscheint der umgekehrte Weg, von den erforderlichen Gemischbildungsbedingungen zu dem notwendigen Einspritzverlauf und dadurch zum Einspritzsystem, welches diesen gewähren kann, zu gelangen.

1.5
Gestaltung des Einspritzverlaufs

Die erforderlichen Kenngrößen des Kraftstoffs während der Gemischbildung und ihre Abhängigkeit vom Funktionsbereich des Motors sowie vom Umgebungszustand können als Anforderungen an ein Einspritzsystem zur Kraftstoff-Direkteinspritzung in einen Motor mit Fremdzündung wie folgt zusammengefaßt werden:

A) Druckamplitude des eingespritzten Kraftstoffes oder eines partiell gebildeten Kraftstoff/Luft-Gemisches

Für flüssiges Benzin ist ein maximaler Druck im Bereich 40-100 bar, entsprechend Brennraumvolumen, Hub/ Bohrungsverhältnis, Verdichtungsverhältnis und Gemischbildungskonzept empfehlenswert. Die dabei erreichte Austrittsgeschwindigkeit des Kraftstoffs, die in der Regel im Bereich 30-70 m/s liegt, führt zu einer ausreichender Tropfengröße von 20-30 µm bei einer Strahllänge die allgemein 80 mm nicht übersteigt.

Werte des Maximaldrucks unter dem erwähnten   Niveau führen zu einer schlechten Kraftstoffzerstäubung, bzw. zur Ansammlung der Tropfen in Zonen hoher Konzentration – aufgrund des Kompressiongegendrucks – was zu lokalem Sauerstoffmangel führt.

Andererseits kann ein Maximaldruck des eingespritzten Benzins über 100 bar für Motoren im Hubvolumenbereich 50-500 cm³ zum Aufprall des Kraftstoffstrahles auf eine Wand und damit zur lokal unvollstandigen Verbrennung führen, wenn die Düsenkonstruktion keine Dämpfung der Strahl-Eindringtiefe, beispielsweise durch Drall gewährt.

Bei der Einspritzung eines partiell gebildeten Gemisches von Kraftstoff und Luft – als Emulsion – wobei die Kraftstoffzerstäubung und Verteilung bereits vor dem Einspritzen beginnt – sind Einspritzdrücke im Bereich 6-10 bar bereits ausreichend für eine entsprechend gute Gemischbildung.

B) Einspritzdauer

Für den üblichen Drehzahlbereich der Automobil- und Motorradmotoren ist eine Einspritzdauer von 0,2-2,0 ms vorteilhaft.

Werte unter 0,2 ms erfordern bei gegebenem Austrittsquerschnitt im Falle eines einzelnen Einspritzvorgangs die Erhöhung der Einspritzgeschwindigkeit mittels Druckamplitude, um die Einspritzmenge bei niedrigerer Einspritzdauer zu gewährleisten. Dabei ist die Zunahme der Strahllänge zu beachten, wie bereits erwähnt.

Werte unter 0,2 ms sind bei intermittierender Einspritzung günstig – mit mehreren voneinander getrennten Einspritzungen pro Zyklus – wenn die entsprechende Einspritztechnik und der Energieverbrauch des Einspritzsystems selbst es erlauben.

C) Anpassung der Druckamplitude und der Einspritzdauer an die variablen Gemischbildungsbedingungen im Kennfeld eines Motors

Diese Anpassung bedeutet praktisch ein variabler Einspritzverlauf, abhängig insbesondere von Drehzahl und Last des Motors. Dafür sind grundsätzlich einige Methoden anwendbar, die derzeit insbesondere für Dieseleinspritzsysteme entwickelt werden, wie im Kapitel 8.3 beschrieben. Dazu zählen:

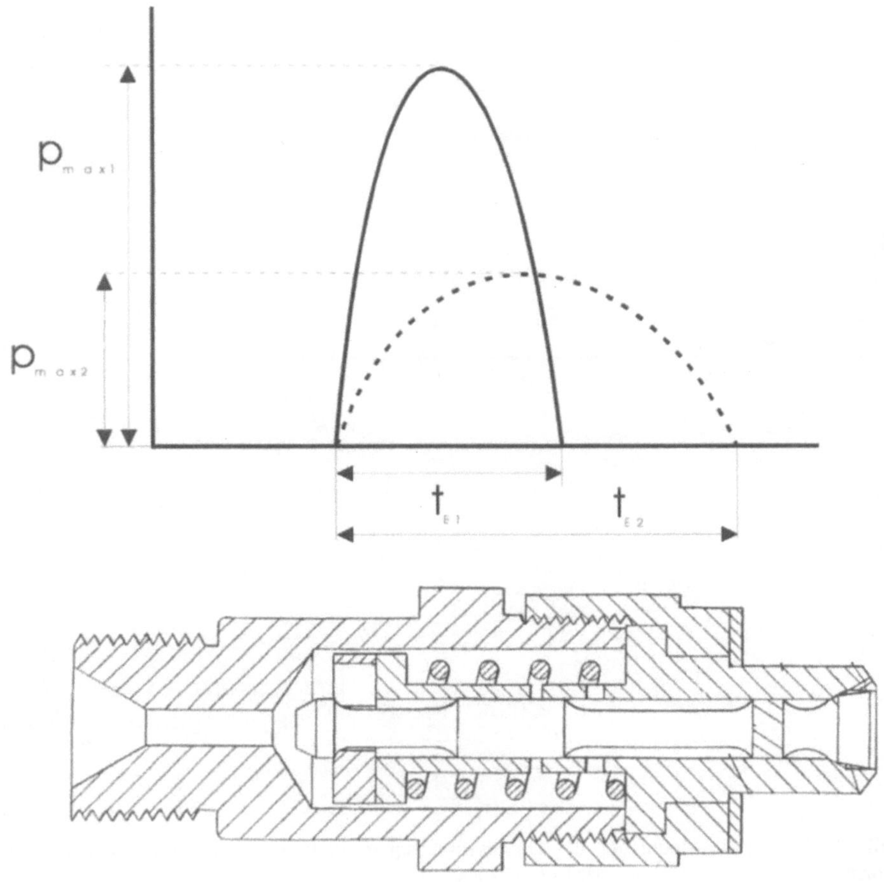

Bild 1.13: Variable Modulation des Kraftstoffdrucks am Eingang der Einspritzdüse

- Modulation des Kraftstoffdrucks im Einspritzsystem, vor dem Düseneingang, mit Möglichkeit der Modulationsänderung in Abhängigkeit von Drehzahl, Last oder von anderen Motorparametern, wie in Bild 1.13 schematisch dargestellt.
- konstanter, oder annähern konstanter Maximaldruck (Gleichdruck) im Einspritzsystem, vor Düseneingang, mit variablem Düsenöffnungsquerschnitt oder Düsennadelhub in Abhängigkeit von Drehzahl, Last oder von weiteren Motorparameter, wie in Bild 1.14 schematisch dargestellt.

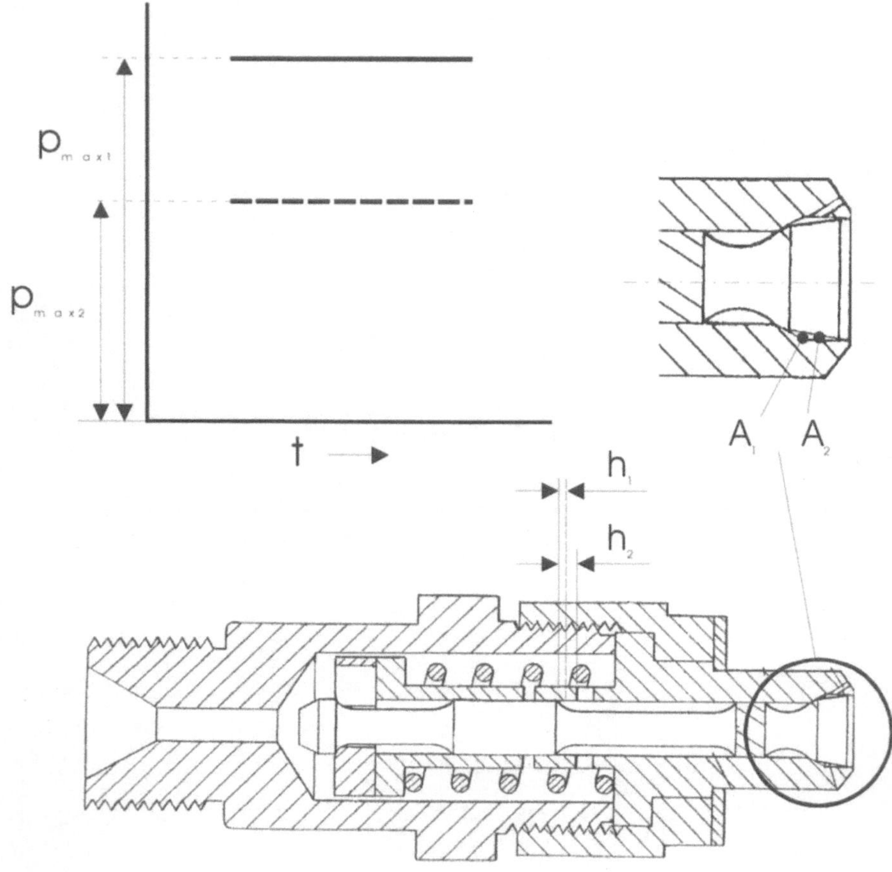

Bild 1.14: Variable Modulation des Düsenöffnungsquerschnitts oder des Düsennadelhubs bei konstantem Druck am Eingang der Einspritzdüse

– konstanter, oder annähernd konstanter Maximaldruck (Gleichdruck) mit veränderbarem Wert in Abhängigkeit von Drehzahl, Last oder anderen Motorparametern, bei entsprechend angepaßter intermittierender Einspritzung, wie in Bild 1.15 schematisch dargestellt.

Systeme mit drehzahlabhängigen Druckverlauf infolge einer Nockenführung, wie die klassischen Plungerpumpen, sind für solche Anwendungen weniger geeignet, weil die geometrisch bedingte Drehzahlabhängigkeit nicht im Sinne der erforderlichen Anpassung verläuft; sie muß erst kompensiert werden, bevor die eigentliche Anpassung erfolgen kann.

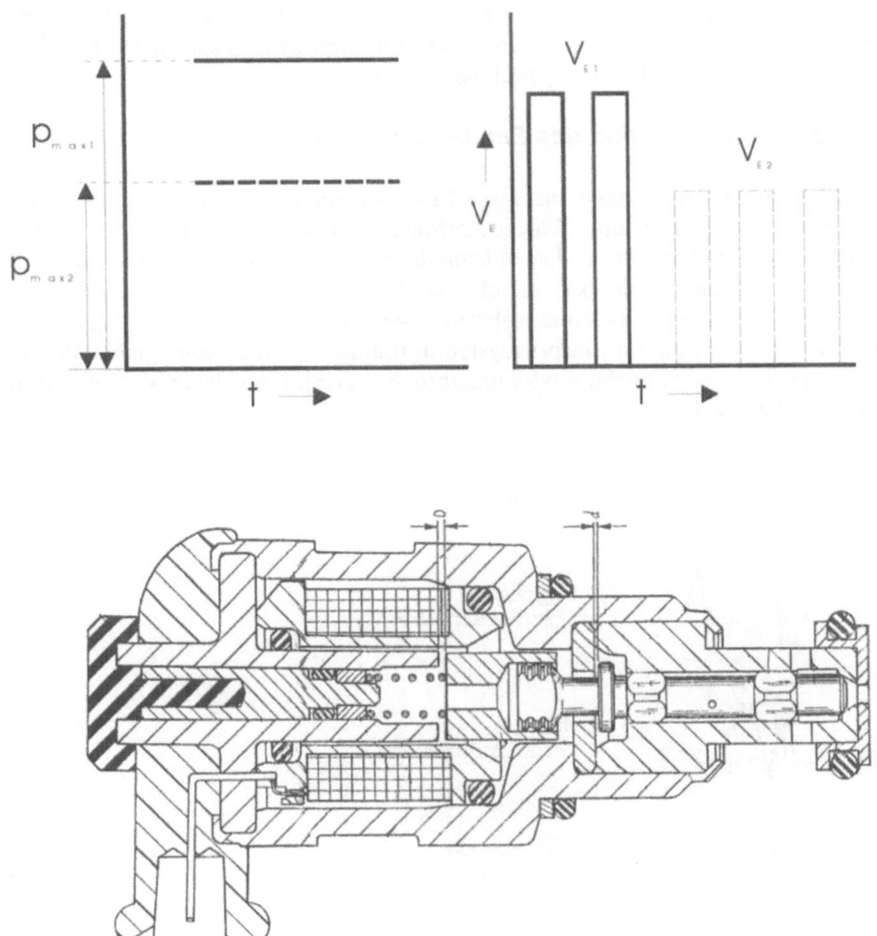

Bild 1.15: Intermittierende Einspritzung bei unterschiedlichen Werten des Konstantdrucks

D) Variabler Einspritzbeginn

Eine weitgehende Veränderbarkeit des Einspritzbeginns gibt die Möglichkeit einer
guten Korrelation mit dem Zündbeginn, um dadurch eine entsprechende Anpassung der Gemischbildungsdauer an Last, Drehzahl oder anderen variablen Bedingungen während der Motorfunktion zu gewähren. Allgemein sind in dieser Hinsicht mechanische Lösungen, wie der klassische Spritzversteller in der Diesel-
Einspritztechnik sehr begrenzt und für eine Anwendung an Direkteinspritzung in
Motoren mit Fremdzündung kaum geeignet. Beim heutigen Stand der Technik
sind ausschließlich elektronische Steuerungs- und Regelungssysteme brauchbar,

weil sie eine exakte Korrelation von Einspritz- und Zündbeginn praktisch für jede Kenngrößenkombination während der Motorfunktion über gespeicherte Kennfelder und entsprechende Rechenoperationen bieten.

E) Thermische Stabilität des Einspritzsystems

Die Temperatur der Verbrennungsgase bzw. der Brennraumwände während der Motorfunktion bewirkt eine Wärmeübertragung über die Einspritzdüse an den Kraftstoff im Einspritzsystem. Dabei kann die Siedetemperatur (entsprechend dem vorhandenen Kraftstoffdruck) erreicht werden, wodurch lokale Kraftstoffverdampfungen entstehen. In einer solchen Zweiphasen-Zone am Eingang in der Einspritzdüse wird die im Einspritzsystem fortlaufende Druckwelle gedämpft und die Einspritzung beeinträchtigt oder unterbrochen [1.8]. Ein solcher Vorgang ist in Bild 1.16 dargestellt.

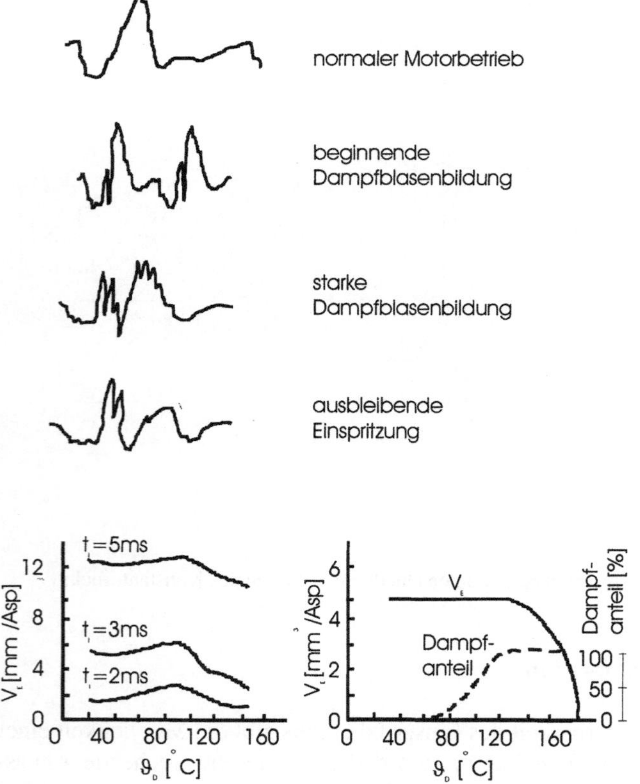

Bild 1.16: Einfluß der Temperatur am Eingang der Einspritzdüse auf den Druckverlauf und auf die Einspritzmenge

Thermische Isolation oder Kühlung der Düse können wegen der meist begrenzten Platzverhältnisse in modernen Brennräumen die Erwärmung nur mindern.

Der Kraftstoff selbst kann durch folgende Maßnahmen die Dampfbildung kompensieren:

- Druckniveau vor der Einspritzdüse stets über die Siededruckgrenze bei der entsprechenden Temperatur halten. Dafür ist nicht zwingend ein Maximaldruck zu gewähren, wie bei den Gleichdruck-Einspritzanlagen; meistens genügt dafür ein lokaler Restdruck, in dem gefährdeten Teil der Druckleitung, der mittels eines Ventils abgesichert werden kann.
- Umwälzung der Kraftstoffmenge aus dem gefährdeten Teil der Druckleitung nach jedem Einspritzvorgang und Kühlung außerhalb dieses Bereiches. Diese Möglichkeit bieten zum Beispiel Systeme mit Kraftstoffbeschleunigung zur Druckwellenerzeugung, wie die Druckstoßsysteme.

1.6.
Technische und wirtschaftliche Anforderungen

Aus den vielfältigen Anforderungen an ein System zur Benzin-Direkteinspritzung können folgende Aspekte besonders hervorgehoben werden:

A) Energieverbrauch des Einspritzsystems

Dies kann ein Problem insbesondere für Motoren mit kleinem Hubvolumen werden.

Wenn beispielsweise eine Gleichdruckeinspritzanlage mit 100 bar eine gute Zerstäubung im gesamten Drehzahlbereich eines Motors garantiert, so muß auch der energetische Nachteil betrachtet werden: Für einen 4-Zylinder-Viertaktmotor bei einer Drehzahl von 6000 U/min werden bei einer Einspritzdauer von 0,5 ms je Zyklus und Zylinder gerade 10% der Energie genützt, die dem Kraftstoff zugeführt wurde. Wenn die Einspritzdauer kürzer oder die Drehzahl niedriger ist, wird dieser Anteil weitaus geringer.

Das Problem wird deutlicher, wenn für die Funktion des Einspritzsystems Elektroenergie erforderlich ist: Der Generator muß dann entsprechend dimensioniert werden.

B) Streubereich der Einspritzmenge

Die Verkettung von Fertigungs- und Montagetoleranzen kann zwischen Einzylindersystemen oder zwischen den Zylindereinheiten eines gleichen Systems Abweichungen der Einspritzmengen bzw. der Einspritzstrahl-Kenngrößen verursachen, die besonders für kleinvolumige Motoren unzulässig werden können.

Wenn beispielsweise bei einem Mehrzylindersystem der gleiche Druck oder der gleiche Druckverlauf bei jeder Einspritzdüse vorliegt, gibt es kaum andere Möglichkeiten, Streuungen einzuschränken, als die Fertigungs- oder Montagetoleranzen jeder einzelnen Düse noch weiter zu senken, was die Kosten des Systems erhöht. Bei elektromagnetisch gesteuerten Düsen ist zwar eine Kompensation durch Anpassung der Öffnungsdauer möglich, aber das erfordert wiederum die Anpassung und die separate Speicherung des Datenkennfeldes für jedes Modul bzw. für jeden Zylinder, was einen sehr hohen Aufwand bedeutet.

Deswegen kann die Art der Druckentstehung bzw. die konstruktiven Merkmale des Systems und insbesondere der Düse entscheidend für eine Systemanwendung bei hohen Präzisionsanforderungen sein.

C) Konstruktive Merkmale und Abmessungen der Systembauteile

Der Übergang von der Saugrohreinspritzung zur Direkteinspritzung erfordert allgemein nicht nur die Beibehaltung möglichst vieler Module des ursprünglichen Seriensystems – beispielsweise Pumpe, Filter, Regelventile, Elektronik-Komponenten – um die Herstellungskosten auf einem vergleichbaren Niveau zu halten. Bei der gegenwärtig erreichten Kompaktheit der Motoren ist es ebenfalls zu gewährleisten, daß die Gesamtkonstruktion durch die Gestaltung neuer Module des Einspritzsystems nicht beeinträchtigt wird.

Ein repräsentatives Beispiel bilden einige moderne Direkt-Einspritzsysteme mit elektromagnetische Steuerung der Einspritzdüsennadel: Die Nadel oder ein mit ihr fest verbundener Körper bildet den Anker des Elektromagneten, der von einer Spule im Spulenkörper, bzw. von einem Gehäuse aus magnetischem Werkstoff umgeben sein müssen, um den Magnetkreis zu bilden. Diese Elemente führen zur Durchmesservergrößerung um den Anker. Bei den modernen Verbrennungsmotoren, wofür 4 bis 5 Ventile je Zylinder Stand der Technik sind und der Brennraum zusätzlich sehr kompakt gestaltet ist, um relativ hohe Verdichtungsverhältnisse zu erreichen, bleibt für die Einspritzdüse wenig Platz im Zylinderkopf. Die Gestaltung des magnetischen Teils der Einspritzdüse außerhalb des Kopfes bedeutet jedoch eine Verlängerung des bewegten Teils und damit der bewegten Masse, was wiederum zusätzliche Magnetkraft erfordert.

D) Zuverlässigkeit

Einerseits erscheint die hydraulische und dadurch die mechanische Struktur der Benzin-Direkteinspritzsysteme im Vergleich zu den Saugrohreinspritzanlagen komplexer, wie in folgenden Beispielen dargestellt wird. Andererseits ist in den meisten Fällen der Maximaldruck im System bis zu 20 mal höher. Angesichts der thermischen und mechanischen Belastungen, die bei dem direktem Kontakt mit dem Brennraum auch höher sind, resultieren auch höhere Anforderungen an die konstruktive Ausführung und an die Werkstoffauswahl, um eine vergleichbare Zuverlässigkeit mit den Saugrohreinspritzanlagen zu erreichen.

E) Kosten

Hinsichtlich einer drastischen Reduzierung der Schadstoffemission, bzw. einer weiteren Reduzierung des Kraftstoffverbrauchs herrscht allgemeine Einigkeit. Die Bereitschaft, die Kosten für die Entwicklung entsprechender Systeme und den Mehraufwand für ihre Herstellung, selbst zu tragen ist bei Käufer und beim Hersteller gleichermaßen geringer. Auch deswegen ist ein eher allmähliches Ersetzen der Systemkomponenten beim Übergang von Saugrohr- zur Direkteinspritzung empfehlenswert.

2 Einspritzverfahren – physikalische Möglichkeiten und Grenzen

2.1 Grundkonzepte

Direkteinspritzverfahren für Verbrennungsmotoren mit Fremdzündung, die die erwähnten Anforderungen erfüllen können, haben sich, nach 40-50 Jahren Entwicklung und vielen unterschiedlichen Varianten in zwei Grundkonzepte polarisiert, woraus auch erste Serien-Einspritzsysteme entstanden. Das sind:

- die Direkteinspritzung flüssigen Kraftstoffs
- die Direkteinspritzung eines partiell gebildeten Gemisches von Luft und Kraftstoff.

Diese zwei parallelen Entwicklungwege haben ihre Begründung in Vorteilen und Nachteilen die auch bei der Gemischbildung vor bzw. nach dem Ladungswechsel, entsprechend der Ausführungen im Kapitel 1 gelten: So ist die Dauer für die komplette Gemischbildung zwischen Luft und Kraftstoff nach dem Ladungswechsel, durch die Kraftstoff-Direkteinspritzung in den Zylinder allgemein zu kurz und die strömungsmechanischen Bedingungen sehr komplex. Dadurch kann das Gemisch unvollständig bleiben oder eine mangelhafte Qualität aufweisen.

Um den gestellten Anforderungen zu genügen, sind die bisher erfolgreich entwickelten Systeme zur Direkteinspritzung flüssigen Kraftstoffs durch relativ hohen Kraftstoffdruck und kurzer Einspritzdauer charakterisiert – beide Parameter weitgehend unabhängig von der Motordrehzahl.

Eine Alternative dafür bilden solche Verfahren, bei denen eine partielle Gemischbildung vor der Einspritzung in den Brennraum erfolgt.

Ihr Grundsatz besteht in einer anteiligen Verlagerung des Gemischbildungsprozesses aus dem Brennraum, wodurch auch die gesamte Gemischbildungsdauer erhöht werden kann. Dafür sind grundsätzlich Teilsysteme zur entsprechenden Erzeugung eines Drucks sowohl für den Kraftstoff als auch für den Luftanteil, der vor der Einspritzung in den Brennraum beigemischt wird, erforderlich. Die Einspritzung einer solchen Emulsion in den Brennraum kann allerdings bei einem niedrigeren Druck als im Falle des flüssigen Kraftstoffs erfolgen: Die Geschwindigkeit des eingespritzten Strahls, die aus der Differenz zwischen Einspritzdruck und Brennraumdruck resultiert, ist dabei eher für die Verteilung der Emulsion auf die übrige Luft im Brennraum erforderlich. Dagegen wird bei der reinen Flüssigkeitseinspritzung auch die Kraftstoffzerstäubung von der Geschwindigkeit des eingespritzten Strahls getragen.

Prinzipiell bewirkt jedoch eine hohe Strahlgeschwindigkeit auch die Zunahme der Strahllänge, die eine nachteilige Kraftstoffanlagerung an einer Brennraumwand verursachen kann. Unabhängig von der Düsenausführung – wobei durch den Durchflußquerschnitt oder durch Drallbildung dieser Nachteil zum Teil kompensiert werden kann – bleibt die Bemessung der Strahlgeschwindigkeit durch den entsprechenden Kraftstoffdruck ein Kompromiß zwischen Tropfengröße und Strahllänge.

Andererseits ergibt die Einspritzung einer Emulsion mit vergleichbar niedrigerer Geschwindigkeit zwar keine nachteilige Strahllänge, aber die zuerst in den Brennraum gelangende Front wird auf der komprimierten Luft im Brennraum auch stark gebremst. Die nachkommende Front der Kraftstoff/Luft-Emulsion kann dadurch auf die gebremsten Anteile aufprallen, wodurch die ursprünglich gut zerstäubten Kraftstofftropfen in der Emulsion sich wieder zu größeren Tropfen ansammeln können.

Diese einigen Beispiele zeigen, daß keiner der beiden Gemischbildungekonzepte absolute Vorteile aufweist: Vielmehr wird ihre Anwendung aus klar definierten Kriterien resultieren. Darunter zählen nicht nur die Motorgattung, Drehzahl-, Drehmomentbereiche und Brennraumkonfiguration, sondern auch die technische Ausführung eines Systems selbst, sein Energieverbrauch und eine wirtschaftliche Umsetzung.

Die Entwicklungstendenzen zeigen, daß sich die beiden Konzepte bei der Anwendung in zukünftigen Verbrennungsmotoren sinnvoll ergänzen werden.

2.2
Direkteinspritzung flüssigen Kraftstoffs

Eine ausreichende Kraftstoffzerstäubung erfordert, wie bereits erwähnt, einen Kraftstoffmaximaldruck bis zu 100 bar. Die mittels diesen Drucks erreichte Kraftstoffgeschwindigkeit soll darüber hinaus die Kraftstoffverteilung auf die Luft im Brennraum absichern – sei es homogen auf die gesamte Luftmenge, sei es auf Zonen, in Form einer Ladungsschichtung. Versuche zur Anpassung von Saugrohreinspritzanlagen mit niedrigem Kraftstoffdruck – 4-6 bar – für die Kraftstoffdirekteinspritzung waren allgemein nicht erfolgreich [2.1]. Eine andere Richtung, die sich als sehr problematisch erwies, war die Anpassung von Plungerpumpen mit Nockenführung, wie in der Diesel-Einspritztechnik vorhanden, für Benzindirekteinspritzung in Verbrennungsmotoren mit Fremdzündung, obwohl immer wieder erste Versuche Erfolg versprechen [2.6]. Das Problem besteht dabei in der starken Abhängigkeit des Einspritzverlaufes von der Motordrehzahl, insbesondere bei Motoren mit breitem Drehzahlbereich, wie in der Automobiltechnik üblich [2.6]. Für eine niedrige Drehzahl ist die Druckamplitude im Einspritzsystem und dadurch auch die Kraftstoff-Strahlgeschwindigkeit relativ niedrig und die Druckwirkdauer lang. Bei zunehmender Drehzahl nimmt die Druckamplitude und dadurch auch die Strahlgeschwindigkeit zu, während die Druckwirkdauer sinkt. Dadurch entsteht ein Kraftstoffstrahl mit stark variablen Länge und Geschwindigkeit, beziehungsweise mit variablem Durchmesser der Kraftstofftropfen. Offensichtlich können große Tropfendurchmesser und kurze Strahllängen, die einer niedrigen Drehzahl entsprechen, durch die grundsätzliche Druckerhöhung im Einspritzsystem – bei entsprechender Dimensionierung der Plunger, Nocken oder Düse – vermieden werden. Dadurch wird das Problem jedoch nur in die andere Richtung verschoben, weil bei einer Drehzahlzunahme die Strahllänge Werte erreichen kann, wofür der Kontakt mit der Zylinderwand und dadurch eine unvollständige Verbrennung nicht mehr vermeidbar sind. Eine Möglichkeit, diesen Nachteil zu umgehen, ist die Schaffung eines kontrollierten Dralls durch konstruktiven Maßnahmen an der Einspritzdüse. In diesem Fall wird die Zunahme der kinetischen Energie der Tropfen infolge steigendenden Kraftstoffdrucks bei Drehzahlerhöhung in den Drall aufgenommen, der eine andere Intensität erfährt, ohne die Strahllänge wesentlich zu beeinträchtigen. Durch die Anpassung eines derartigen Strahls an den Brennraum ist ein frontaler Aufprall des Kraftstoffs auf eine Wand und die dadurch hervorgerufene unvollständige Verbrennung vermeidbar.

Eine andere Möglichkeit, die Strahllänge, aber auch die Tropfengröße unabhängig von der Motordrehzahl zu halten, ist die Schaffung eines konstanten Druckes mit stets maximaler Amplitude im Einspritzsystem, auf einem Niveau von beispielsweise 60-70 bar. In diesem Fall erfolgt die notwendige Änderung der Einspritzmenge entsprechend der gegebenen Lastsituation durch die Steuerung der Öffnungsdauer der Einspritzdüse. Auf diese Weise kann die Strahllänge auf einen für die Gemischbildung vorteilhaften Wert bei der erforderlichen geringen Tropfengröße von ca. 5-25 µm gehalten werden. Allerdings weist die permanente Erhaltung eines konstanten Maximaldrucks im Einspritzsystem einen Nachteil in bezug auf die Energiebilanz auf: Im Falle eines Einzylinder-Viertakt-Motors mit 3000 U/min – was einer Periode des Einspritzzyklus von 40 ms entspricht – und bei einer üblichen Einspritzdauer von 0,5 ms pro Zyklus werden nur 1,25 % der für die Erzeugung des Maximaldruckes erbrachten Energie für die Einspritzung genutzt. Bei einem Vierzylinder-Motor beträgt die Energienutzung entsprechend 5 %, immer noch eine sehr geringe Effizienz! Bei den meisten Systemen dieser Art wird dieser Nachteil durch entsprechende Maßnahmen wie beispielsweise Abschaltung von Plungern bzw. Reduzierung des Maximaldrucks bei geringer Last zum Teil kompensiert, dennoch bleibt die Energiebilanz ein Problem, welches noch grundsätzlich optimiert werden muß.

Zwischen den beiden Extremlösungen

– Druckmodulation entsprechend einem günstigen Einspritzverlauf, jedoch drehzahlabhängig und
– konstanter, drehzahlunabhängiger Maximaldruck

kann eine Kombination ihrer Vorteile realisiert werden, indem die Druckmodulation im Einspritzsystem unabhängig von der Drehzahl gestaltet wird. In diesem Falle wird die Druckmodulation entsprechend einem Einspritzverlauf gestaltet, der dem gegebenen Brennraum bzw. dem Verbrennungsvorgang des jeweiligen Motors angepaßt werden kann. Dabei entsteht die maximale Druckamplitude nur während der Einspritzdauer, was grundsätzlich energetische Vorteile hat. Die Druckmodulation selbst – insbesondere die Amplitude und Dauer der Druckwelle – soll in einem solchen Fall durch hydrodynamische Maßnahmen dem last- und drehzahlabhängigen Gemischbildungs- und Verbrennungsvorgang im Motor angepaßt werden können, ohne jedoch eine direkte Drehzahlabhängigkeit aufzuweisen.

Die Möglichkeiten und Grenzen bei der Anwendung solcher Konzepte werden folgend mit grundsätzlichen Beispielen dargestellt, die in den weiteren Kapiteln durch die Beschreibung der jeweiligen Systeme näher betrachtet wird.

Systeme mit drehzahlabhängiger Druckmodulation

Nockenangetriebene Plungerpumpen

Solche Systeme wurden – wie im Kapitel 1.1. erwähnt – bereits in den 50-iger Jahren zur Benzin-Direkteinspritzung angepaßt, wobei der Erfolg aus den erwähnten Gründen nur mäßig war. Neuerdings wurde die Anpassung einer Plungerpumpe zur Benzin-Direkteinspritzung an einen Einzylinder-Zweitaktmotor mit 49 cm³ Hubraum beschrieben [2.6]. Die erreichten Werte, beispielsweise ein spezifischer Kraftstoffverbrauch im Bereich 400-500 g/kWh bei Vollast und HC-Emissionen von 68-135 g/kWh in einem Drehzahlbereich von 3000-7000 U/min sind allerdings nicht sehr ermutigend.

Taumelscheibenpumpen

Durch die konstruktiven Besonderheiten und die Dimensionierung einer solchen Pumpe kann die Abhängigkeit des Kraftstoff-Druckverlaufes von der Motordrehzahl im Vergleich zu den üblichen Plungerpumpen erheblich reduziert werden. Ein solches System mit einem Maximaldruck von 50 bar, kombiniert mit einer Dralldüse zur Kompensation stark unterschiedlicher Strahllängen, wurde erfolgreich von MITSUBISHI für den Serieneinsatz entwickelt. Die Konfiguration dieses Systems am Motor – welches im Kapitel 3 näher beschrieben wird – ist in Bild 2.1 dargestellt.

Systeme mit konstantem Maximaldruck

Derartige Konzepte sind derzeit durch den erfolgreichen Einsatz von Common-Rail Systemen sehr populär. In diesem Zusammenhang sollte noch einmal betont werden, daß ein niedriger Konstantdruck, beispielsweise 4-5 bar, wie bei Saugrohreinspritzanlagen zur Direkteinspritzung nicht geeignet ist, auch wenn solche Versuche auf internationalen Veranstaltungen immer wieder präsentiert werden. Das Ergebnis einer solchen Erfahrung kann wohl überzeugen [2.1].

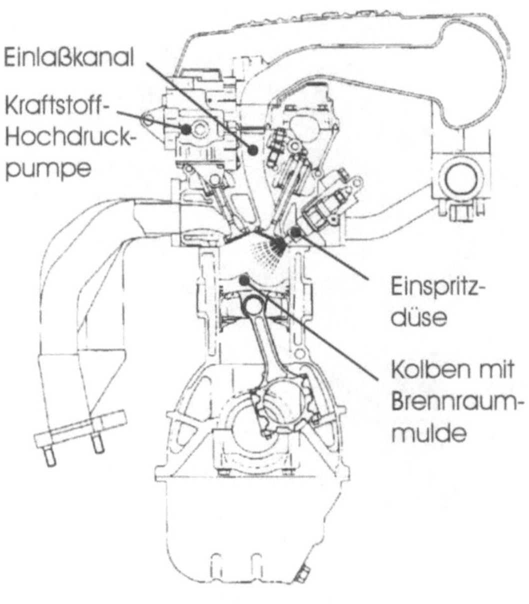

Bild 2.1: Direkteinspritzung flüssigen Kraftstoffs mit gedämpfter drehzahlabhängiger Druckmodulation

Die meisten Systeme mit konstantem, maximalen Druck werden als Common Rail – d.h. mit einem Druckrohr für alle Zylinder und mit jeweils einer elektromagnetisch gesteuerten Düse je Zylinder – ausgeführt [2.5], [2.7]. Der Kraftstoffdruck beträgt in einer solchen Ausführung beispielsweise 70 bar, wodurch Kraftstofftropfen mit einem Durchmesser von 6-15 µm realisierbar sind. Die Einspritzdauer beträgt ca. 0,3 ms. In Bild 2.2 ist eine solche Anlage dargestellt. Nähere Erläuterungen über Common-Rail-Systeme erfolgen in Kapitel 4.

Bild 2.2: System zur Direkteinspritzung mit konstantem Hochdruck (Common Rail)

Systeme mit drehzahlunabhängiger Druckmodulation

Die repräsentativen Systeme im Rahmen dieses Konzeptes sind:

Zwickau-Druckstoßeinspritzsystem entwickelt in der Technischen - nunmehr Westsächsischen Hochschule Zwickau – für Serienanwendungen und

FICHT-Pumpe-Düse-System (PDS) gestaltet und entwickelt in der Technischen Hochschule Zwickau, weiterentwickelt für Serienanwendungen in der Firma Ficht.

Beiden Konzepten liegt der gleiche Effekt zugrunde, der auf dem Zusammenprall zwischen einem Fluid und einem festen Körper, bei abrupter Verzögerung einer Relativgeschwindigkeit zwischen beiden beruht [2.3], [2.8], [2.2].
Diese Verzögerung kann realisiert werden, indem der beschleunigte Fluid auf einen ruhenden festen Körper (Druckstoßeinspritzung) oder umgekehrt, wobei ein beschleunigter fester Körper auf einen ruhenden Fluid aufprallt (PDS).

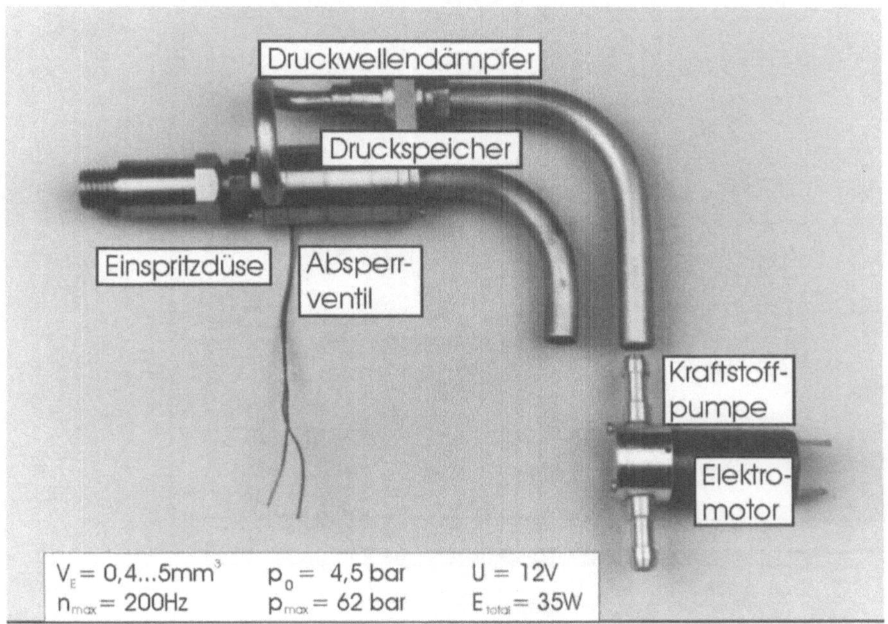

Bild 2.3: System zur Direkteinspritzung mit Druckmodulation durch einen Druckstoß

In Bild 2.3 ist ein Zwickau-Druckstoßsystem dargestellt. Das Fluid, in diesem Fall Kraftstoff, wird zwischen einer Vordruckeinheit und dem Tank, entsprechend der gegebenen Druckdifferenz beschleunigt, in dem ein Absperrventil offengehalten wird. Beim Erreichen einer definierten Geschwindigkeit wird das Ventil schlagartig geschlossen, wodurch der Aufprall erfolgt. Die dadurch am Ventil entstehende schwache Kompression des Fluids wird von einem Druckanstieg begleitet, deren maximale Amplitude 10-14 mal höher als der Vordruck ist. Der Druck pflanzt sich im System von der Aufprallstelle als Welle fort, wobei durch die hydrodynamische Auslegung des Systems der Verlauf und die Dauer der Druckwelle gestaltet werden können. In Bild 2.4 ist der Druckverlauf für zwei Varianten dargestellt.

Weitere Ausführungsformen werden im Kapitel 5 beschrieben.

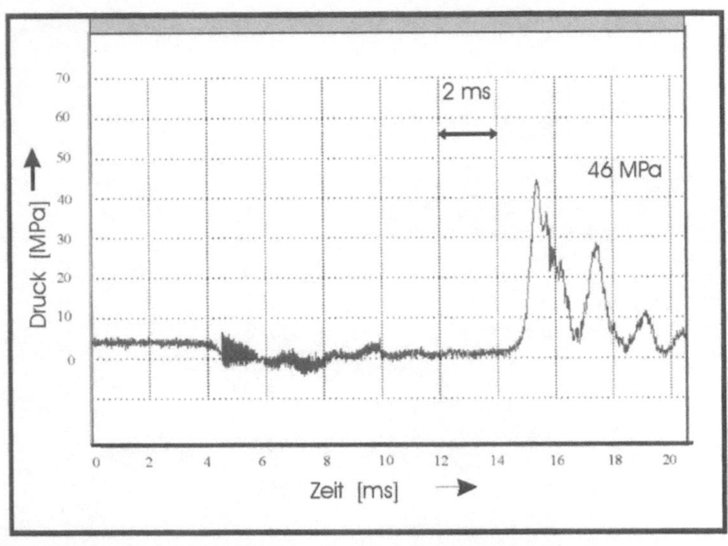

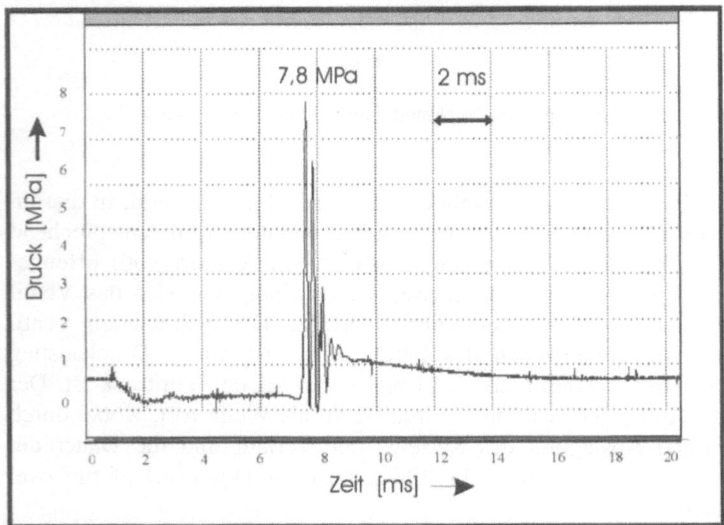

Bild 2.4: Druckwellenverläufe für zwei unterschiedliche Auslegungsvarianten von Benzin-Druckstoß-Direkteinspritzsystemen

Bei dem PDS, welches in Bild 2.5 dargestellt ist, wird dagegen ein fester Körper mittels einen Magnetfeldeldes beschleunigt und prallt beim Erreichen einer bestimmten Geschwindigkeit auf den ruhenden Fluid. Der Aufprall des beschleunigten Elements wird durch die schlagartige Bewegung dem Fluid übertragen. Die folgende Kompression des Fluids ist eine Folge der Relativgeschwindigkeit, die im Moment des Aufpralls zwischen Körper und Fluid erreicht wurde. Dabei ist es unerheblich, ob die Relativgeschwindigkeit durch den Körper oder durch den

Fluid verursacht wurde. Die Vorgänge nach dem Aufprall sind dann ähnlich für beide Konzepte, prinzipiell resultiert aus der gleichen Relativgeschwindigkeit die gleiche Druckwelle, wenn die übrigen hydraulischen Bedingungen gleich sind.

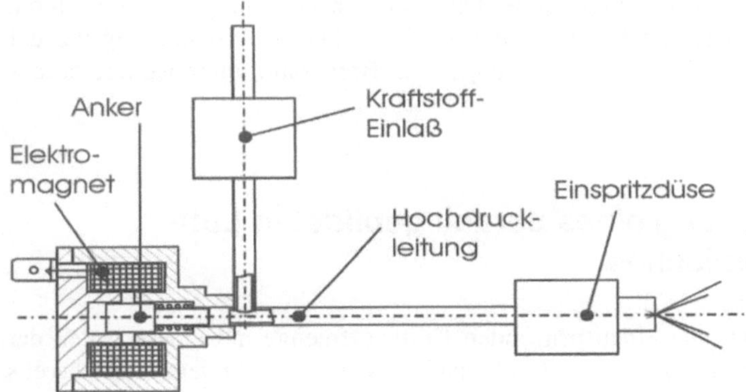

Bild 2.5: Pumpe-Düse-System

Das führt dazu, daß beide Systemarten eine Anzahl ähnlicher Module oder Bauteile haben. Darunter zählen:

- elektromagnetisches Absperrventil: zur Verzögerung des beschleunigten Fluids (Druckstoßeinspritzung) bzw. zur Beschleunigung des Aufprallelementes (PDS).
- Einspritzdüse mit konventioneller, mittels Feder steuerbarer Düsennadel, zur Nutzung der entstandener Druckwelle für Kraftstoffeinspritzung, für beide Systeme.
- Niederdruckmodul bestehend aus Kraftstoffpumpe, Druckbegrenzungsventil, ggf. Speicher, als Quelle der Fluidbeschleunigung bei der Druckstoßeinspritzung (üblicher Druckbereich: 3-6 bar) bzw. zur Kraftstofförderung aus dem Tank beim PDS.

Der wichtigste funktionelle Unterschied zwischen den beiden Systemen besteht in der Form der Energie, die zur Druckwellenerzeugung umgewandelt wird:

- bei der Druckstoßeinspritzung werden dafür 2 Energieformen angewendet – elektromagnetische Energie zur Steuerung des Absperrventils bzw. elektrische oder mechanische Energie zur Erzeugung des Vordrucks. Diese Aufteilung ermöglicht die Optimierung jedes Bereiches für sich und sichert allgemein gute Wirkungsgrade bei der Umwandlung in beiden Funktionsmodulen.

- bei dem PDS wird für die Erzeugung der Druckwelle ausschließlich die magnetische Energie im Elektromagneten genutzt. Ausgehend von einer gleichen resultierenden Druckwelle mit entsprechendem Energiegehalt für beide

Systeme, kann durch die Nutzung eines einzigen Energiewandlers der Wirkungsgrad bis zum Höchstdruck, der durch den Sättigungsbereich des Elektromagneten gegeben ist, genauso gut wie bei dem ersten Verfahren sein.

Ein weiterer Unterschied ist durch die Zirkulation des Fluids durch das System während dessen Beschleunigung bei der Druckstoßeinspritzung gegeben. Dadurch ist prinzipiell eine Kraftstoffkühlung und damit die Dampfblasenbildung vor der Einspritzdüse infolge des Wärmeübergangs vom Brennraum ohne weitere besondere Maßnahmen möglich.

2.3
Direkteinspritzung eines partiell gebildeten Luft-Kraftstoff-Gemisches

Durch die Mischung der einzuspritzenden Kraftstoffmenge mit einem Anteil der stöchiometrisch erforderlichen Luft außerhalb des Arbeitszylinders, kann bereits bei einem Kraftstoffdruck von ca. 6 bar bzw. bei einem Druck des Luftanteils von ca. 5,5 bar eine Kraftstoffzerstäubung im Bereich von 4-12 µm erreicht werden [1.7],[2.2],[2.4]. Die dadurch gebildete Kraftstoff/Luft-Emulsion wird zum Brennraum durch einen Strömungskanal geleitet, der mittels eines mechanischen oder elektromagnetischen Ventils oder durch den Arbeitskolben selbst steuerbar ist.
Eine erste Lösung dieser Art wurde in den 50iger Jahren bei Puch entwickelt. Die repräsentativen Systemkonfigurationen werden durch die folgenden Beispielen dargestellt:

Systeme mit mechanischer Steuerung der Gemischzufuhr:

Eine solche Lösung wird von PIAGGIO SpA zur Direkteinspritzung in einen Einzylinder-Zweitaktmotor angewendet [1.7]. In Bild 2.6 ist eine schematische Darstellung des Verfahrens dargestellt. Das Vorgemisch (die Emulsion) wird in diesem Fall mittels eines entsprechend eingestellten Vergasers bereitet. Die Spülung des Arbeitszylinders wird in diesem Fall mit reiner Luft durchgeführt. Der Kraftstoff, vorgemischt mit einem Anteil der Luft – der zusammen mit der Luft im Arbeitszylinder die stöchiometrisch erforderliche Luftmenge bildet – gelangt durch die entsprechende Steuerungsabstimmung erst nach der Spülung in den Arbeitszylinder. Einerseits wird dadurch die Einbeziehung von Kraftstoff in die Spülverluste des Arbeitszylinder vermieden. Andererseits ist die Dauer vor Verbrennungsbeginn durch die Bildung eines Vorgemisches meist ausreichend für die vollständige Gemischbildung. Dadurch werden unvollständige Verbrennungsreaktionen mit entsprechenden Schadstoffnachteilen umgangen. Es ist aber auch offensichtlich, daß bei einer derartigen mechanischen Steuerung sowohl die Kenngrößen des Vorgemisches, als auch seiner Überströmung in den Arbeitszylinder stark drehzahlabhängig sind.

Das macht die Lösung nur für begrenzte Bereiche im Last/Drehzahl-Kennfeld eines Motors vorteilhaft.

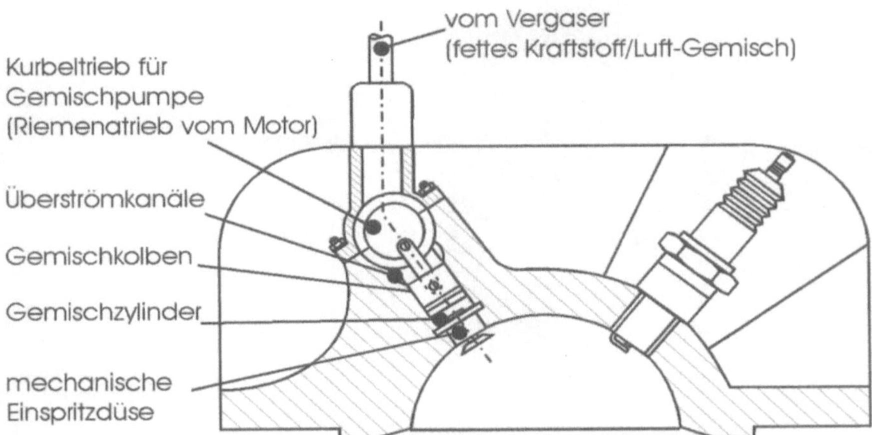

Bild 2.6: Mechanische Direkteinspritzung einer Kraftstoff/Luft-Emulsion – das FAST-Verfahren

Der Druck in dem Luftanteil der für die Bildung der Emulsion genutzt wird, kann außer mechanischer Verdichtung auch durch gasdynamische Aufladung bereitet werden. Ein solches Verfahren, mit Resonanzaufladung des Luftanteils in einem dafür vorgesehenen Volumen wurde von IAPAC entwickelt und wird in Kapitel 6. Näher erläutert. In Bild 2.7 ist das System im Falle der Anwendung an einem Zweitaktmotor schematisch dargestellt. Der Luftanteil für die Bildung des partiellen Gemisches außerhalb des Arbeitszylinders wird von dem Kurbelkasten abgezweigt, in dem die gesamte Luft für den Ladungswechsel vorverdichtet wird. Der abgezweigte Luftanteil wird zu einem Resonanzbehälter geleitet, der an seinem anderen Ende mit einer Kammer zur Bildung des partiellen Gemisches verbunden ist. In dieser Kammmer mündet auch die Einspritzdüse eines Nieder-druck-Einspritzsystems, das die übliche Konfiguration eines Saugrohr-Einspritzsystems hat. Die Kammer ist von dem Arbeitszylinder durch ein nocken-angetriebenes Ventil getrennt. Während der Spülung des Arbeitszylinders mit dem Hauptanteil der im Kurbelkasten vorkomprimierten Luft ist das Ventil geschlos-sen; währenddessen entsteht in der abgezweigten Luft in dem Resonanzbehälter eine Druckwelle, die in die Kammer zur Bildung des Vorgemisches eingeleitet wird, wo sie mit dem eingespritzten Kraftstoff die Emulsion bildet. Diese Emulsi-on strömt nach Abschluß der Zylinderspülung durch das Öffnen des Ventils in den Arbeitszylinder ein, wo ihre Verdünnung bis zum stöchiometrischen Verhältnis erfolgt.

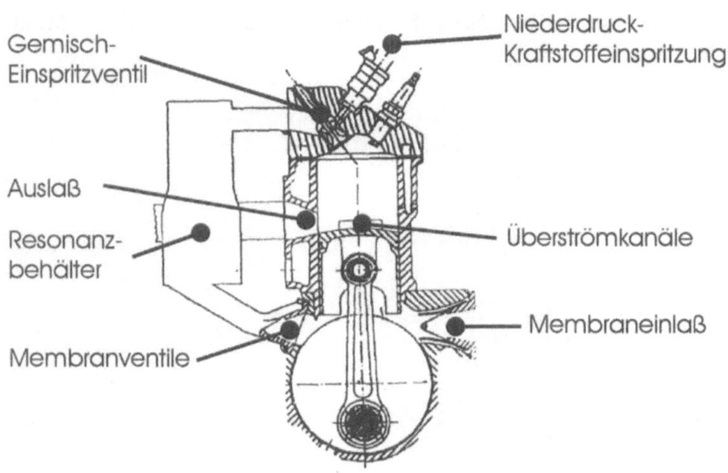

Bild 2.7: Direkteinspritzung einer Kraftstoff/Luft-Emulsion unter Nutzung von Luft-Druckwellen – das IAPAC-Verfahren

Einerseits hat das Verfahren den Vorteil, daß die Spülung des Arbeitszylinder mit reiner Luft erfolgt, wodurch die Einbeziehung des Kraftstoffs in die Spülverluste vermieden wird.

Andererseits reicht aufgrund der Vorgemischbildung als Emulsion vor dem Arbeitszylinder die kurze Zeit nach der Zylinderspülung bis zum Verbrennungsbeginn für die vollständige Gemischbildung aus. Das Verfahren erscheint daher als effektiv, zumal als Einspritzsystem eine bewährte Saugrohreinspritzung mit entsprechenden Steuerungs- und Regelungsmöglichkeiten einsetzbar ist. Den Vorteilen des Verfahrens steht allerdings mit seine Drehzahlabhängigkeit ein Nachteil gegenüber: Diese ergibt sich sowohl durch die Steuerung des Gemisch-Einlaßventils mittels Nocken, als auch wegen der Bildung der Luft-Druckwelle mit konstanter Laufzeit bei einer gegebenen Länge des Resonators.

Ein weiteres Konzept zur Bildung eines Vorgemisches wurde von AVL entwickelt und ist in Bild 2.8 schematisch dargestellt – zur einfacheren Übersicht ebenfalls anhand eines Zweitaktverfahrens.

Die Systemkomponenten sind ähnlich dem IAPAC System – Vorgemisch-Kammer, Niederdruck-Einspritzsystem, Gemischüberströmventil – außer dem Resonator, der für den komprimierten Luftanteil für die Emulsion dient. Dieser Anteil wird im Arbeitszylinder selbst in folgender Weise bereitet: Nach der bereits erfolgten Einspritzung einer Emulsion durch das geöffnete Gemischüberströmventil entsteht in der Kammer, infolge der Strömungsdynamik ein Unterdruck. Dadurch strömt am Ende des gerade eingespritzten Emulsionstrahles ein Teil der im Arbeitszylinder komprimierten Luft in die Kammer, wonach das Ventil geschlossen wird. Darauf kann erneut Kraftstoff in die Kammer eingespritzt werden, wo sich dieser mit der Luft vermischt. Diese Vorgänge können die gesamte Dauer vom Schließen bis zum sukzessiven Öffnen des Ventils in Anspruch nehmen, währenddessen im Arbeitszylinder Verbrennung, Expansion, Ladungswechsel und ein Teil der Kompression stattfinden. Die Prozeßabschnitte in der Kammer und in dem Arbeitszylinder sind zur genaueren Übersicht der Prozeßsteuerung im Bild dargestellt. Für einen Motordrehzahlbereich, bei dem zwischen den zeitabhängigen Vorgängen bei geöffnetem Gemischüberströmventil und dessen konstanten Öffnungswinkel eine Abstimmung gelingt, hat das Konzept ein gutes Anwendungspotential.

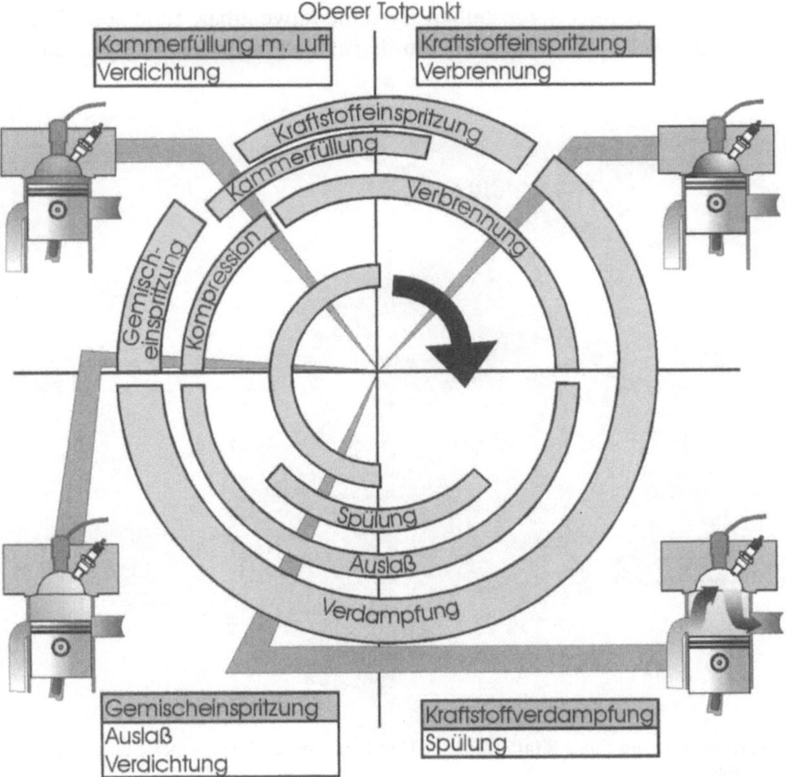

Bild 2.8: Direkteinspritzung einer Kraftstoff/Luft-Emulsion unter Nutzung dynamischer Kammeraufladung – das AVL-Verfahren

Systeme mit elektronischer Steuerung der Gemischzufuhr:

Die dargestellten Lösungen machen deutlich, daß ein weiteres, wesentliches Entwicklungspotential in der Steuerung der Gemischüberströmung zum Arbeitszylinder als zeitoptimierter Vorgang liegt: Deren Anpassung an die entsprechenden Druckwellen in Luft und Kraftstoff ist grundsätzlich nur über die Öffnungsdauer, d.h. unabhängig von dem geometrisch bedingten Winkel eines Nockens möglich, der für verschiedene Drehzahlen auch verschiedene Öffnungsdauern ergibt. Prinzipiell ist eine solche Steuerung sowohl für das IAPAC- als auch für das AVL-System anwendbar. Selbst der Druckwellenverlauf im Resonator eines Systems, wie von IAPAC entwickelt, kann für verschiedene Drehzahlen, beispielsweise durch variable Resonanzlängen, zwischen den winkelabhängigen Vorgängen im Arbeitszylinder und den zeitabhängigen Vorgängen im Gemischbildungssystem angepaßt werden.

Eine weitaus einfachere Steuerungsstrategie der Überströmdauer bietet ein System, in dem der Luft- bzw. der Kraftstoffanteil im partiellen Gemisch jeweils unter konstantem Druck stehen. Dabei sind prinzipiell die Werte der maximalen Druckamplituden der bereits dargestellten Systeme anwendbar. Eine solche Konfiguration, die von ORBITAL entwickelt wurde [2.4] ist in Bild 2.9 dargestellt.

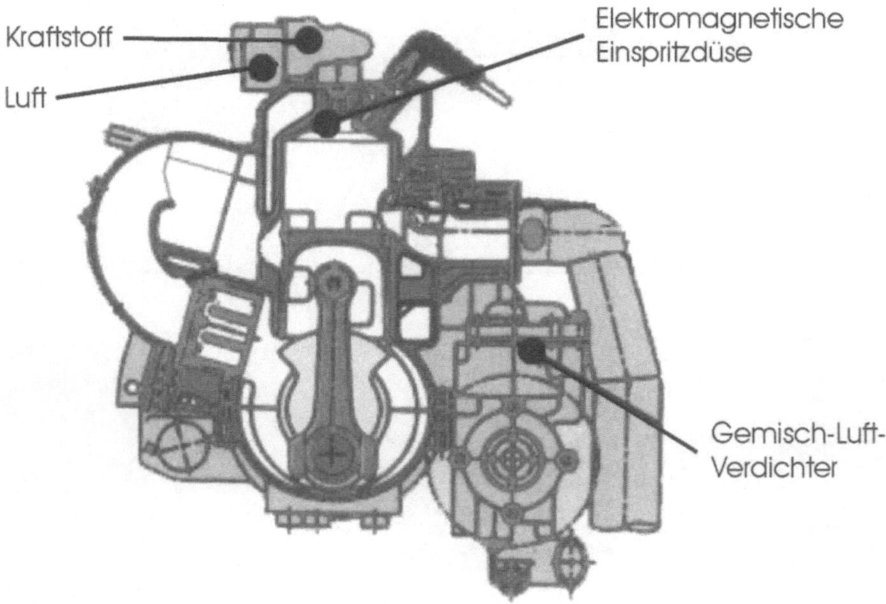

Bild 2.9: Direkteinspritzung einer Kraftstoff/Luft-Emulsion mit elektronischer Steuerung – das ORBITAL-Verfahren

Auch in diesem Fall bezieht sich die Darstellung im Sinne der Übersichtlichkeit auf einen Zweitaktmotor. Der konstante Druck des Luftanteils im zu bildenden partiellen Gemisch wird durch einen separaten Kolbenverdichter in Verbindung mit einem Speicher realisiert. Der Speicher übernimmt durch die Anbindung zum Einspritzsystem auch die Rolle der Gemischbildungskammer, wo das partielle Gemisch stets unabhängig von den Vorgängen im Arbeitszylinder realisiert wird. Seine Überströmung erfolgt mittels entsprechender elektronischer Steuerung eines elektromagnetisches Ventils. Für Mehrzylindermotoren wird die Kammer in der Regel gemeinsam für alle Zylinder gestaltet und die elektromagnetischen Ventile einzeln gesteuert. Das System wird ausführlich im Kapitel 7. dargestellt.

2.4.
Entwicklungspotentiale

Die technischen Komponenten der dargestellten Verfahren sind allgemein bekannte Lösungen, die in anderen Kombinationen in Serienprodukten bereits vorhanden sind. Die Innovation bei ihrer Anwendung in Direkteinspritzverfahren besteht zum großen Teil in der Systemkonfiguration selbst. Folgende Beispiele sind dafür repräsentativ:

- Ventil mit Nockenantrieb im Zylinderkopf – verwendet bei der Direkteinspritzung für die Steuerung der Gemischüberströmung in den Arbeitszylinder (AVL; PIAGGIO; IAPAC)
- Niederdruck- Kraftstoffeinspritzsystem – verwendet bei der Direkteinspritzung zur Aufbereitung des Kraftstoffanteils im partiellen Gemisch (AVL, IAPAC, ORBITAL), bzw. Vergaser, für gleiche Anwendung (PIAGGIO)
- Luftverdichter – verwendet bei der Direkteinspritzung zur Bereitung des Luftanteils im partiellen Gemisch (ORBITAL, PIAGGIO)
- elektromagnetische oder mechanische Einspritzdüsen bzw. Ventile – verwendet bei der Direkteinspritzung für Kraftstoffeinspritzung in eine Kammer oder für die Gemischeinspritzung in den Arbeitszylinder (AVL, PIAGGIO, IAPAC, ORBITAL) bzw. für die Druckwellenerzeugung im Kraftstoff oder für deren Einspritzung (ZWICKAU- Druckstoßsystem, FICHT-PDS).

Diese Tatsache ist von besonderer Bedeutung hinsichtlich einer wirtschaftlicher Serieneinführung derartiger Systeme.

Diese Betrachtung deutet auch darauf hin, daß entsprechend dem Anwendungsgebiet und der Kenngrößenbereiche des auszurüstenden Motors derartige Kombinationen verschiedener Module dargestellter Systeme empfehlenswert sind, die zu einer maximalen Wirkung führen.

Die Analyse der Gemischbildungsbedingungen und -vorgänge in einem breiten Drehmoment- und Drehzahlbereich eines Motors, aber auch die spezifische Motorkonstruktion, sein Anwendungsbereich, die geplante Lebensdauer, Herstellungs-_ und Wartungsaufwand, all diese Kriterien deuten darauf hin, daß die Zukunft keinem universellem System sondern vielmehr einer modularen Kombination der Funktionen gehört, die zu einer großen Vielfalt der Direkteinspritzsysteme führen wird.

In Hinblick auf die wirkungsvolle Optimierung des Gemischbildungsvorgangs in allen Situationen, weist diejenige Kategorie von Systemen entscheidende Vorteile auf, die eine entsprechende Anpassung oder Korrelation folgender Funktionen an Last, Drehzahl oder Randbedingungen gewähren können:

- Einspritzverlauf
- Einspritzbeginn und -dauer
- Zündbeginn und -dauer
- Beginn, Dauer und Durchflußquerschnitte der Ladungswechselströmungen durch die Ventile

Die Motorkonstruktion, welche die Brennraumform bestimmt, die Position der Einspritzdüse bzw. des Überstromventils sowie die Lage der Zündkerze und weiterhin die Anzahl und die Konfiguration der Ladungswechselventile sind weitere Kriterien zur Wahl des geeigneten Einspritzsystems. Ein System mit optimaler Funktion für einen bestimmten Motor hat demnach z.B. wenig Einsatzchancen, wenn seine groß dimensionierte elektromagnetische Einspritzdüse keinen Platz im Brennraum hat.

Nicht zuletzt ist die für die Funktion des Einspritzsystems erforderliche Energie von großer Bedeutung. Dazu zählt sowohl der prozentuale Anteil an der vom Motor verrichteten Kreisprozeßarbeit als auch die Form der Energie selbst: Wenn die Funktion des Einspritzsystems beispielsweise Elektroenergie erfordert, wird dafür die Bilanz der an Bord befindlichen Energiequelle notwendig. Bei modernen Generatoren bewirkt die zusätzliche Installation einer elektrischen Dauerleistung von 100 W einen Kraftstoffmehrverbrauch von knapp 5%, der durch die verbrauchsenkenden Effekte am Motor aber erst einmal ausgeglichen werden muß!

Die komplexen Anwendungsbereiche der Kraftstoffdirekteinspritzung für Motoren mit Fremdzündung lassen die Schlußfolgerung zu, daß die Systeme zur Einspritzung flüssigen Kraftstoffs, bzw. eines partiell gebildeten Gemisches eine Paralellentwicklung als Verfahren erfahren werden, wobei einige Funktionsmodule als gemeinsame technische Plattform dienen werden.

3 Direkteinspritzung flüssigen Kraftstoffs mit gedämpfter drehzahlabhängiger Druckmodulation: Das MITSUBISHI-Verfahren

3.1 Konfiguration und Funktionsmerkmale des Einspritzsystems

Die Vorteile der Benzin-Direkteinspritzung für Motoren mit Fremdzündung haben – im Sinne einer schnellen Serienumsetzung – einerseits die Entstehung völlig neuer Konzepte bewirkt, andererseits zu einer effektiven Anpassung und Ergänzung geeigneter Module aus bisher verwendeten Systemen geführt.

Das Verfahren von MITSUBISHI ist eher auf beide Varianten gestützt: durch sinnvolle Kombination bekannter Systemkomponenten mit neuartigen Modulen und mit originellen Lösungen bezüglich des Gemischbildungsverfahrens entstand das erste serienmäßige System zur Direkteinspritzung flüssigen Benzins in Kraftfahrzeug-Verbrennungsmotoren.

Die Hochdruckerzeugung erfolgt in konventioneller Weise, entweder mittels einer Taumelscheibenpumpe mit mehreren Plungern oder neuerdings mit einer Monoplungerpumpe mit Nockenführung. Wie im Kap. 2.2 erwähnt, führen beide Pumpenarten allgemein zu einer drehzahlabhängigen Druckmodulation infolge des Nockenwellenantriebs mittels des Verbrennungsmotors selbst.

Diese Druckmodulation, die in einem breiten Drehzahlbereich Nachteile durch starke Änderung der Strahlkenngrößen aufweisen kann, ist zum Teil durch folgende Maßnahmen kompensierbar:

– Erhöhung der Plungerzahl bei der Taumelscheibenpumpe.
– Gestaltung eines Nockenprofils, das mehrere Plungerhübe je Umdrehung gewährt, bei den Monoplungerpumpen.

In beiden Fällen können die Druckwellen mit erhöhter Frequenz durch Einschaltung entsprechender Module zur Druckspeicherung oder -dämpfung auf einen annähernd konstanten Hochdruck gebracht werden.

In Bild 3.1 ist die von Mitsubishi ursprünglich eingesetzte Taumelscheibenpumpe und in Bild 3.2 die Pumpe des gegenwärtigen Seriensystems mit dem entsprechenden Nockenprofil dargestellt.

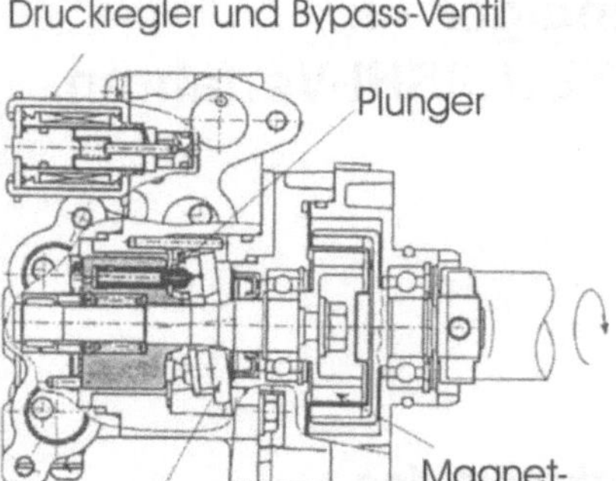

Bild 3.1: Schnitt durch eine Kraftstoff-Hochdruckpumpe mit mehreren Pumpelementen

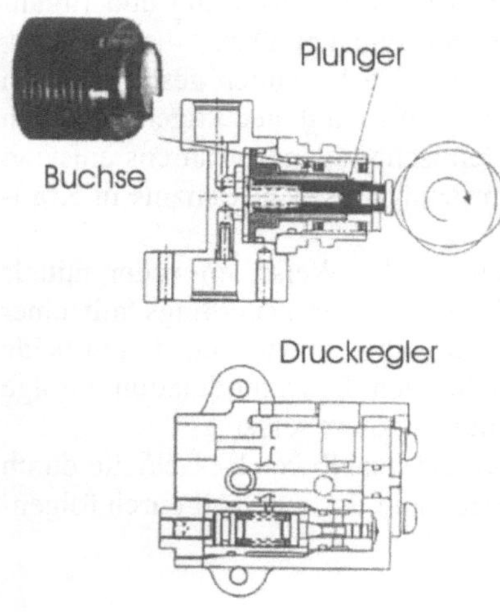

Bild 3.2: Schnitt durch eine Kraftstoffhochdruckpumpe mit einem Pumpelement

Die Gesamtkonfiguration des Einspritzsystems ist in Bild 3.3 dargestellt. Die Hochdruckpumpe wird von einem Niederdrucksystem – bestehend aus Pumpe, Filter und Druckbegrenzungsventil – mit Kraftstoff versorgt. Der Hochdruck wird in eine für mehrere Zylinder gemeinsame Leitung geleitet, der eine Speicherfunktion übernimmt. Eine derartige Lösung bedingt die Steuerung der Einspritzdüsen unabhängig vom Druck selbst, der ständig einen quasi-konstanten Wert für alle Zylinder hat. In diesem Fall wird die bereits bei einer Reihe von Systemen bewährte Lösung der elektromagnetischen Steuerung der Düsennadel angewandt.

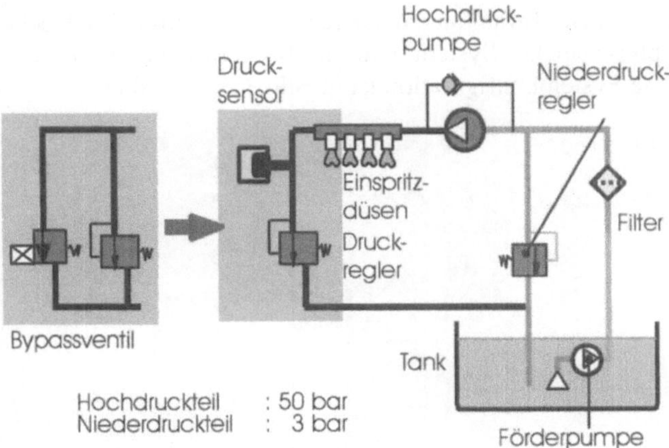

Bild 3.3: Prinzipdarstellung einer Hochdruck-Einspritzanlage

Durch die Bewegung des Plungers in der Hochdruckpumpe entsprechend des Nockenprofils werden mehrmals je Umdrehung Saug- und Druckverläufe realisiert, wie in Bild 3.4a ersichtlich ist. Im Vergleich mit einer Multi-Plunger-Taumelscheibenpumpe ist die Amplitude der Druckschwankungen, bzw. der jeweiligen Volumenströme je Umdrehung größer für die Monoplungerpumpe, wie der Vergleich der Bilder 3.4a und b zeigt.

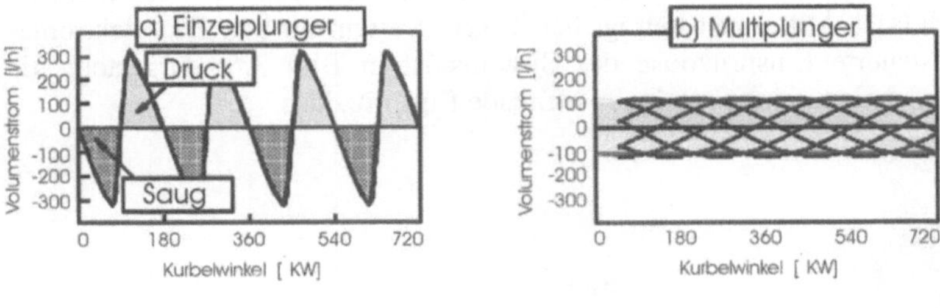

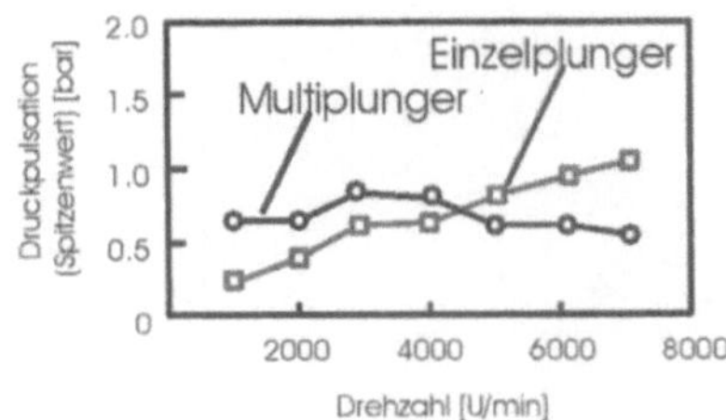

Bild 3.4: Verlauf des Pumpen-Volumenstroms und der Druckschwingungen

Um diese nachteiligen Druckschwankungen zu reduzieren, wurde im Hochdruckkreislauf ein Dämpfer-Speicher-System und im Niederdruckkreislauf ein Dämpfer vorgesehen. Diese Systemkonfiguration ist in Bild 3.5 ersichtlich.

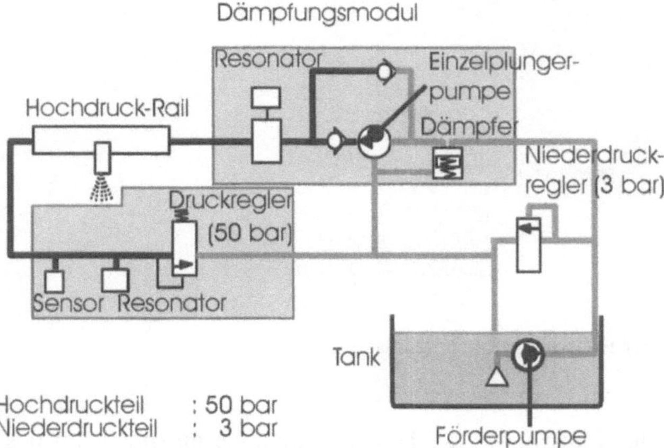

Bild 3.5: Funktionsschema der Kraftstoff-Hochdruckpumpe

Für eine genaue Steuerung der Kraftstoffdosierung wurde zusätzlich ein Drucksensor im Hochdruckmodul vorgesehen. In dieser Weise können die Druckschwankungen wesentlich reduziert werden, wie in Bild 3.4c ersichtlich ist.

Der Hochdruck-Mittelwert beträgt bei diesem System 50 bar. Die elektromagnetisch gesteuerte Einspritzdüse des Systems ist in Bild 3.6. dargestellt. Es handelt sich dabei um eine nach innen öffnende Einspritzdüse.

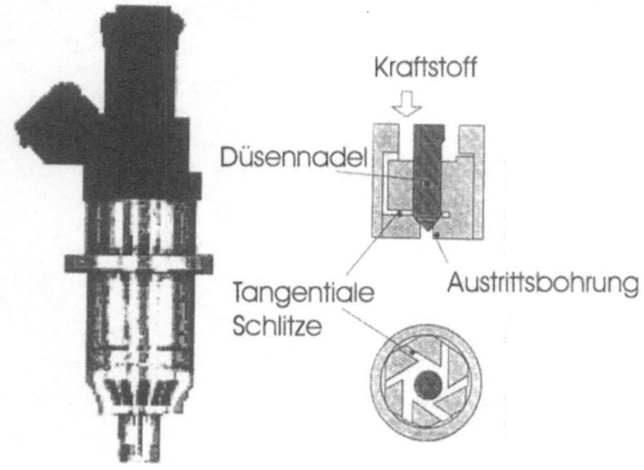

Bild 3.6: Drall-Einspritzdüse der MITSUBISHI-Hochdruck-Kraftstoffeinspritzung

Eine Besonderheit der Düsenauslegung ist die Führung des Kraftstoffs durch tangentiale Kanäle, wodurch ein Drall beim Austritt des Kraftstoffs entsteht. Die Notwendigkeit einer solchen Lösung resultiert sowohl aus den Strahlkenngrößen, die mit der Drehzahl doch noch variabel sind, als auch aus dem angewandten Gemischbildungsverfahren:

- Bezüglich des Einspritzstrahls ist es grundsätzlich vorteilhaft, die Eindringtiefe in den Brennraum klein zu halten und mit Last und Drehzahl möglichst nicht zu ändern. Andererseits ist im Bezug auf eine kurze Gemischbildungsdauer eine rasche Kraftstoffzerstäubung vorteilhaft.
- Im Zusammenhang mit dem entwickelten Gemischbildungsverfahren ist ein relativ breiter Strahl bei Früheinspritzung, bzw. ein enger Strahl bei Späteinspritzung erforderlich. Die wesentlichen Merkmale des Verfahrens sind in Bild 3.7 dargestellt.
- Die Früheinspritzung wird im Vollastbereich, d.h. für die maximale Einspritzmenge bei der jeweiligen Drehzahl, angewandt. Dabei ist es erforderlich, in dem großen Kammervolumen, das der entsprechenden Kolbenposition für Früheinspritzung entspricht und bei der gegebenen maximalen Luftmenge im Zylinder mittels eines breiten Strahls eine weitgehende Gemischhomogenität zu erreichen.
- Die Späteinspritzung ist in Teillastgebieten erforderlich, in denen die Kraftstoffmenge reduziert wird. Dabei muß gewährleistet werden, daß beim Zündbeginn ein stöchiometrisches Gemisch vor der Zündkerze vorhanden ist. Dafür ist ein gezielter, kompakter Strahl besser geeignet als ein breiter Strahl.
- Für die beiden letzten Fälle ist nicht nur eine ausreichende Kraftstoffzerstäubung erforderlich, sondern auch ein direkter Kontakt des Kraftstoffstrahls mit einer der Brennraumwände zu vermeiden, wodurch lokaler Sauerstoffmangel und damit erhöhte HC- Konzentration begünstigt werden würde.

	Frühe Einspritzung	Späte Einspritzung
Modell		
Strahl	Aufweitung, keine Muldenauftragung	Kompakter Strahl Zerstäubung
Gemisch	homogen	geschichtet
Ziel	Höchstleistung	niedriger Verbrauch

Bild 3.7: Gemischbildungsmodelle

Diese Tatsachen begründen die Notwendigkeit eines Dralls im Einspritzstrahl, wodurch die kinetische Energie der Tropfen von der Translation entlang der Einspritzachse in Rotation um diese Achse verwandelt wird. Damit wird die mit Last oder Drehzahl variable Eindringtiefe in variable Drallintensität verwandelt, wodurch sich hauptsächlich die Zerstäubung und nur noch geringfügig die Eindringtiefe verändert. Ungeachtet der Richtung wird die Geschwindigkeit der Kraftstofftropfen in Oberflächenspannung umgesetzt, wodurch die Zerstäubung realisiert wird. Der quantitative Zusammenhang kann mittels der Weber-Zahl ausgedrückt werden:

$$We = \frac{\rho * c^2 * d}{\sigma}$$

Dabei ist:

$$\rho \left[\frac{kg}{m^3} \right]$$

– Kraftstoffdichte

$$d\,[m]$$

– Tropfendurchmesser

$$c \left[\frac{m}{s} \right]$$

– Tropfengeschwindigkeit

$$\sigma \left[\frac{kg}{s^2} \right]$$

– Oberflächenspannung

Eine ausreichende Zerstäubung wird für We < 1 erreicht.

Im Falle des MITSUBISHI Systems wird der Drall mittels tangentialer Kanäle am Austritt aus der Düse realisiert. Der Zerstäubungsvorgang ist in Bild 3.8 dargestellt.

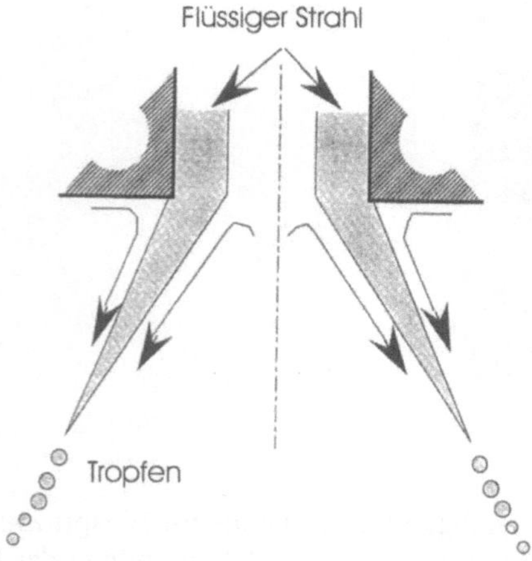

Bild 3.8: Drall-Einspritzdüse – Funktionsprinzip

Die Kraftstoffströmung bildet vor Austritt aus der Düse einen dünnen, flüssigen Film um deren Nadel. Beim Verlassen der Düse wird eine konisch verlaufende Oberfläche ohne flüssigen Kern gebildet. Durch die Kraftstoffgeschwindigkeit nimmt die Oberflächenspannung zu, was zur Bildung von Tropfen mit geringem Durchmesser führt.

Im Falle der Anwendung einer Lochdüse – wobei der Kraftstoff beim Austritt die Nadel nicht mehr umgibt – entsteht prinzipiell ein flüssiger Kern des Strahls. Für eine vergleichbare Zerstäubung muß bei einer Einlochdüse bei gleichem Einspritzvolumen der Einspritzdruck auf 100 bar erhöht werden. In Bild 3.9 ist der gemessene Tropfendurchmesser in Abhängigkeit vom Einspritzdruck für die erste Düsenart dargestellt.

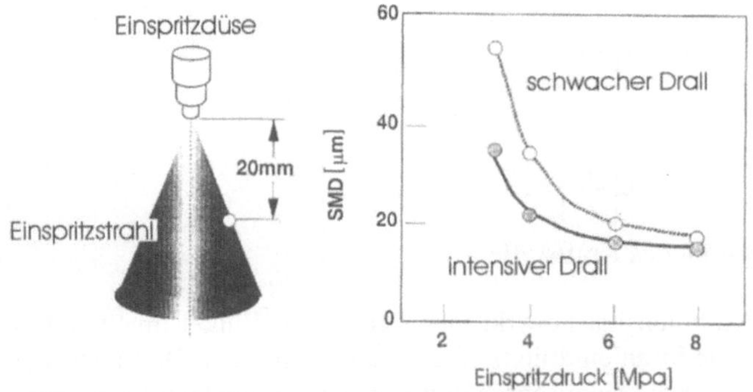

Bild 3.9: Drall-Einspritzdüse – Strahlkenngrößen

Unter 40 bar sind die Tropfendurchmesser zu groß für eine zufriedenstellende Gemischbildung während der Kraftstoffdirekteinspritzung, wogegen Drücke oberhalb 50 bar keine wesentliche Verbesserung der Zerstäubung bewirken. Diese Tendenz ist deutlicher für eine erhöhte Intensität des Dralls. Damit konnte der Einspritzdruck auf einen relativ niedrigen Wert von 50 bar optimiert werden.

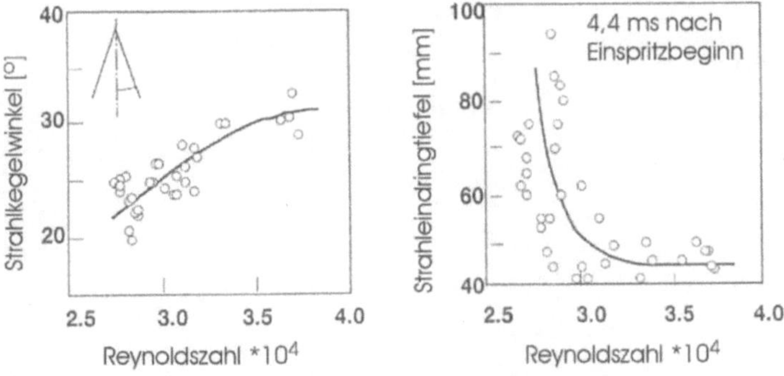

Bild 3.10: Drall-Einspritzdüse – Strahlkegelwinkel und -eindringtiefe

Der experimentell ermittelte Einfluß der Drallintensität auf die Breite bzw. Eindringtiefe des Einspritzstrahls ist in Bild 3.10 dargestellt.

Dabei wird die Drallintesität mittels der Drall-Reynolds-Zahl (SRN) wie folgt definiert:

$$SRN = \frac{c * r}{\mu}$$

Dabei ist:

$$c\left[\frac{m}{s}\right]$$

– Geschwindigkeit im Drall

$$r[m]$$

– Drallradius

$$\mu\left[\frac{m}{s}\right]$$

– kinematische Viskosität des Kraftstoffes

Die Zunahme der Drallintensität bewirkt einen größeren Winkel im Strahlkonus. Andererseits bleibt die Strahleindringtiefe ab einer bestimmten Drallintensität annähernd konstant, was für die Gemischbildung in einem kompakten Brennraum sehr vorteilhaft ist.

Die Verteilung der Tropfen im Strahl und ihre Größe – als mittleren Sauter-Durchmesser (SMD) angegeben – ist in Bild 3.11 zeitlich und räumlich gezeigt.

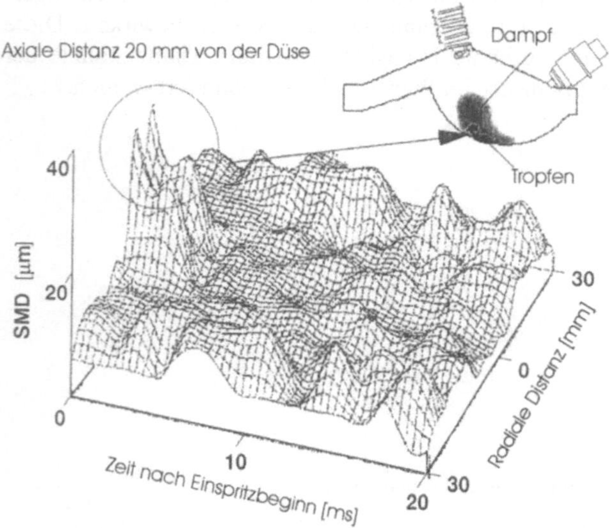

Bild 3.11: Drall-Einspritzdüse – Verteilung der Kraftstofftropfen im Strahl

Eine geringe Anzahl von Tropfen am Düsenaustritt bzw. unmittelbar nach Beginn der Einspritzung weist einen relativ großen Durchmesser (SMD) auf. Dies wird dadurch erklärt, daß die Kraftstofffront am Beginn der Einspritzung noch keinen Drall erfährt, wodurch die Zerstäubung verbessert werden könnte. Dennoch wird durch die Bewegung auf den Kolbenboden, die durch die im Bild dargestellte Form unterstützt wird, eine Verdampfung dieser Anfangstropfen bis zum Ende der Gemischbildung erreicht. Die übrigen Tropfen weisen Durchmesser unter 15 μm auf – eine Größe, die für eine gute Gemischbildung ausreicht. In Bild 3.12 sind die axiale und die radiale Komponente der Strahlgeschwindigkeit während der Einspritzung dargestellt.

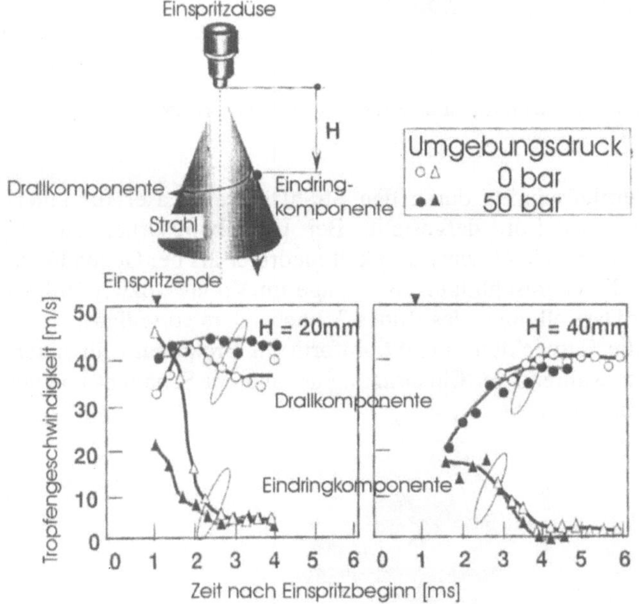

Bild 3.12: Drall-Einspritzdüse – Geschwindigkeit der Kraftstofftropfen

Die axiale Geschwindigkeitskomponente wird sehr schnell gedämpft, wogegen in radialer Richtung die Geschwindigkeit während nahezu der gesamten Einspritzung beibehalten wird. Diese Tendenz wurde in jedem Meßpunkt festgestellt. Ein Grund dafür ist, daß in radialer Richtung die umgebende Luft leicht in die Rotation mit einbezogen werden kann, während sie axial einen Widerstand darstellt. Bei Umgebungsdruck ist die axiale Komponente zuerst groß und wird dann rasch abgebaut. Bei Gegendruck ist die axiale Komponente insgesamt entsprechend niedriger. Andererseits hat der Luft-Gegendruck einen eher unbedeutenden Einfluß auf die radiale Komponente.

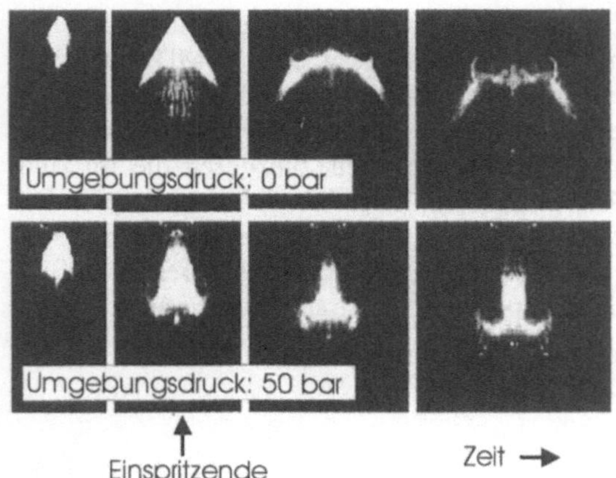

Bild 3.13: Drall-Einspritzdüse – Strahlenform für unterschiedliche Gegendrücke

In Bild 3.13 sind Vertikalschnitte durch den Strahl mittels Laser für unterschiedliche Gegendrücke der Luft dargestellt. Bei Umgebungsdruck ist der Strahlwinkel breiter und die axiale Geschwindigkeit niedriger als bei Gegendruck. Dieses Verhalten ist für die Gemischbildungsvorgänge im Vollast- bzw. Teillastbetrieb entsprechend der Darstellungen des Bildes 3.7 besonders vorteilhaft.

In Bild 3.14 wurde die Entwicklung der Strahlform im Brennraum für unterschiedliche Zeitabschnitte während der Einspritzung anhand der Schatten- und der Schlieren Methode sichtbar gemacht.

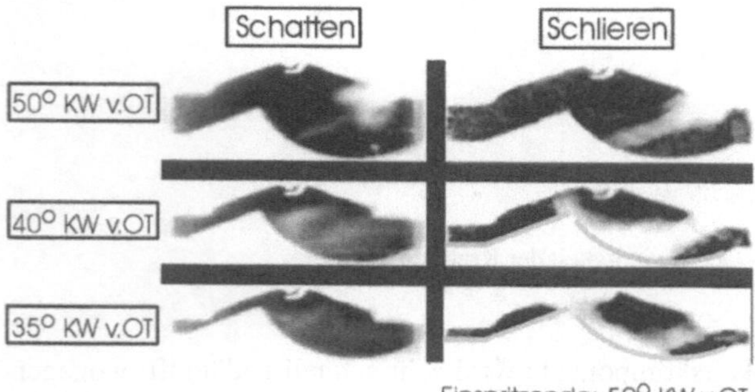

Bild 3.14: Zeitliche Entwicklung des Einspritzstrahles im Brennraum

Durch die Schattenmethode wurde nur die flüssige Phase im Strahl und durch die Schlierenmethode beide Phasen – flüssig und gasförmig – detektiert. Die Tropfen sind ca. 10 °KW nach Ende der Einspritzung fast vollständig verdampft und werden durch die Bewegung des Kolbens, unterstützt durch die geeignete Form auf dem Kolbenboden, in die Nähe der Zündkerze transportiert.

In Bild 3.15 sind Konfiguration des Einspritzsystems im Motor und die entsprechenden Phasen der Gemischbildung während der Kolbenbewegung dargestellt.

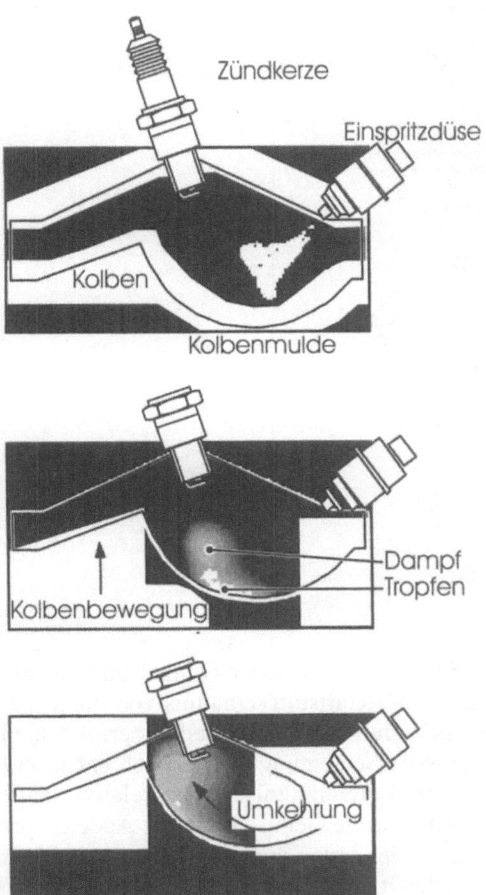

Bild 3.15: Gemischbildungskonzept

3.2
Potential des Verfahrens bezüglich Senkung des Kraftstoffverbrauchs und der Schadstoffemission

Einer der wesentlichen Vorteile der Direkteinspritzsysteme mit elektromagnetischer Steuerung, sei es der Einspritzdüse oder der Druckwelle im System, ist die weitreichende Variationsmöglichkeit des Einspritzbeginns oder der Einspritzdauer. Beide Möglichkeiten sind ausschlaggebend für eine ausreichende Gemischbildung im gesamten Last/Drehzahlbereich eines Motors.

Aufbauend auf diesem Potential wurde von MITSUBISHI ein Zwei-Stufen-Gemischbildungsverfahren entwickelt – hauptsächlich, um Klopferscheinungen zu unterbinden. Das Verfahren ist in Bild 3.16 illustriert.

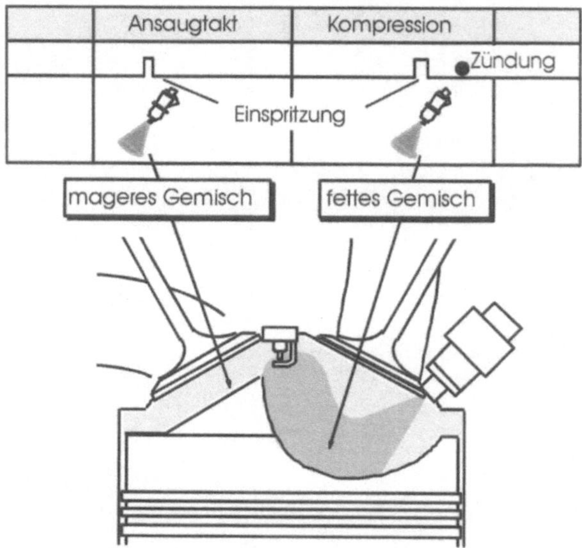

Bild 3.16: Gemischbildung in zwei Phasen

Eine erste Einspritzung erfolgt zu einem frühen Einspritzwinkel und hat ein homogenes, mageres Gemisch mit einem Luft/Kraftstoffverhältnis von 30-80 zur Folge. Die zweite Einspritzung – des größeren Kraftstoffanteils – erfolgt zum Ende der Kompression hin und führt zu einer Schichtung des dadurch entstehenden Gemisches mit stöchiometrischem Luftverhältnis. Die relativ lange Gesamtdauer der Einspritzung ist vorteilhaft für die Gemischbildung. Andererseits ist durch die zwei Einspritzstufen, wobei in der ersten zunächst kein zündfähiges Gemisch vorhanden ist, die Wahrscheinlichkeit eines Klopfens eher gering.

Diese niedrige Klopfneigung wird weiterhin genutzt, um das Verdichtungsverhältnis zu erhöhen, wodurch der thermische Wirkungsgrad und demzufolge der spezifische Kraftstoffverbrauch positiv beeinflußt werden: bei der europäischen Version des MITSUBISHI-Motors wurde ein Verdichtungsverhältnis von 12,5:1 bzw. bei der japanischen Ausführung ein Verhältnis von 12,0:1 realisiert.

Über den spezifischen Kraftstoffverbrauch hinaus zeigt das Verfahren auch Vorteile hinsichtlich der Rußemission und des effektiven Mitteldruckes, wie es in Bild 3.17 anhand des Vergleichs mit einer einzelnen Einspritzung ersichtlich ist.

Zur Einhaltung künftiger Abgasnormen wird das Verfahren mit geeigneten katalytischen Nachbehandlungsmethoden des Abgases ergänzt.

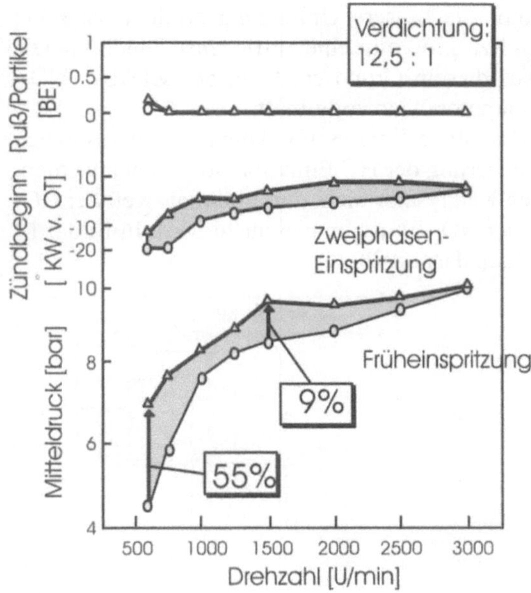

Bild 3.17: Motorergebnisse bei der Anwendung der Zwei-Phasen-Direkteinspritzung

Eine typische Aufgabe bei der Anwendung eines Direkteinspritzverfahrens ist die Senkung der NO_x-Emission. Dafür können zwei Arten von Katalysatoren eingesetzt werden: NO_x-Trap type bzw. NO_x-selective reduction. In Bild 3.18 ist der NO_x-Umsetzungsgrad beider Arten in Abhängigkeit vom Schwefelgehalt im Kraftstoff dargestellt. Es ist dabei erwähnenswert, daß der Schwefelgehalt im Kraftstoff in Europà und in den USA zwischen 200-600 ppm liegt, während in Japan kaum 30 ppm überschritten werden.

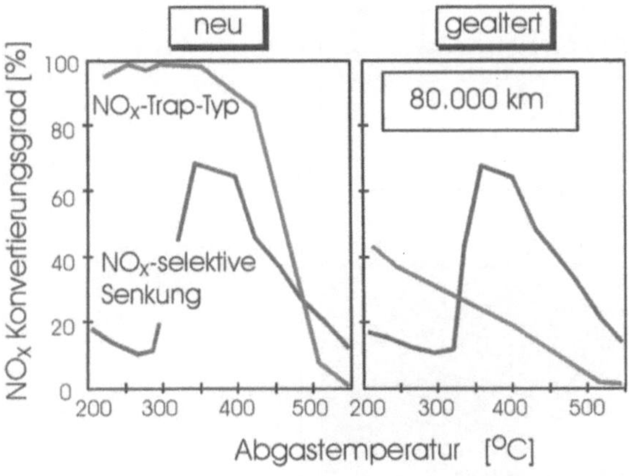

Bild 3.18: Umsetzungsgrade des NOx-Katalysators für den Motor mit Direkteinspritzung

Obwohl der Trap-type-Katalysator die bessere Umsetzung erreicht, ist seine Empfindlichkeit gegenüber Schwefel zu groß, um eine zufriedenstellende Funktion auf lange Zeit zu gewähren. Aus diesem Grund erscheint der selektive NO_x-Katalysator für den Einsatz an Serienmotoren als vorteilhaft.

Bei der Verwendung eines NO_x-Trap-type-Katalysators könnte davor zusätzlich ein Drei-Wege-Katalysator zur Reduzierung der HC Emission vorgesehen werden. Diese Maßnahme ist beim selektiven Katalysator nicht durchführbar, weil der HC-Anteil im Abgas für die Reduktion der NO_x-Emission gebraucht wird. In Bild 3.19 sind beide Katalysator-Konfigurationen dargestellt.

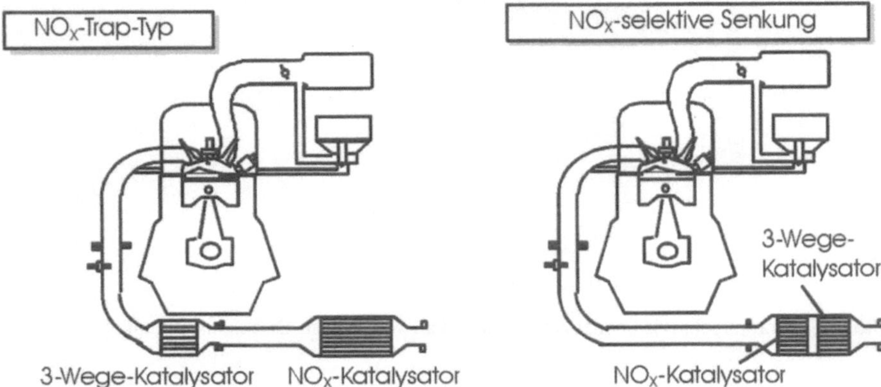

Bild 3.19: Katalysatortypen für den Motor mit Direkteinspritzung

Für die schnelle Erwärmung des Drei-Wege-Katalysators hinter dem selektiven NO_x-Katalysator wurde die Verbrennung in zwei Stufen gestaltet, wie in Bild 3.20 schematisch dargestellt ist.

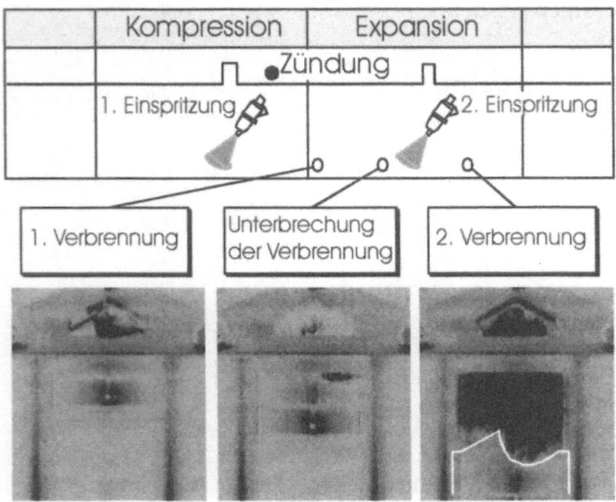

Bild 3.20: Verbrennungsablauf bei Anwendung der Zwei-Phasen-Direkteinspritzung

Bei kaltem Motor wird die Gemischschichtung mit magerem Luftverhältnis angewandt, wobei der Kraftstoff spät eingespritzt wird. Nach Zündung und Verbrennung, erfolgt während des Expansionstaktes eine zweite Einspritzung. Beim Luftüberschuß, welcher bei magerem Luftverhältnis im Abgas vorhanden ist und bei der Temperatur nach der ersten Verbrennung erfolgt eine zweite Verbrennungsphase, wodurch die Abgastemperatur zunimmt.

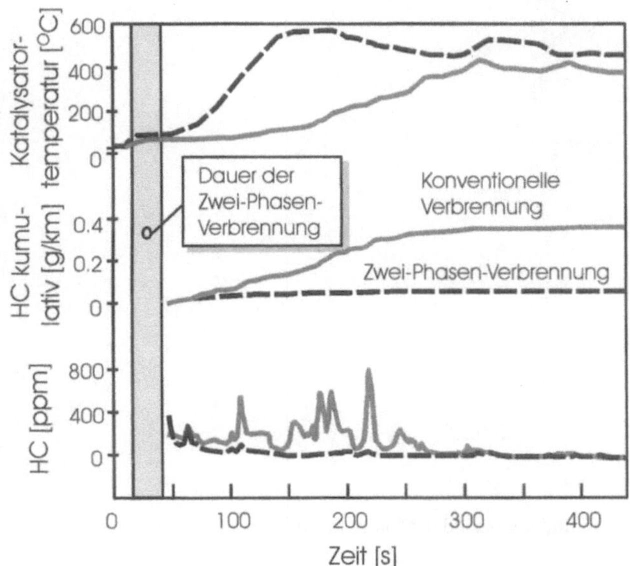

Bild 3.21: HC-Emissionen bei Anwendung der Zwei-Phasen-Einspritzung mit Katalysator

Die Wirkung dieser Maßnahme in Bezug auf die Abgasemission nach dem Start des Motors ist in Bild 3.21 ersichtlich; die Zwei-Phasen-Verbrennung ist dabei nur 20 Sekunden nach dem Start angewandt worden. Diese Maßnahme reduziert gegenüber dem konventionellen Verbrennungsvorgang die Reaktionsverzögerung des Katalysators von 300 s auf 100 s, wodurch die HC-Emission wesentlich reduziert werden kann.

Dieses Einspritzverfahren wurde in seiner ursprünglichen Form mit Taumelscheibenpumpe einem MITSUBISHI Viertakt-Vierzylinder-Reihenmotor mit 1800 cm³ Hubvolumen im August 1996 angepaßt. Es folgte die Optimierung des Verfahrens mit Anwendung der Monoplungerpumpe, Zwei-Stufen-Gemischbildung und Zwei-Stufen-Verbrennung für V6 Viertaktmotoren mit 3000 und 3500 cm³ Hubvolumen. Seit August 1998 ist der MITSUBISHI GDI mit Viertakt-Vierzylinder-Reihenmotor mit 1800 cm³ als erstes Serienfahrzeug mit Benzin-Direkteinspritzung in Europa vertreten. In Bild 3.22 ist ein Querschnitt durch einen Zylinder dieses Motors dargestellt.

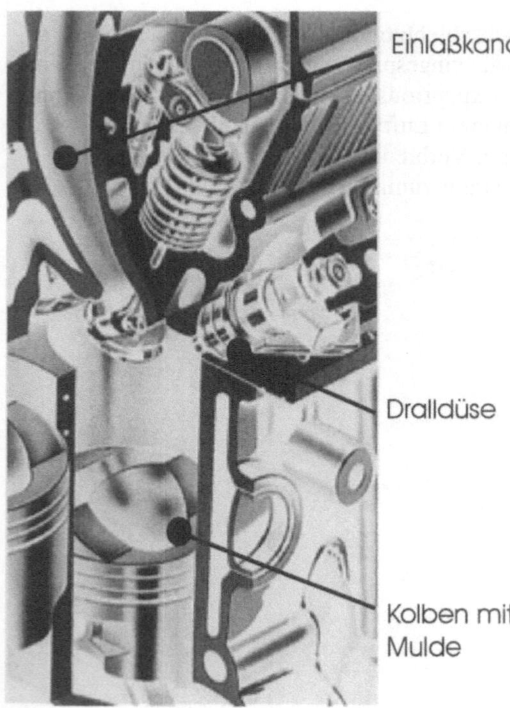

Bild 3.22: Querschnitt durch den Zylinder eines GDI-Motors mit Benzin-Direkteinspritzung

4 Direkteinspritzung flüssigen Kraftstoffs mit annähernd konstantem Maximaldruck: Das BOSCH-Verfahren

4.1 Korrelation zwischen Gemischbildungskonzept und Motorsteuerung

Um das volle Potential der Benzin-Direkteinspritzung, sowohl einen geringen Kraftstoffverbrauch als auch eine hohe Motorleistung auszuschöpfen, ist eine komplexe Motorsteuerung mit maximalem Freiheitsgrad bezüglich Ansteuerung aller Stellgrößen erforderlich. Dabei wird zwischen zwei grundlegenden Betriebsarten unterschieden [4.10], [4.9], [4.8], [4.14].

Im unteren Lastbereich wird der Motor mit einer stark geschichteten Zylinderladung und hohem Luftüberschuß betrieben, um einen möglichst niedrigen Kraftstoffverbrauch zu erreichen. Durch eine späte Einspritzung kurz vor dem Zündzeitpunkt wird der Idealzustand einer Aufteilung in zwei Zonen im Brennraum angestrebt: einer brennfähigen Luft-/Kraftstoff-Gemischwolke an der Zündkerze eingelagert in einer isolierenden Schicht aus Luft und Restgas. Dadurch läßt sich der Motor unter Vermeidung von Ladungswechselverlusten weitgehend ungedrosselt betreiben. Außerdem steigt der thermodynamische Wirkungsgrad durch Vermeidung von Wärmeverlusten an die Brennraumwände. Im praktischen Fahrbetrieb sind Verbrauchsvorteile von etwa 20 % gegenüber der Saugrohreinspritzung zu erwarten. Zur Absenkung der NO_x-Rohemission wird dabei eine hohe Abgasrückführ-Rate (AGR) angestrebt.

Mit steigender Motorlast und damit steigender Einspritzmenge wird die Schichtladewolke zunehmend fetter und es ergeben sich Abgasverschlechterungen, insbesondere bezüglich Rußemissionen. In diesem oberen Lastbereich wird der Motor deshalb mit homogener Zylinderladung betrieben. Die Einspritzung erfolgt bereits während des Ansaugvorganges, um eine gute Durchmischung von Kraftstoff und Luft zu erreichen. Wie bei heutiger Saugrohreinspritzung wird die angesaugte Luftmasse entsprechend dem Drehmomentwunsch des Fahrers über die Drosselklappe eingestellt. Die benötigte Einspritzmenge wird aus der Luftmasse berechnet und über die λ-Regelung korrigiert.

Um diese beiden Betriebsarten zu ermöglichen, ergeben sich zwei zentrale Anforderungen an die Motorsteuerung, die in Bild 4.1 dargestellt sind.

– Der Einspritzbeginn muß betriebspunktabhängig zwischen spätem Einspritzbeginn während der Kompressionsphase und frühem Einspritzbeginn während der Ansaugphase verstellbar sein.
– Die Einstellung der angesaugten Luftmasse muß von der Fahrpedalstellung entkoppelt sein, um im unteren Lastbereich einen entdrosselten Motorbetrieb und im oberen Lastbereich eine Drosselsteuerung zu ermöglichen.

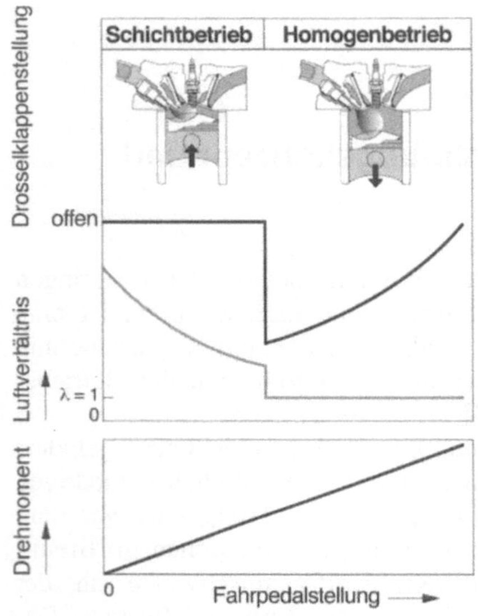

Bild 4.1: Betriebsarten des Motors mit direkter Einspritzung

In Bild 4.2 sind die wesentlichen Komponenten des Steuerungssytemes, welches auf der Steuereinheit eines Saugrohreinspritzsystemes [4.11] basiert, dargestellt. Das Hochdruckeinspritzsystem ist als Speichereinspritzsystem ausgeführt. Der Kraftstoff kann damit zu jedem beliebigen Zeitpunkt über elektromagnetische Hochdruckeinspritzventile direkt in den Zylinder eingespritzt werden.

Die angesaugte Luftmasse ist über die elektronisch gesteuerte Drosselklappe frei verstellbar. Zur genauen Erfassung wird ein Heißfilm-Luftmassenmesser eingesetzt. Die Gemischkontrolle erfolgt über eine universelle Breitband-λ-Sonde. Sie dient zur Regelung des λ=1–Betriebs, des Magerbetriebs und zur genauen Steuerung der Katalysator-Regenerierung. Wichtig, insbesondere im dynamischen Betrieb, ist die genaue Einstellung der Abgasrückführung (AGR). Zur Messung der AGR ist deshalb ein Saugrohrdrucksensor vorgesehen.

Für die Systemstruktur wurde die Momentenstruktur der Saugrohreinspritzung erweitert. Als wesentliche Systemschnittstelle wird das im Motor indizierte Drehmoment verwendet.

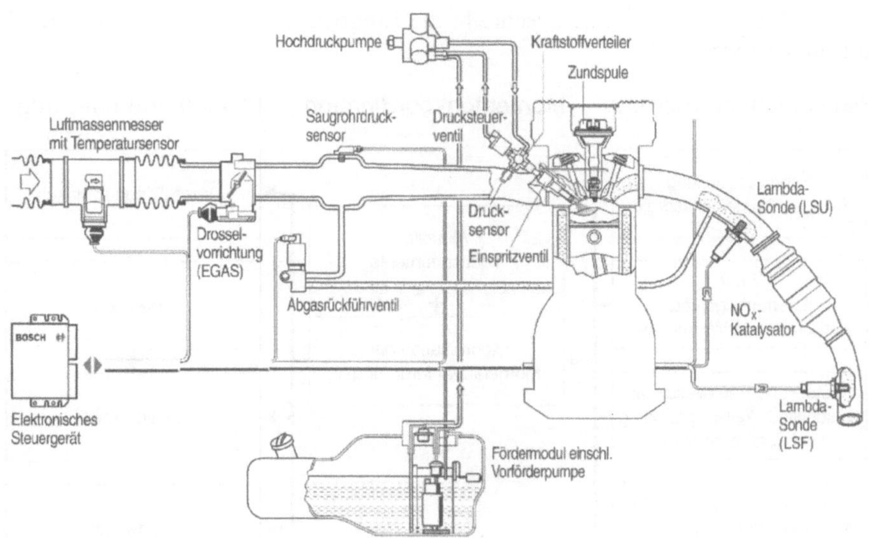

Bild 4.2: Motorsteuerung MED7

Die Struktur ist untergliedert in die drei Funktionsbereiche: Momentenanforderung, Momentenkoordination und Momentenumsetzung. Bild 4.3 stellt diese Struktur schematisch dar.

Die wichtigste Momentenanforderung entsteht aus dem Fahrerwunsch durch die Betätigung des Fahrpedals. Die Stellung des Fahrpedals wird von der Motorsteuerung als Anforderung für ein bestimmtes Drehmoment des Verbrennungsmotors interpretiert. Weitere Momentenanforderungen können unter anderem auch von einer Getriebesteuerung oder einer Antriebsschlupfregelung gestellt werden.

Die Motorsteuerungselektronik hat die Aufgabe, die verschiedenen Momentenanforderungen zu koordinieren, um dann die erforderlichen Stelleingriffe am Motor vorzunehmen. Diese Vorgehensweise bietet folgende Vorteile:

- eine zentrale Momentenkoordination durch die Motorsteuerung
- keine Notwendigkeit für einen Informationsaustausch zwischen Funktionen, die ein Moment anfordern, über ihren jeweiligen Zustand
- keine gegenseitige Beeinflussung der einzelnen Funktionen auf der Stellgrößenebene
- klar definierte Schnittstelle zu den einzelnen Funktionen
- leichte Erweiterbarkeit der Struktur um weitere Funktionen
- vereinfachte Funktionsanpassung an den Motor durch das Fehlen von Querkopplungen zwischen den einzelnen Daten der verschiedenen Funktionsgruppen

Die Momentenumsetzung beschreibt die Eingriffe an den Größen Luft, Kraftstoff und Zündwinkel.

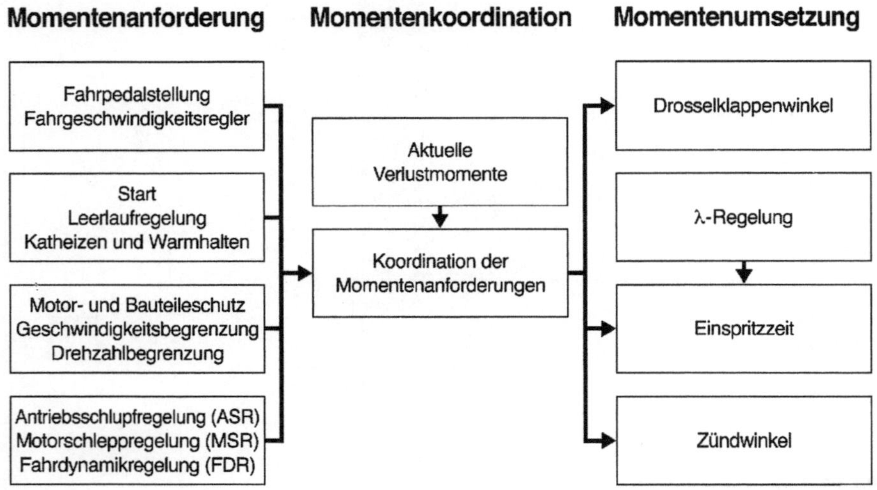

Bild 4.3: Momentenstruktur der Motorsteuerung MED7

Die Steuerstrategie wurde wie folgt aufgebaut:

- Bei Schichtbetrieb ist das indizierte Moment nahezu proportional zur eingespritzten Kraftstoffmenge. Luftfüllung und Zündwinkel haben kaum Einfluß auf das Moment.
- Bei Homogenbetrieb erfolgt der Motoreingriff durch den Luft-/Kraftstoffpfad. Zusätzlich wird eine schnelle Reduzierung des Motormoments durch Spätverstellung des Zündwinkels erreicht. Die λ-Koordination übernimmt die Steuerung zwischen $\lambda=1$- und Magerbetrieb.
- Bei einem Wechsel zwischen Homogen- und Schichtbetrieb ist es entscheidend, Kraftstoffmenge, Luftfüllung und Zündwinkel so zu steuern, daß das vom Motor an das Getriebe abgegebene Moment konstant bleibt.

In Bild 4.4 ist ein Beispiel für einen Umschaltablauf im Motor dargestellt. Vor der eigentlichen Umschaltung vom Schichtbetrieb in den Homogenbetrieb muß die Drosselklappe geschlossen werden. Mit abnehmendem Saugrohrdruck sinkt auch der λ-Wert. Bei der Umschaltung sind zwei λ-Grenzen unbedingt zu beachten:
- Im Schichtbetrieb zur Vermeidung von Ruß eine Untergrenze von ungefähr $\lambda=1,5$.
- Im Homogenbetrieb wegen der begrenzten Magerlauffähigkeit des Motors eine Obergrenze von ungefähr $\lambda=1,3$.

Deshalb muß beim Umschalten ein verbotener Bereich von $1,3 < \lambda < 1,5$ "durchtunnelt" werden. Dies wird durch eine erhöhte Kraftstoffmenge im

Umschaltpunkt ermöglicht. Damit hierbei kein Momentensprung auftritt, wird das Moment durch eine kurzzeitige Spätverstellung des Zündwinkels reduziert.

Der Ablauf der Umschaltung vom Homogen- in den Schichtbetrieb erfolgt in umgekehrter Reihenfolge.

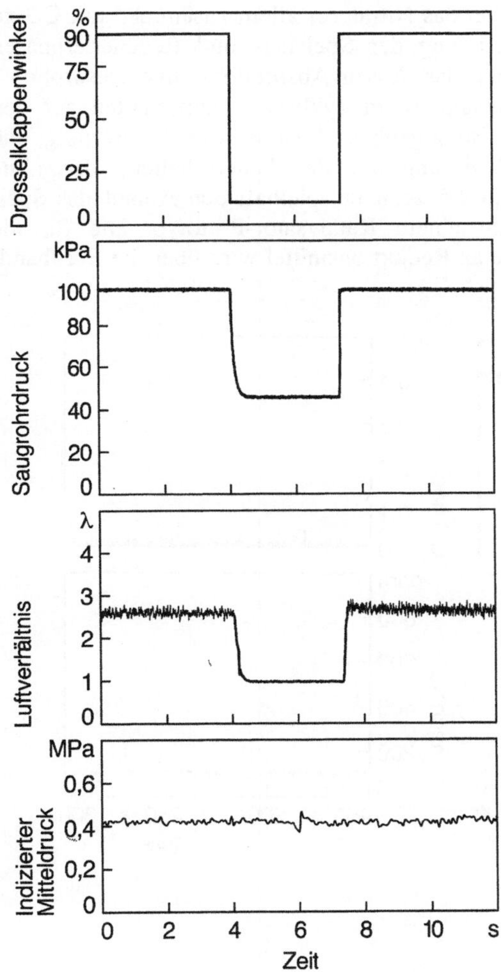

Bild 4.4: Umschaltvorgang Schicht- / Homogenbetrieb

Eine wesentliche Schwierigkeit bei der Benzin-Direkteinspritzung ist, daß im Schichtbetrieb die NO_x-Anteile im sehr mageren Abgas nicht durch 3-Wege-Katalysatoren reduziert werden können. Durch Abgasrückführung mit hoher Rückführrate wird eine Reduzierung des NO_x-Anteils im Rohabgas um etwa 70% erreicht.

Zur Erfüllung der Abgasvorschriften ist zusätzlich eine Nachbehandlung der NO_x-Emission unumgänglich. Hierzu bietet der NO_x-Speicher-Katalysator das größte Potential [4.12]. Dieser ist zusammen mit dem im mageren Abgas vorhanden Sauerstoff in der Lage, die Stickoxide an seiner Oberfläche in Form von Nitraten anzulagern. Sobald aber dessen Speichervermögen erschöpft ist, muß der Speicher-Katalysator regeneriert werden. Dazu wird kurzfristig auf fetten Homogenbetrieb umgeschaltet, wobei das Nitrat vor allem zusammen mit CO zu Stickstoff reduziert wird. Zur Steuerung der Speicher- und Regenerierphasen kommt ein Modell des Katalysators, das dessen Absorptions- und Desorptions-Eigenschaften beschreibt, zum Einsatz. Beim zyklischen Umschalten auf den wenige Sekunden dauernden fetten Homogenbetrieb ist es besonders wichtig, daß der Umschaltvorgang ohne Rückwirkung auf das Fahrverhalten, also ohne Drehmomentensprünge erfolgt. Bild 4.5 zeigt beispielhaft den Ablauf des Speicher- und Regeneriervorgangs mit einem Katalysator-Prototyp. Die für die Regenerierung erforderliche Menge an Reduktionsmittel wird über die Breitband-λ-Regelung bereitgestellt.

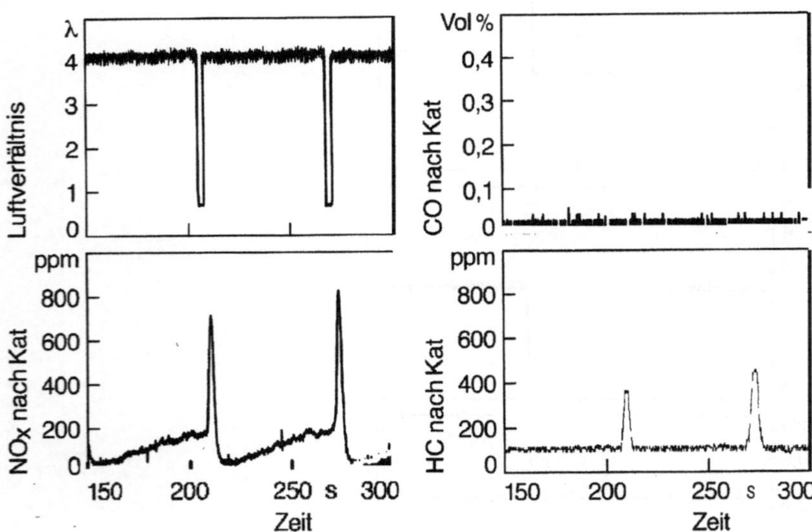

Bild 4.5: Katalysatorsteuerung

Die Motorsteuerung ist zunächst für die europäische Abgasgesetzgebung Stufe 3 ausgelegt und wird die geplante europäische On-Board-Diagnose enthalten. Die Weiterentwicklung zur Erfüllung der Stufe 4 ist geplant.

Zur Reduzierung von Entwicklungszeit und Entwicklungsaufwand ist der Einsatz einer durchgängigen Werkzeugkette vorteilhaft [4.3]. Bild 4.6 zeigt den Entwicklungsprozeß mit einer Simulations-Software [4.2].

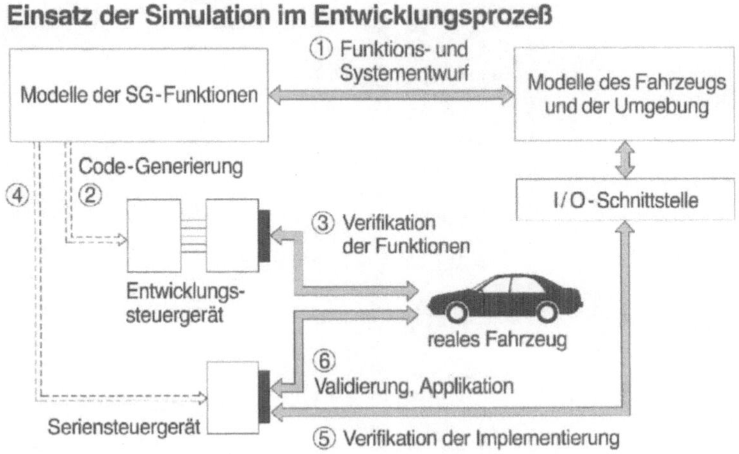

Einsatz der Simulation im Entwicklungsprozeß

Bild 4.6: Funktions- und Softwareentwicklung

Der Systementwurf erfolgt durch eine Modellierung aller wesentlichen Motor-steuerungsfunktionen und durch einen Off-line-Test an einem Motormodell. Die Daten für das Motormodell werden aus Messungen am Prüfstandsmotor gewon-nen.

Die Modelle der Motorsteuerungsfunktionen sind auf einem Entwicklungs-steuergerät mit höherer Rechenleistung ablauffähig und können direkt am Motor verifiziert werden. Als Ergebnis erhält man erprobte Funktions-Spezifikationen für die Software-Entwicklung.

Der Test der in Software implemetierten Funktionen an dem oben genannten Motormodell muß die gleichen Ergebnisse zeigen wie der Test mit den model-lierten Funktionen. Dann erst werden die umgesetzten Funktionen im Steuersystem mit einem Applikationssteuergerät an den Motor angepaßt. Diese Vorgehensweise ermöglicht eine Reduktion von aufwendigen Versuchen und eine schnellere Funktionsrealisierung.

Bild 4.7 zeigt das Blockschaltbild des Steuergeräts. Gegenüber dem Basis-steuergerät für die Saugrohreinspritzung ist für die Benzin-Direkteinspritzung im wesentlichen zusätzlich die Endstufe zur Ansteuerung der Hochdruckeinspritz-ventile integriert. Das Steuergerät in Leiterplattentechnik im SK-E-Gehäuse ist zum Einbau in den Fahrgastraum oder in den Motorraum vorgesehen. Für erhöhte Anforderungen ist ein Steuergerät in μ-Hybrid-Technik in Planung.

Im Steuergerät kommt der Mikrokontroller 80C167 von Siemens zum Einsatz. Programm und Daten sind in einem Flash-EPROM gespeichert. Für die Peri-pheriefunktionen und die Endstufen werden hochintegrierte Schaltkreise der neu-sten BCD-Technologie verwendet.

Die Endstufe zur Ansteuerung der Hochdruckeinspritzventile enthält eine Re-gelung für Ansteuer- und Haltestrom. Kurze Einschaltzeiten werden durch Hochspannungsansteuerung mit einem Beschleunigungs-Kondensator erzielt, der mit einem DC/DC-Wandler aufgeladen wird.

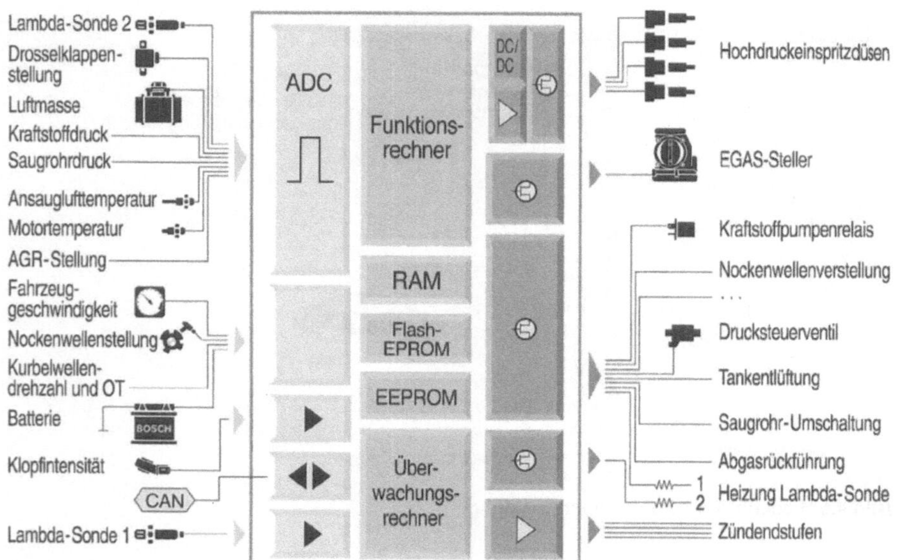

Bild 4.7: Blockschaltbild des Steuergerätes

4.2
Das Hochdruck-Einspritzsystem

Systemausführung

Die an das Einspritzsystem gestellte Hauptanforderung nach freier Wahl des Einspritzbeginns ist mit einem Einspritzsystem mit konstantem Hochdruck unbegrenzt erfüllbar [4.13]. Der Kraftstoff kann zu jedem beliebigen Zeitpunkt über eine elektromagnetisch gesteuerte Einspritzdüse direkt in den Brennraum eingespritzt werden. Den prinzipiellen Aufbau des Einspritzsystems zeigt Bild 4.2. In einem tankseitig angeordneten Niederdruckkreis, bestehend aus elektrischer Kraftstoffpumpe und parallelgeschaltetem mechanischen Druckregler, wird zunächst ein Vordruck von 3,5 bar erzeugt. Damit wird die vom Verbrennungsmotor angetriebene Hochdruckpumpe gespeist, die den Druck auf bis zu 120 bar erhöht. Die Einspritzdüsen sind direkt an den Speicher angeschlossen.

Durch das Ansteuersignal der Einspritzdüsen werden Einspritzbeginn und Einspritzmenge festgelegt. Der Druck im Speicher wird mittels eines Drucksensors erfaßt und über ein ebenfalls direkt am Speicher angeordnetes Drucksteuerventil im geschlossenen Regelkreis auf den kennfeldabhängig gewünschten Wert eingeregelt. Die nach dem Drucksteuerventil abhängig vom Lastzustand abströmende Überschußmenge wird nicht zum Tank sondern zur Saugseite der Hochdruckpumpe zurückgeführt. Diese Maßnahme resultiert aus der Forderung nach möglichst geringer Aufheizung des Kraftstoffes im Tank zur Vermeidung einer Mehrbelastung des Tankentlüftungssystems.

Die Einspritzdüse

Die zentrale Komponente eines solchen Einspritzsystems ist die Einspritzdüse. Einerseits müssen bei der Direkteinspritzung besonders hohe Anforderungen hinsichtlich Einbaubedingungen, kurzen Einspritzdauern und hohem Linearitätsbereich erfüllt werden. Andererseits kommt den Eigenschaften des Einspritzstrahls eine besondere Bedeutung bei der Gestaltung der Gemischbildung zu.

Eine ausführliche Beschreibung der Einspritzdüse und der Wirkkette Einspritzung, Gemischbildung wird im Kapitel 4.3 folgen.

Die Hochdruckpumpe

Die Hochdruckpumpe hat die Aufgabe, den Kraftstoffdruck von 3,5 bar Vordruck auf bis zu 120 bar zu erhöhen. Weitere Anforderungen sind geringe Förderstrompulsation für niedrige Druckpulsation im Speicher sowie ausschließlicher Betrieb mit Kraftstoff zur Vermeidung einer Vermischung mit Motoröl. Aufgrund der komplexen Aufgabenstellung wurde vor der Festlegung des Pumpenprinzips zunächst eine umfassende Systemanalyse durchgeführt. Ein erstes Zwischenergebnis ergab, daß die Anforderungen allein aus funktionaler Sicht nur mit einer Kolbenpumpe zu erfüllen sind. In die engere Auswahl für die endgültige Festlegung kamen die in Bild 4.8 dargestellten und bewerteten Ausführungen.

Das Ergebnis der Bewertung favorisiert eindeutig das Prinzip der Radialkolbenpumpe. Vorteile ergeben sich bei Lebensdauer und Wirkungsgrad aufgrund der teilweisen Kompensation der Kolbenabstützkräfte am Lagerzapfen sowie beim Packaging wegen der kurzen Bauweise, besonders in Verbindung mit direktem Antrieb über die Nockenwelle.

Prinzipien	Axialkolbenpumpe	Radialkolbenpumpe	Reihenpumpe
Bewertung Kriterien			
Lebensdauer	○	+	○
Wirkungsgrad	○	+	○
Packaging	○		−
Kosten	+	+	○

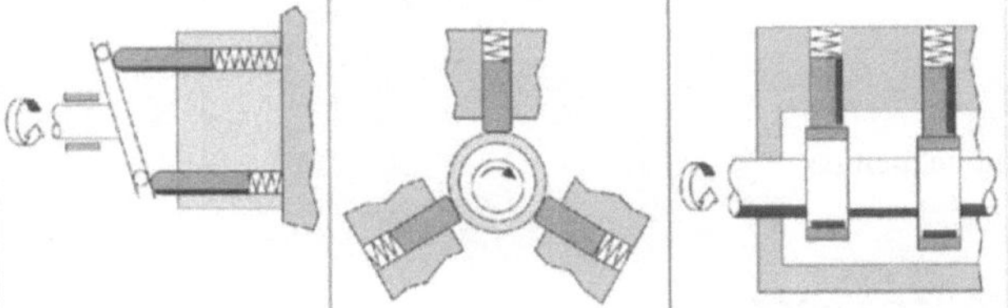

+ gut   ○ mittel   − ungünstig

Bild 4.8: Vergleich der einzelnen Hochdruckpumpe

Die Förderstrompulsation der Pumpe wird hauptsächlich von der Kolbenanzahl bestimmt. Voraussetzung für geringe Pulsationen ist die überschneidende Förderung der Pumpenelemente, d.h. mindestens drei Kolben. Praktische Untersuchungen mit Ein-, Drei- und Fünfzylinderpumpen ergaben, daß die Dreizylinderpumpe hinsichtlich Funktion und Kosten einen günstigen Kompromiß darstellt. In einer weiteren Bewertung erhielt der Antrieb über die Nockenwelle den Vorzug gegenüber einer elektromotorischen Lösung wegen Vorteilen bei Packaging, Wirkungsgrad und Kosten. Bild 4.9. zeigt den prinzipiellen Aufbau der realisierten Lösung.
Besondere Merkmale sind:

- Abstützung der Kolben über Gleitschuhe am Exzenterlaufring.
- Minimales Schadvolumen im Förderraum durch direkt im Kolben integriertes Einlaßventil.

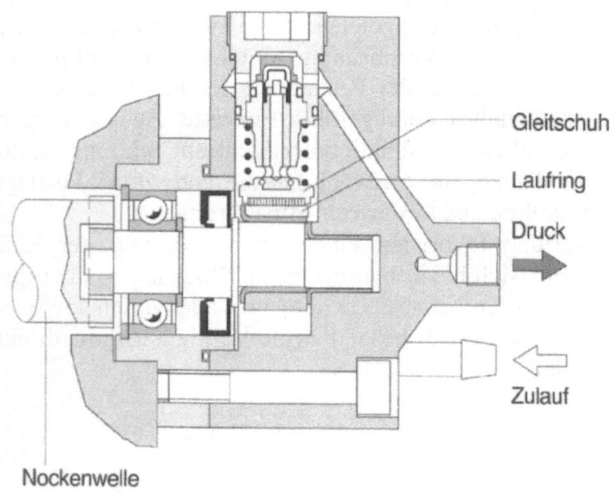

Bild 4.9: Hochdruckpumpe

Der Kraftstoffspeicher

Bei der Auslegung des Speichers, der gemeinsam für alle Zylinder gestaltet ist (Common Rail), besteht einerseits die Forderung nach großer Elastizität, um Druckpulsationen aus den periodischen Entnahmevorgängen und der Förderstrompulsation der Hochdruckpumpe zu dämpfen. Andererseits sollte der Speicher so steif sein, daß der Raildruck schnell genug den Anforderungen des Motorbetriebs angepaßt werden kann. Die gewählte Elastizität, auf deren Festlegung später noch eingegangen wird, resultiert hauptsächlich aus der Kraftstoffkompressibilität und dem Speichervolumen. Der Kraftstoffspeicher ist rohrförmig aus Aluminium gefertigt und besitzt Anschlüsse für Einspritzventile, Drucksteuerventil, Hochdruckpumpe und zugehörige Sensorik.

Das Drucksteuerventil

Das Drucksteuerventil, dessen prinzipieller Aufbau in Bild 4.10 dargestellt ist, hat die Aufgabe, den Systemdruck unabhängig von der Einspritz- und Pumpenfördermenge im gesamten Betriebsbereich des Motors entsprechend den Kennfeldvorgaben einzustellen. Realisiert wird dies durch Androsselung des Volumenstroms im Strömungsquerschnitt zwischen Ventilsitz und Drosselkörper.

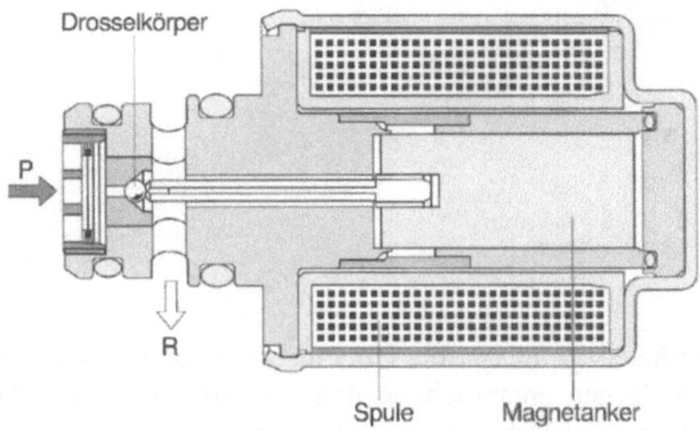

Bild 4.10: Drucksteuerventil

Der Magnet übt dabei entsprechend seiner Erregung auf den Drosselkörper eine definierte Kraft aus, die der hydraulischen Druckkraft das Gleichgewicht hält. Dadurch besteht ein direkter Zusammenhang zwischen Systemdruck und Erregerstrom. Eine besonders feinfühlige Einstellung des Systemdrucks wird erreicht durch die Ansteuerung mit einem pulsweitenmodulierten Signal. Die daraus resultierende oszillierende Zwangsbewegung des Magnetankers führt zur Eliminierung von Reibungskräften und damit nahezu hysteresefreiem Betrieb.

Der Drucksensor

Der Drucksensor dient zur Erfassung des Druckniveaus im Speicher. Als Sensorelement wird eine eingeschweißte Edelstahlmembrane verwendet, auf der die Meßwiderstände in Dünnfilmtechnik angebracht sind. Abgleich-, Kompensationsund Auswerteschaltung für die Ausgabe eines ratiometrischen Signals sind auf einem ASIC in das Sensorgehäuse integriert.

Das Hochdrucksystem

Die wesentlichen Komponenten des Hochdruckkreises in einer Musterausführung sind in Bild 4.11 dargestellt. Die Aggregate sind im Labor-Dauerlauf über mindestens 1000 h erprobt und für den Einsatz im Motor verfügbar.

Bild 4.11: Komponenten des Hochdrucksystems

Zentraler Punkt der Systemauslegung ist die Dimensionierung von Pumpenfördervolumen und Speichervolumen entsprechend den Anforderungen des Motors. Über die Mindestförderung entsprechend der Vollastmenge hinaus bedarf es einer Mehrmenge zur Abdeckung des Betriebs bei überlagerter dynamischer Druckänderung. Für die Festlegung des Speichervolumens gelten die bereits erwähnten Kriterien.

Die Auslegung erfolgt mit Hilfe eines Berechnungsprogramms. Den Ablauf der einzelnen Berechnungsschritte zeigt Bild 4.12 Ausgehend von den motorspezifischen Eingabegrößen erfolgt die Berechnung von Speichervolumen und Hubvolumen der Hochdruckpumpe nach vorgegebenen quantifizierten Kriterien.

Unter Berücksichtigung des gegenseitigen Einflusses der Auslegungsgrößen wird die Berechnung in iterativen Schritten solange fortgesetzt, bis alle Kriterien erfüllt sind. Für einen untersuchten 2,2-l-Motor ergibt sich ein Speichervolumen von 45 cm^3 und ein Hubvolumen von 0,4 cm^3/U für die Hochdruckpumpe. Bild 4.13 zeigt die zugehörige Antriebsleistung der Pumpe in ausgewählten Motorbetriebspunkten.

Zur Einhaltung der geforderten Zumeßgenauigkeit des Kraftstoffs wird eine Systemabstimmung vorgenommen, die den Abgleich des Hochdruckkreises im Hinblick auf reproduzierbare Druckverhältnisse im gesamten Kennfeld zum Ziel hat. Dazu wird ein Simulationsprogramm eingesetzt, das die Berechnung der dynamischen Druckverhältnisse unter Berücksichtigung von Kraftstoffkompressibilität und Druckwellenreflexionen erlaubt. Zur Verifikation der Simulation wird ein Kraftstoffsystem-Prüfstand mit Einzelmengen-Meßeinrichtung an den Einspritzventilen und entsprechender Sensorik für die relevanten Systemgrößen genutzt.

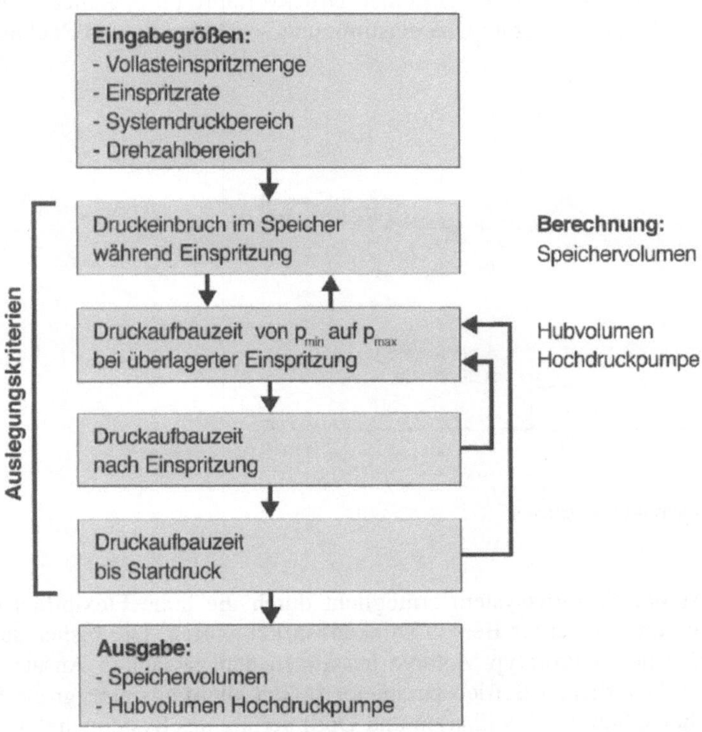

Bild 4.12: Auslegungsablauf

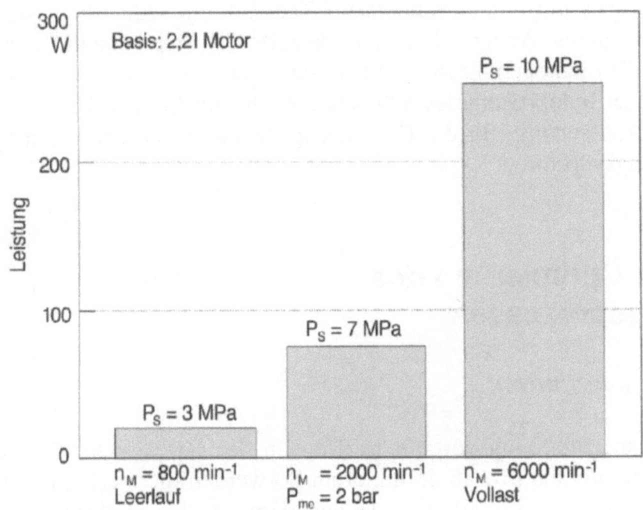

Bild 4.13: Antriebsleistung der Hochdruckpumpe

Die in Bild 4.14 beispielhaft dargestellten Druckverläufe im Speicher während der Einspritzung belegen die gute Übereinstimmung von Messung und Rechnung.

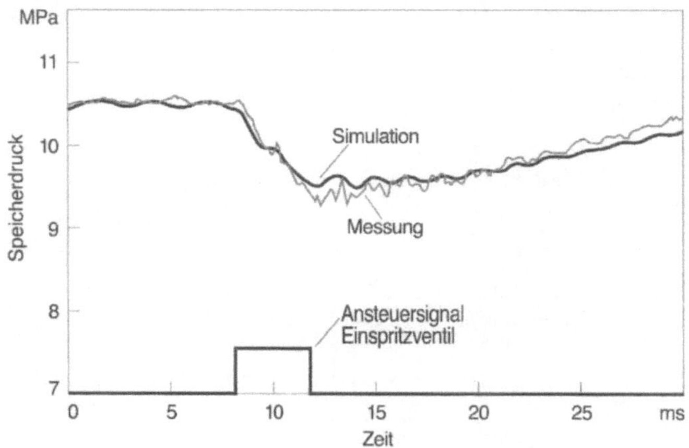

Bild 4.14: Druckverlauf im Speicher

Das vorgestellte Einspritzsystem ermöglicht durch die hohe Flexibilität eine sehr gute Steuerung moderner Benzin-Direkteinspritzmotoren. Die bisher durchgeführten Versuche an Prototyp-Motoren bestätigen den gewählten Ansatz. Die Vielzahl der veränderlichen Betriebsparameter stellen allerdings eine große Herausforderung bezüglich der Applikation und Optimierung des Systems unter allen Betriebsbedingungen dar.

In Europa werden zukünftig stark verschärfte Abgasgrenzwerte gelten. Der Schlüssel für den Serieneinsatz des mager betriebenen Direkteinspritzers liegt deshalb in der Entwicklung der Katalysator-Technologie für die NO_x-Nachbehandlung im mageren Abgas. Hier sind derzeit vielversprechende Fortschritte zu beobachten. Voraussetzung für den Einsatz derartiger Katalysatoren ist allerdings eine deutliche Reduzierung des Schwefelgehaltes im Benzin. Eine weitere entscheidende Voraussetzung für die Direkteinspritzung ist die Entwicklung stabiler Gemischbildungsverfahren.

4.3
Maßnahmen zur Optimierung des Gemischbildungsprozesses

A) Gemischbildungsverfahren

Die Einteilung der Gemischbildungsverfahren erfolgt in der Literatur häufig anhand der Mechanismen, die den Prozeß dominieren. So werden die Verfahren als strahl-, wand- oder luftgeführt. klassifiziert, je nachdem ob die Strahldynamik selbst, die Strahlumlenkung an einer Brennraumwand, oder die Ladungsbewegung zur gezielten Ladungsschichtung vorwiegend genutzt werden. (Trotz dieser Klassifizierung muß beachtet werden, daß die Ladungsschichtung durch eine Kombination dieser Mechanismen erreicht wird, in der eben wie oben dargestellt die Gewichtung variiert).

Durch die enge Anordnung von Einspritzdüse und Zündkerze erlaubt das Strahl-geführte Verfahren räumlich sehr begrenzte Ladungsschichtungen, was einen ungedrosselten Betrieb bis hinab zu Leerlauflasten mit globalen Luftzahlen von $\lambda=8$ erlaubt [4.10]. Die Lufterfassung der Ladungswolke in Abhängigkeit von der Motorlast und somit der eingespritzten Kraftstoffmenge muß bei diesem Verfahren über die Eindringtiefe des Einspritzstrahles realisiert werden und ist somit im wesentlichen durch die Strahlphysik bestimmt. Durch die kurze Entfernung zwischen Gemischbildner und Zündkomponenten steht hier nur eine kurze Gemischbildungszeit-und raum zur Verfügung, so daß die Zündkerze durch flüssigen Kraftstoff beaufschlagt wird, was bei herkömmlichen Elektrodenmaterialien zu verkürzten Standzeiten führt. Durch die geringe Ausdehnung der zündfähigen Zone im Randbereich des Einspritzstrahles ist dieses Verfahren stark toleranzabhängig bezüglich Einbaugeometrien und Strahleigenschaften.

In Bild 4.15 sind mögliche konstruktive Darstellungen dieser Verfahren skizziert.

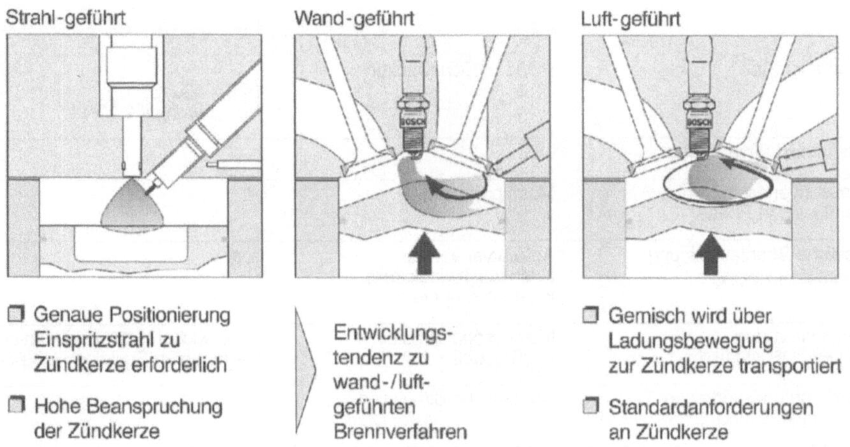

Bild 4.15: Klassifizierung der Benzin-Direkteinspritzungs-Verfahren

Bei wandgeführten Verfahren sind Einspritzdüse und Zündkerze in einem größeren Abstand montiert. Der eingespritzte Kraftstoff wird dabei durch eine gezielte Wechselwirkung mit einer Brennraumwand, in der Regel einer definiert geformten Brennraummulde zur Zündkerze geleitet wobei eine durch Einlaßkanäle und Brennraumgeometrie gezüchtete Ladungsbewegung (Tumble oder Drall) unterstützend wirkt [4.3],[4.6]. In dieser Anordnung stehen dem Gemisch bis zur Zündung längere Zeiten zur Aufbereitung zur Verfügung, wodurch größere Zonen zündfähigen Kraftstoff/Luft-Gemisches entstehen, die das Verfahren weniger toleranzempfindlich erscheinen lassen. Die starke Ladungsbewegung, die zu späteren Zeitpunkten in kleinere turbulente Skalen zerfällt unterstützt zudem die Gemischhomogenisierung sowie den Stoffumsatz in der darauf folgenden Verbrennung [4.4]. Den Schwerpunkt bei der Entwicklung dieser Verfahren stellt die Abstimmung von Einspritzstrahl, Kolbenmuldengeometrien und Ladungsbewegung vor dem Hintergrund variierender Motorlasten (Einspritzdauern) und Motordrehzahlen (Kolbengeschwindigkeiten) dar.

Ein luftgeführtes Brennverfahren zeichnet sich dadurch aus, daß die bereits aufbereiteten gasförmig vorliegenden Kraftstoffanteile durch eine gezielte Ladungsbewegung aus dem Einspritzstrahl zur Zündkerze hin bewegt werden [4.5]. Auch bei einem solchen Verfahren muß sichergestellt werden, daß durch das Zusammenwirken von Einspritzstrahl und Ladungsbewegung über einen weiten Bereich des Last/Drehzahl-Kennfeldes eine ausreichende Ladungsschichtung und Gemischhomogenisierung erzielt wird.

Zur Entwicklung der geeigneten Einspritzdüsen für eins der dargestellten Verfahren ist es erforderlich, auch über eine entsprechende Meß- und Simulationstechnik für die Benzin-Direkteinspritzung zu verfügen. Es handelt sich hierbei teilweise um Neuentwicklungen und Anpassungen vorhandener Technik wie in Tabelle 4.1 dargestellt, die im folgenden mit Bezug zur Strahldiagnostik dargestellt werden.

Meßgröße	Meßtechnik	Bemerkung
Tropfengröße	PDA; zu Eichzwecken	(max. 400°C, Kammerdruck 2 MPa)
Kraftstoff/Luftverteilung	LIF	s. o.
Massenverteilung der flüssigen Phase	Matrixprüfstand	
Zeitliche Strahlausbildung, Strahleindringung	Auflichtverfahren, Hochgeschwindigkeits-kinematographie	s. o.
Innenströmung in der Einspritzdüse	Numerische Simulation Großmodell	Untersuchung der Zweiphasenströmung im Spritzloch möglich
Verdampfungsverhalten, Strahlausbreitung	Numerische Simulation	

Tabelle 4.1: Meßtechnik und Simulationswerkzeuge für die Benzin-Direkteinspritzung

Daneben stehen Sondermeßtechniken wie zum Beispiel Düsendichtheit bei hohem Druck und hoher Temperatur sowie die Standardmeßtechniken, wie sie aus der Saugrohreinspritzung bekannt sind, z.B. akustische Prüfverfahren, zur Verfügung.

B) Einspritzdüse – Funktionskonzept und Kenngrößen

Art der Einspritzdüse

Beurteilungskriterien für eine Auswahl des geeigneten Konzeptes sind neben der Güte der eigentlichen Zerstäubungsfunktion die Robustheit gegen Verschmutzung, die Möglichkeit, zur Düsenachse schräg spritzende Strahlen realisieren zu können sowie die Fertigungsrobustheit bzw. Großserientauglichkeit zu gewährleisten. Bild 4.16 zeigt eine Auswahl von Einspritzdüsen in schematischer Darstellung.

Eine grundsätzliche Unterscheidung gibt es hinsichtlich der Düsennadelbewegung. Die nach außen öffnende Düse (A-Düse) gibt bei der Öffnungsbewegung den Dosierquerschnitt frei und erzeugt über einen Kegel die Strahlform.

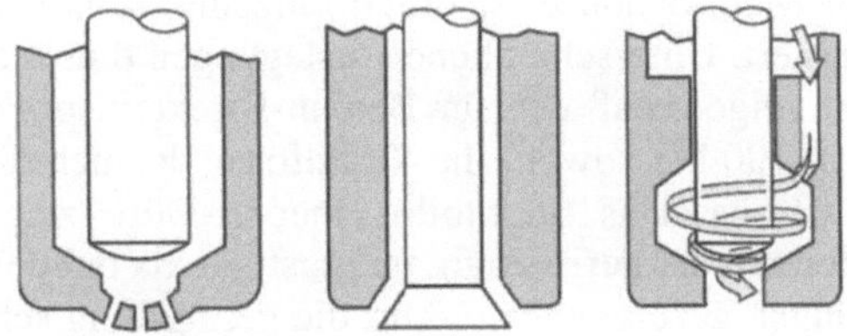

Kriterium	Viellochdüse	A-Düse	I-Düse, Drallaufbereitung
Flexibilität Strahlform	++	+	+
Möglichkeit der Strahlneigung	+	–	++
Güte der Aufbereitung bei Systemdruck 10 MPa	–	0	++
Robustheit gegenüber Verkokung	–	++	+

Bild 4.16: Vergleich der einsetzbaren Einspritzdüsen

Nach innen öffnende Konzepte (I-Düsen) sind die aus der Dieseltechnik bekannten Mehrlochdüsen und die Dralldüse mit stromaufwärts liegendem Drallerzeuger als klassische Bauart einer Anordnung, die günstig gegen Verkokung wirkt. Ein Auszug der Konzeptbewertung wird ebenfalls in Bild 4.16 wiedergegeben.Bild 4.17 stellt die Strahlbilder dar, die den Düsen im Bild 4.16 entsprechen.

Bild 4.17: Typische Strahlformen verschiedener Aufbereitungskonzepte

Die Mehrlochdüse ist durch einzelne, scharf abgegrenzte Einzelstrahlen charakterisiert. Unterschiedliche Auslegungen dieser aus der Dieseltechnik bekannten
Bauart zeigen, daß den für Benzin-Direkteinspritzung üblichen Druckamplituden
von ca. 100 bar sowohl die Strahlform als auch die Zerstäubungsqualität mangelhaft bleiben. Das Strahlbild einer A-Düse zeigt einen klaren Hohlkegel, die
Zerstäubung ist geringfügig ungünstiger als bei der I-Düse. Wie detaillierte Untersuchungen gezeigt haben, führt die geringfügig schlechtere Zerstäubung bei dieser
Bauform zu geringerer Strahlkontraktion des Kegels und zu scharfer Begrenzung
des Schirmstrahls. Ein typisches Strahlbild einer nach innen öffnenden Dralldüse
ist im Bild 4.17 dargestellt. Die sehr gute Zerstäubungsgüte dieses Aufbereitungskonzeptes zusammen mit der angestrebten Strahlflexibilität und relativen
Unempfindlichkeit gegen Verschmutzung empfehlen eine solche Lösung.

Kenngrößen des Einspritzstrahles

Die bei der Zerstäubung erzeugte (statistische) Verteilung der Tropfen wird wie
bereits erwähnt durch den Mittleren-Sauter-Durchmesser (SMD) charakterisiert.
Genauere Betrachtungen zielen auf die zeitliche und räumliche Entwicklung der
Zerstäubung, die sich auch als Eingangsgröße für entsprechend angepaßte numerische Simulationen verwenden läßt. Zur Messung der Tropfengröße wurde in
diesem Fall die Einspritzdüse mit einer festgelegten Frequenz angesteuert und die
Tropfengröße in einer normal zur Düsenachse gerichteten Meßebene 30 mm
stromabwärts der Düsenspitze ermittelt. Die einzelne Messung wird mit einem
Zeitverzug tv gegenüber der Ansteuerung vorgenommen. Auf diese Weise passiert
der abgespritzte Kraftstoffstrahl bei Variation der Verzugszeit tv vollständig die
Meßebene. Eine geeignete Meßtechnik ist die Phasendoppleranemometrie (PDA),
die speziell für die hohen Tropfendichten – insbesondere bei hohem Kammerdruck und -temperatur – adaptiert wurde. Bild 4.18 zeigt die zeitliche Entwicklung
der Tropfengröße bei einer Dralldüse, aufgetragen als SMD-Wert der zum Zeitpunkt tv in der Meßebene befindlichen Tropfen.

Aufgrund der für eine Anlaufströmung charakteristischen Druckverhältnisse in
der Düse und der vom Durchmesser stark abhängigen Eindringtiefe der Tropfen
erreichen große Tropfen zuerst die Meßebene. Der Schließvorgang erzeugt aufgrund des Druckwellenverlaufes in der Einspritzdüse kleinere Tropfen, die zudem

weniger schnell die Meßebene erreichen. Eine Erhöhung des Kammerdrucks und der Kammertemperatur führen zu einem schnellen Verdampfen der sehr kleinen Tropfen und in Folge zu einer Erhöhung des SMD-Wertes.

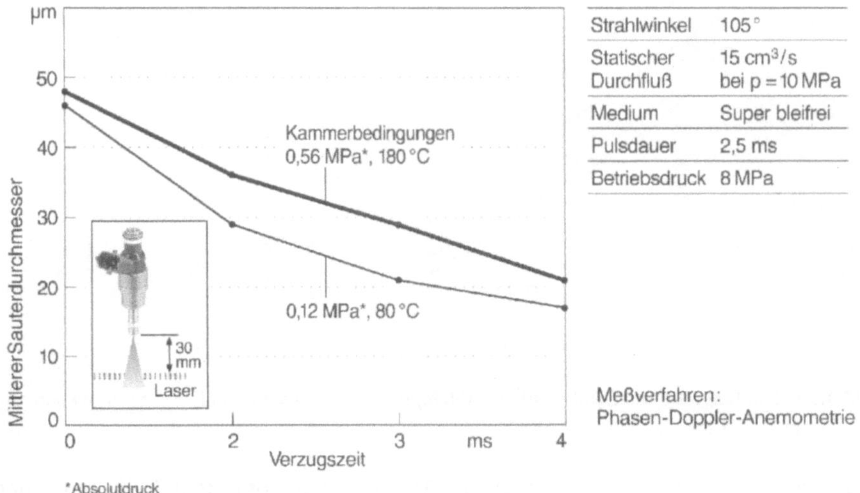

Bild 4.18: Zeitliche Entwicklung der Tropfengröße

Die Möglichkeit, über Strahlwinkel oder Systemdruck die Aufbereitung zu beeinflussen, zeigt Bild 4.19. Zu beachten ist hierbei allerdings, daß die über Erhöhung des Systemdrucks erreichte Verbesserung der Tropfengröße immer einher geht mit einer Vergrößerung der anfänglichen Strahlgeschwindigkeit.

Die Verkleinerung der Tropfen durch höheren Systemdruck steht damit – zumindest teilweise – im Konflikt zur Erhöhung der Strahleindringtiefe.

Die raum/zeitliche Kraftstoffeinbringung in den Brennraum wird primär durch die axiale Strahleindringung und den Strahlkegelwinkel als Funktion der Zeit beschrieben. Sie muß so angepaßt sein, daß durch die erfaßte Brennraumluft in der Wechselwirkung mit der Ladungsbewegung eine optimale Ladungsschichtung erzielt wird. Dabei muß eine übermäßige Strahleindringung, die zu Brennraumwandbenetzung mit erhöhten HC-Emissionen führen würde, vermieden werden [4.1]. Um das Eindringverhalten entsprechend den motorischen Randbedingungen untersuchen zu können, wird in einer heizbaren Gegendruckkammer mit Hilfe von Auflicht und Laserlichtschnittechniken die Strahlausbreitung als Funktion der Zeit analysiert.

Neben den Auslegungsparametern Durchfluß und Strahlwinkel kann die Strahlausbreitung mit dem Parameter Hochdruck für den jeweiligen Betriebspunkt angepaßt werden.

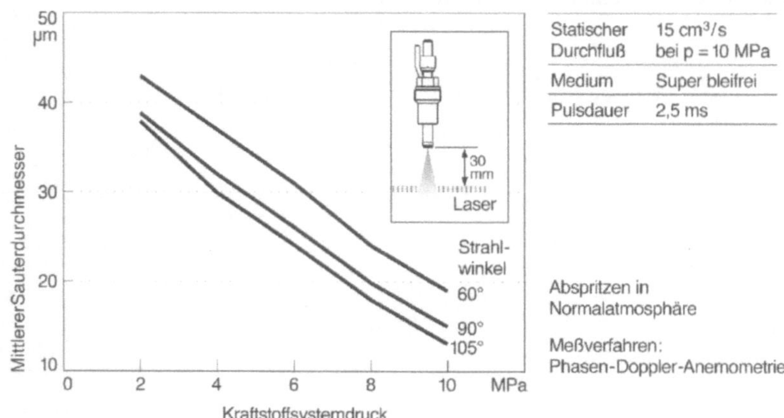

Bild 4.19: Tropfengröße des Drallventils in Abhängigkeit von Systemdruck und Strahlwinkel

Im Bild 4.20 ist die Eindringtiefe in Abhängigkeit vom Hochdruck unter der applikationsrelevanten Randbedingung konstanter Einspritzmengen (Leerlauf; Teillast, Vollast) dargestellt.

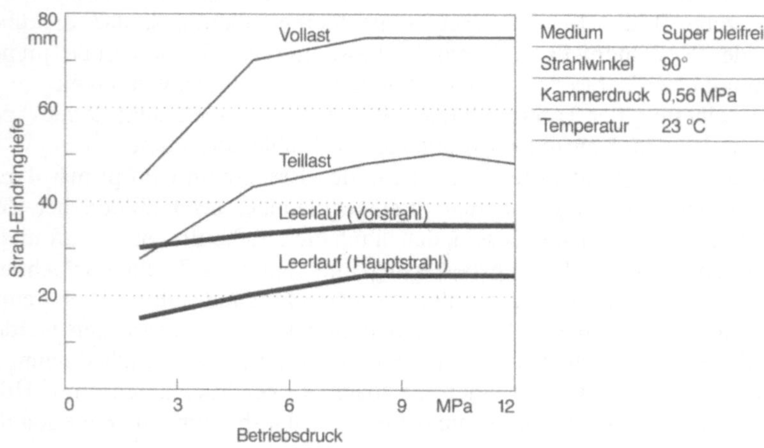

Bild 4.20: Strahleindringtiefe in Abhängigkeit von Systemdruck und Kraftstoffmenge

Der Gegensatz Tropfengröße – Strahleindringtiefe ist dabei deutlich. Darüber hinaus wird aber durch die druckbedingte höhere Durchflußrate die Einspritzdauer verkürzt, wodurch die erreichten Strahleindringtiefen reduziert werden. Als Folge sind unter diesen applikationstypischen Randbedingungen die Verläufe der Strahleindringtiefe über dem Systemdruck wesentlich flacher, als dies bei unangepaßten Einspritzzeiten der Fall ist. Die maximale Eindringtiefe ist dabei primär von der eingespritzten Kraftstoffmenge abhängig.

Im linken Teil von Bild 4.21 ist der grundsätzliche Mechanismus der Wechselwirkung von Strahl und Atmosphäre bei dem gewählten Drall-Aufbereitungskonzept dargestellt. Der Kraftstoff wird dabei durch die definierte Auslegung der Einspritzdüse auf einer Kegeloberfläche in den Brennraum eingebracht.

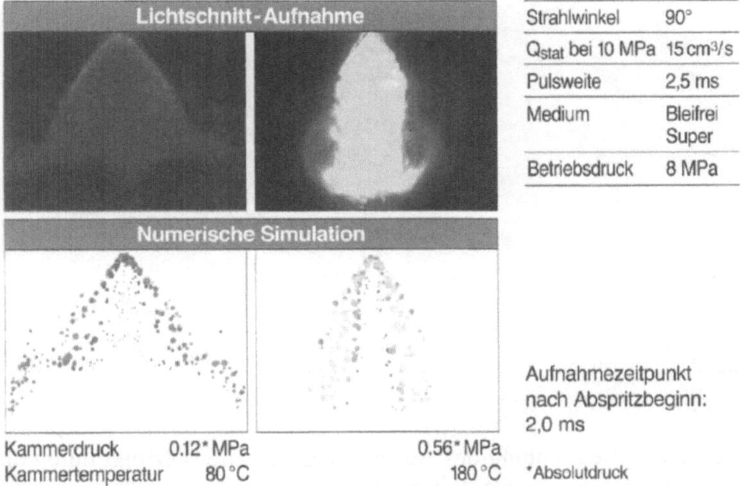

Bild 4.21: Experimenteller und numerischer Nachweis der Strahlkontraktion bei Erhöhung des Gegendrucks

Die sich nach dem primären Strahlzerfall ausbreitenden Tröpfchen erzeugen durch Impulsübertrag und Beschleunigung der umgebenden Luft einen dynamischen Unterdruck im Inneren des Kegelstrahles und induzieren dadurch eine Sekundärströmung in das Kegelinnere hinein. Insbesondere kleine Tröpfchen folgen dieser Strömung, verstärken somit die axiale Penetration und füllen das Innere des Hohlkegels mit Kraftstoff, was die Homogenisierung der Ladungsschichtung unterstützt. Die durch die Sekundärströmung erzeugte Formänderung des Kegelstrahles bezeichnet man als Strahlkontraktion. Sie ist abhängig vom Brennraumdruck und der primär erzeugten Tropfengröße. Zur Analyse dieses für Kegelstrahlen typischen Ausbreitungsverhaltens wird verstärkt die numerische Strömungssimulation eingesetzt [4.7]. Im rechten Teil von Bild 4.22 ist das Ergebnis einer Strahlberechnung mit dem Programmpaket FIRE dargestellt. Durch die Pfeile veranschaulicht ist die durch den Einspritzstrahl generierte Strömung in der Gasphase. Dem überlagert gibt eine Farbkodierung die erzeugte Kraftstoff/Luftverteilung in der Gasphase wieder. Die Anpassung der Simulationswerkzeuge erfolgt dabei durch Abgleich mit den experimentellen Strahluntersuchungen in der heizbaren Druckkammer. Bild 4.21 zeigt den Vergleich zwischen dem Strahlverhalten in der Druckkammer und den Simulationsergebnissen für Bedingungen des Homogenbetriebes (linke Bildfolge) bzw. Bedingungen des Schichtbetriebes (rechte Bildfolge). Deutlich ist die oben angesprochene Strahlkontraktion bei erhöhtem Brennraumdruck im Schichtbetrieb wiedergegeben.

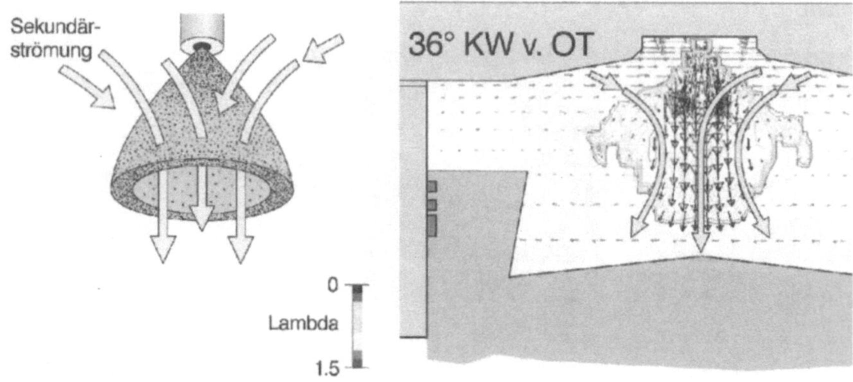

Bild 4.22: Struktur des Kegelstrahls

Eine differenziertere Betrachtung des Ausbreitungsverhaltens erfolgt durch die Analyse der einzelnen Phasen des Einspritzprozesses. Der Strahlbeginn wird durch eine über Druckeinbruch und Anlaufströmung unaufbereitete Menge bestimmt. Während der Druckeinbruch über die Auslegung des Kraftstoffsystems günstig beeinflußt werden kann, läßt sich der über den Anlaufvorgang gegebene Anteil durch Gestaltung des Drallerzeugers optimieren. Der obere Teil von Bild 4.23 veranschaulicht über eine Bildfolge den Vorgang, der untere Teil gibt die zugehörige Eindringtiefe des Strahls wieder (I-Düse).

Hinsichtlich des Schließvorgangs der Düse ist es Ziel, ohne Preller den Abspritzvorgang zu beenden, um ein unkontrolliertes Einbringen von Kraftstoff zu vermeiden.. Der mit Bild 4.23 dokumentierte Entwicklungsstand zeigt einen prellfreien Schließvorgang mit scharf abgegrenzter Kraftstoffwolke.

Um Zündaussetzer zu vermeiden, muß sich der Strahl von Hub zu Hub wiederholbar ausbilden. Jedoch gilt auch hier, daß mit zunehmend kleinerer Tropfengröße die Strahlausbildung auf Störströmungen empfindlich reagiert. Bild 4.24 dokumentiert die Konstanz des Strahlbilds mittels LIF-Technik. Eine Variation ist hier nur an den (empfindlichen) Strahlrändern erkennbar, während der Strahlkern mit hoher Konstanz ausgebildet wird.

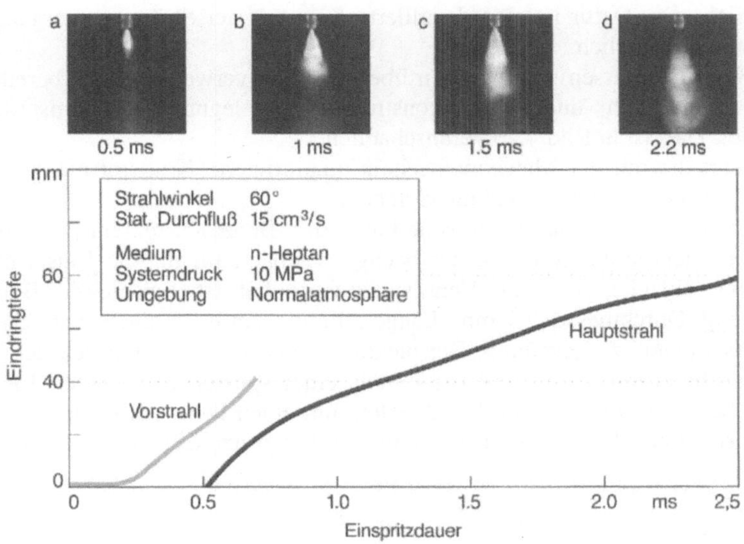

Bild 4.23: Zeitlicher Verlauf der Eindringtiefe durch die Strahlentwicklung in einer Dralldüse

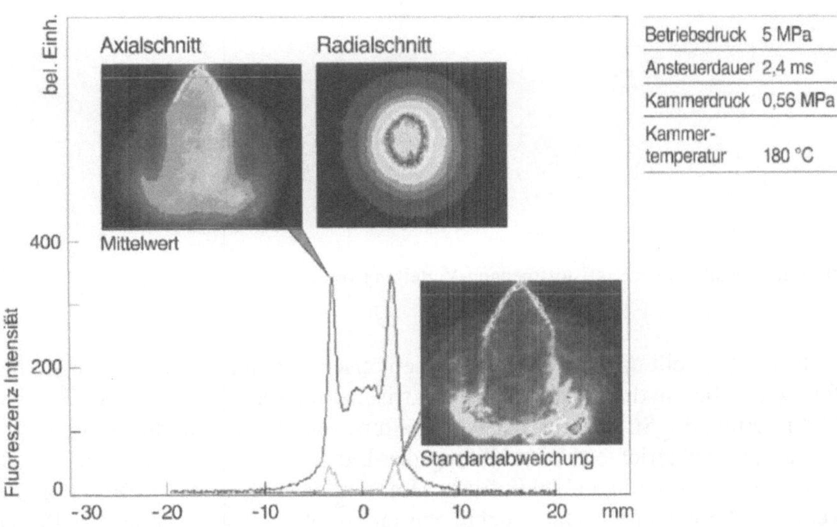

Bild 4.24: Zyklus- zu Zyklus-Reproduzierbarkeit der Kraftstoffverteilung

Von entscheidender Bedeutung für die Qualität der Gemischbildung ist weiterhin die Kraftstoffmassenverteilung im Einspritzstrahl. Deren Modellierung der Kraftstoffmassenverteilung kann beim Abstimmen auf spezielle Brennverfahren erforderlich sein. Dafür ist eine detaillierte Kenntnis der Strömungsvorgänge im Brennraum erforderlich.

Die Kraftstoffmassenverteilung wird bei dem hier verwendeten Aufbereitungskonzept wesentlich durch die konstruktive Auslegung der Einspritzdüse beeinflußt. Dies ist in Bild 4.25 veranschaulicht.

Sie zeigt die mit der Matrixmeßtechnik quantifizierte Kraftstoffmassenverteilungen für verschiedene Auslegungsvarianten.

Ein wesentliches Konstruktionsmerkmal der Benzin-Direkteinspritzung bei modernen Vierventilmotoren ist der beengte Einbauraum für die Einspritzdüse, wofür eine schlanke, gestreckte Ventilspitze vorteilhaft ist (Beispiel der BOSCH-Ausführung: Durchmesser 7,7 mm, Länge 20 mm), um noch einen ausreichenden Kühlwassermantel zu gewähren. Der elektromagnetische Direktantrieb der Nadel und eine abgestimmte Ansteuerung mittels einer speziell ausgelegten Endstufe ermöglichen die erforderlichen Schaltzeiten, um einen Dynamikbereich von 1:12 der abgespritzten Menge bei einer maximalen Einspritzdauer von 5ms darzustellen.

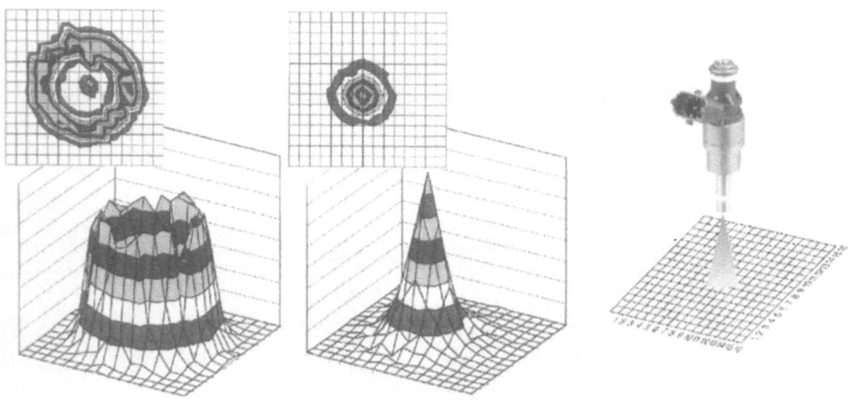

Bild 4.25: Kumulative Kraftstoffmengen-Verteilung verschiedener Drallauslegungen

Bild 4.26 stellt die Einspritzdüse schematisch dar. Weiterentwicklungen betreffen u.a. die hydraulische und elektrische Anschlußtechnik sowie weitere Optimierung der Strahlform, der Aufbereitung und der Verkokungssicherheit.

Für die zielgerichtete Entwicklung der Einspritzdüse ist es erforderlich, frühzeitig die Anforderungen zukünftiger Motorenkonzepte an den Gemischbildner zu kennen. Dafür wurden Untersuchungen an strahl- und wandgeführten Brennverfahren durchgeführt mit dem Ziel, die Forderungen an die Aufbereitungsqualität zu erarbeiten und aus den Motoruntersuchungen Spezifikationen für die Einspritzdüse hinsichtlich thermischer und mechanischer Belastbarkeit abzuleiten.

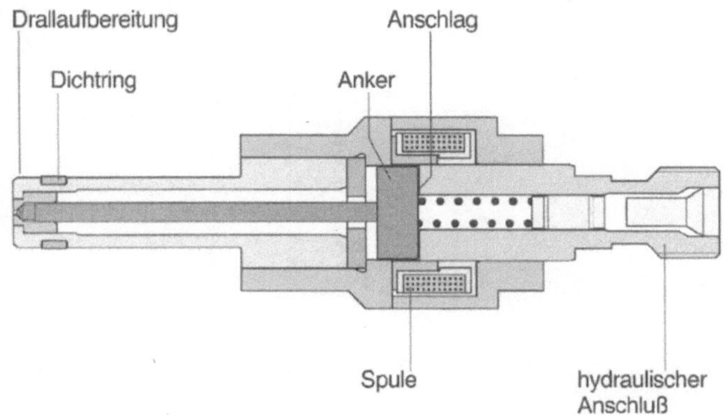

Bild 4.26: Elektromagnetisch gesteuerte Einspritzdüse

Bild 4.27 zeigt den mit Hilfe des BOSCH Einspritzsystems erzielten Entwicklungsstand der strahl-/ wandgeführten Brennverfahren und zusätzlich des von der FEV Aachen entwickelten luftgeführten Verfahrens anhand von Kraftstoffverbrauch, HC-, Ruß-, und NO_x-Emission für einen teillastrelevanten Betriebspunkt.

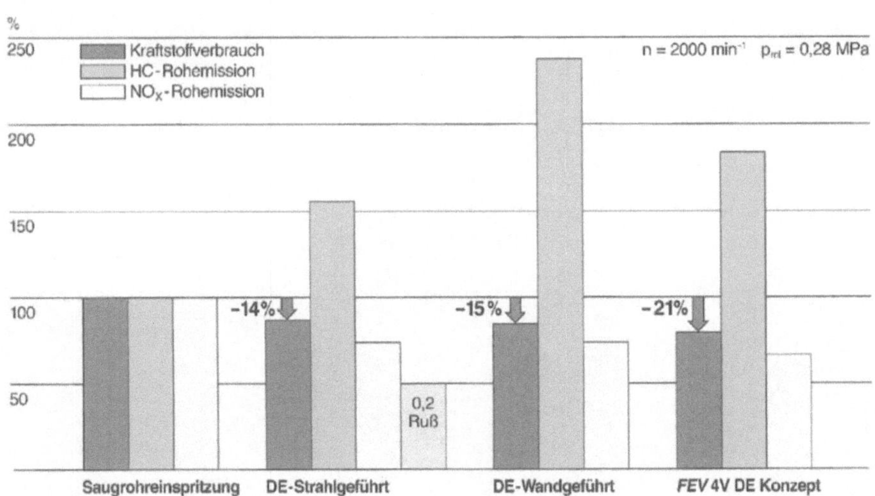

Bild 4.27: Motorergebnisse mit dem BOSCH-Einspritzsystem

Die weitere Entwicklungsrichtung ist neben der Optimierung des Brennprozesses die Erhöhung der Verkokungsfestigkeit durch düsen- und motorseitige Maßnahmen sowie die intensive Absicherung der Feldqualität.

5 Direkteinspritzung flüssigen Kraftstoffs mit drehzahlunabhängiger Druckmodulation: Das Druckstoßeinspritzverfahren

5.1
Konfiguration und Funktionsmerkmale eines Benzindruckstoßeinspritzsystems

Der Druckstoßeffekt – auch als Effekt des hydraulischen Widders oder Wasserschlag bezeichnet – wurde zum ersten Male nachweislich von den Gebrüdern Montgolfier im Jahre 1796 erwähnt und dann im Jahre 1909 von Allievi mathematisch beschrieben [5.1]. Erste Anwendungsuntersuchungen für Benzineinspritzanlagen, die in den 50-er Jahren in Deutschland erfolgten, zeigten nur zum Teil das Potential des Vorgangs: durch Nutzung mechanischer Ventile mit Nockenführung zur Verzögerung der beschleunigten Flüssigkeitssäule – entsprechend der Ausführungen im Kap. 2.2 – war der erforderliche Druckverlauf nur für einen engen Drehzahlbereich zufriedenstellend realisierbar [5.5], [5.7]. Die Vorteile eines solchen Verfahrens wurden erst durch Aufhebung der direkten Abhängigkeit der Verzögerungsdauer der gebremsten Flüssigkeit von der Motordrehzahl nutzbar. Seit den 70-er Jahren wurden in der Technischen Hochschule Zwickau (derzeit Westsächsischen Hochschule Zwickau) zahlreiche Anwendungen und Systemkonfigurationen für Zwei- und Viertaktmotoren mit Direkteinspritzung untersucht. Ein vielversprechender Anwendungsbereich war bereits zu jener Zeit die Benzindirekteinspritzung in Zweitaktmotoren. Entsprechende Systeme wurden für die Zweitaktmotoren mit einem, zwei und drei Zylindern entwickelt und getestet, die die relativ großen Serien von MZ Motorrädern, sowie die Trabant und Wartburg Personenwagen in der ehemaligen DDR ausrüsteten [5.8]. Nur die unzureichenden technologischen Mittel haben verhindert, daß die nachgewiesenen Vorteile bei der Anwendung von Druckstoßeinspritzsystemen für diese Motoren eine Umsetzung in die Serienproduktion fanden.
Einige Beispiele sind dafür repräsentativ:

- Bei der Anwendung der Benzindirekteinspritzung mittels eines Druckstoßsystems an einem Einzylinder-Zweitaktmotor von MZ mit 250 cm³ Hubvolumen, Luftkühlung und Kurbelkastenspülung wurde bei Vollast der effektive spezifische Kraftstoffverbrauch um 15% und die HC-Emission um 50% gesenkt im Vergleich mit dem Vergaser-Basismotor.
- Bei der Anwendung des Verfahrens am Zweizylinder-Zweitakt-Motor von TRABANT mit 2*300 cm³ Hubvolumen, Luftkühlung und Kurbelkastenspü-

lung wurde neben der guten Vollastcharakteristik und der deutlichen Senkung der HC- und CO-Emissionen ein effektiver spezifischer Kraftstoffverbrauch mit einem Minimum von 275 g/kWh erreicht, was auch gegenwärtig als ausgezeichnetes Ergebnis für solche Motoren gilt. Die Erprobung im Fahrzeug unter realen Fahrbedingungen deutete ebenfalls auf aussichtsreiche Möglichkeiten hin.

– Untersuchungen an einem Dreizylinder-Zweitakt Motor von WARTBURG mit 3*330 cm³ Hubraum, Wasserkühlung und Kurbelkastenspülung bestätigten zum größten Teil die Ergebnisse, die am Trabant Motor erzielt wurden.

Wie im Kap. 2.2 bereits erwähnt, wird zur Erzeugung des Druckstoßes der Aufprall des Kraftstoffs auf ein Ventil in einer Beschleunigungsleitung genutzt. Um die jeweilige Kraftstoffbeschleunigung zu erreichen, wird eine Druckdifferenz an Anfang und Ende der Leitung genutzt. Das Ende wird in allen praktischen Fällen als Rücklauf zum Tank gestaltet, wodurch sich hier – abgesehen von den hydraulischen Widerständen – der Umgebungsdruck einstellt. Der Leitungseingang wird an ein Vordruckmodul gekoppelt, das in den meisten Fällen aus einer elektrisch angetriebenen Pumpe mit Druckbegrenzungsventil, einem Kraftstoffilter und – falls erforderlich – einem Druckspeicher besteht. Allgemein sind dafür handelsübliche Bauteile ausreichend. Die Pumpe mit Druckbegrenzungsventil kann je nach Anwendungsgebiet in den Tank montiert werden. In Bild 5.1 ist eine solche Konfiguration schematisch dargestellt. Das Hochdruckmodul des Systems besteht aus den im Bild dargestellten Komponenten Schwingungsdämpfer, Beschleunigungsleitung, elektromagnetisches Ventil und Einspritzdüse.

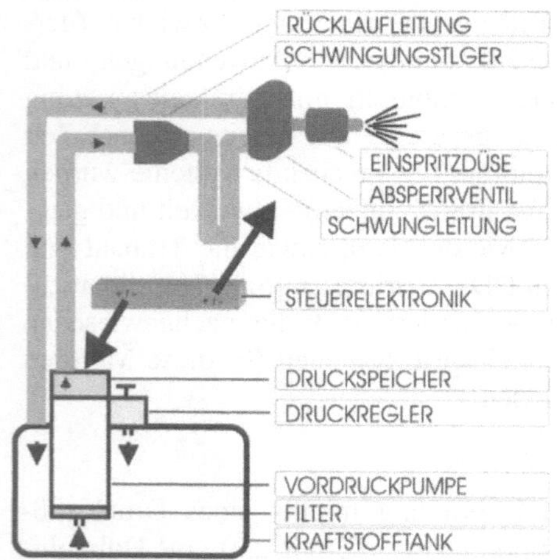

Bild 5.1: Kraftsoffkreislauf eines Druckstoßeinspritzsystems

Dieses Modul kann – je nach Anwendung – auch als kompakte Einheit gestaltet werden, wie es in Bild 5.2 dargestellt ist.

Bild 5.2: kompaktes Druckstoßeinspritzsystem

Zwischen Niederdruck- und Hochdruckmodul sind die Kraftstoffzufuhr- und Kraftstoffrücklaufleitung vorgesehen, die als feste oder elastische Leitungen gebündelt werden können. Bei geschlossenem Ventil liegt der Vordruck konstant in der Beschleunigungsleitung an. Bei Öffnung des Ventils entsteht in der Leitung eine Kraftstoffströmung zum Rücklauf hin, deren Geschwindigkeit maximal den Wert erreichen kann, der allgemein der Druckdifferenz zwischen beiden Leitungsenden entspricht. Ein schlagartiges Schließen des Ventils bewirkt die Zunahme des Druckes an der Aufprallstelle und seine Fortpflanzung mit Schallgeschwindigkeit zurück in die Beschleunigungsleitung hin. Während der Fortpflanzung der Welle strömt noch Kraftstoff vom Vordruckmodul in die Leitung. An diesem Eingang erfolgt nach Ankunft der Hochdruckwelle eine Zustandsänderung im Kraftstoff, die den lokalen Differenzen bezüglich Druck und Geschwindigkeit entspricht. Die Rolle des Dämpfers ist, diese Zustandsänderung derart zu beeinflussen, daß im neuen Zustand der Vordruck wieder erreicht und die Strömungsgeschwindigkeit vollständig abgebaut wird. Dieser neue Zustand wird ebenfalls mit Schallgeschwindigkeit durch die Leitung zurück bis zum Ventil übertragen. Damit wird auf der Ventilseite eine Druckwelle geschaffen, die zu einer konventionellen Einspritzdüse mit Nadel und Feder geführt werden kann, um die Welle zur Kraftstoffeinspritzung zu nutzen.

Im Sinne einer guten Anpassung an den Motor kann die Dauer der Druckwelle und dadurch der zeitliche Einspritzverlauf mittels Länge der Beschleunigungsleitung und hydraulischer Kenngrößen des Ventils entsprechend gestaltet werden. Der Druckwellenverlauf infolge eines Druckstoßes ist allgemein durch sehr steilen Anstieg bzw. durch sehr steilen Abfall charakterisiert. Dadurch, daß der Druckwellendämpfer einen Abfall bis zum Vordruck gewährt, kann danach ein neuer Vorgang – bestehend aus Beschleunigung und Druckwelle – gestartet werden. Für die Anwendung an kleinen schnellaufenden Motoren dauert ein solcher Vorgang unter 5 ms, die für den Betrieb eines Zweitaktmotors bis 12.000 U/min bzw. eines Viertaktmotors bis 24.000 U/min ausreichen. Einschlägige Untersuchungen am Funktionsprüfstand und im Motorbetrieb bestätigen diese Aussage. Dadurch, daß die Einspritzvorgänge unabhängig von der Motordrehzahl sind, bleibt der Einspritzverlauf bzw. die Kenngrößen des Einspritzstrahls bei gleicher Einspritzmenge für den gesamten Drehzahlbereich konstant, was vorteilhaft in Bezug auf die Gemischbildung ist. Die frei wählbare Einstellung für Einspritzbeginn und

Zündbeginn, deren Korrelation durch eine elektronische Einheit gesteuert wird, unterstützt diesen Umstand zusätzlich. Weil die Dauer der Druckwelle konstant bleibt, ist die Steuerung der Einspritzmenge über die Druckamplitude einstellbar. Die Variation der Druckamplitude kann wiederum in zwei Formen erfolgen, wie es in Bild 5.3 dargestellt ist.

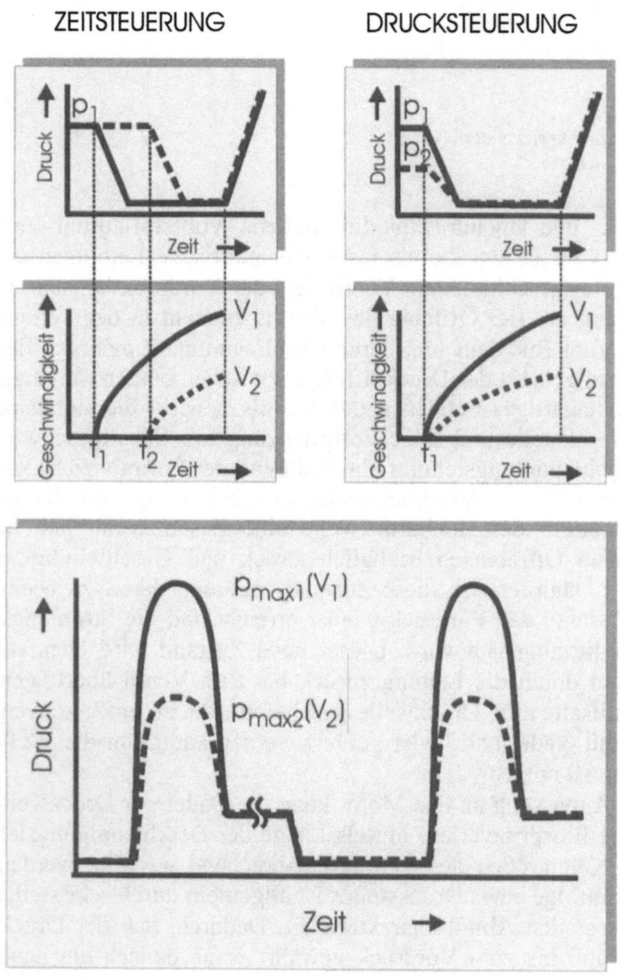

Bild 5.3: Regelung der Einspritzmenge durch Ventilöffnungszeit bzw. Vordruck

– Ein erster Modus besteht in der Variation der Ventilöffnungsdauer, die durch die Stromdauer im Elektromagneten erfolgt. Für eine Reduzierung der Öffnungsdauer von t1 zu t2 wird der Endwert der Geschwindigkeit infolge der Beschleunigung bzw. bis zur Absperrung von v1 auf v2 sinken. Die Umwandlung der niedrigeren Geschwindigkeit in Flüssigkeitskompression wird dann auch eine niedrigere Amplitude pmax2 anstelle von pmax1 zur Folge haben.

– Ein zweiter Modus besteht in der Änderung des Vordrucks – beispielsweise von p1 auf p2 bei unveränderter Öffnungsdauer des Ventils – wodurch ebenfalls eine Geschwindigkeit v2 anstelle von v1 erreichbar ist. Die nachfolgenden Vorgänge entsprechen ab diesem Punkt dem ersten Modus.

Beide Modi können mit Hilfe der Steuerelektronik im Kennfeld eines Motors weitgehend kombiniert werden, um eine optimale Anpassung der Anlage an den Motor zu erreichen.

In Bild 5.4 sind gemessene Druckverläufe für zwei einzelne Änderungen der Parameter Öffnungsdauer und Vordruck dargestellt.

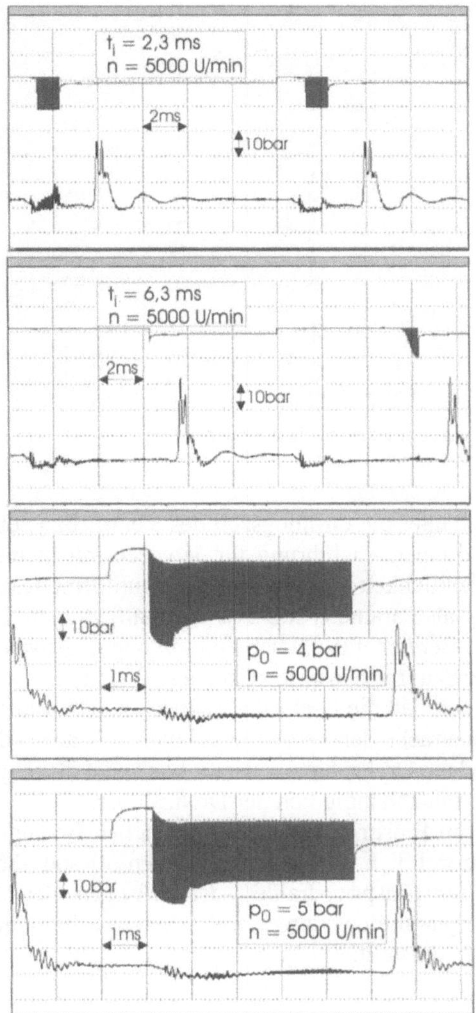

Bild 5.4: gemessene Druckverläufe bei Änderung der Öffnungszeit bzw. des Vordrucks

Der Wirkungsgrad bei der Energieumwandlung, die zum Entstehen der Druckwelle führt, wird bei einem Druckstoßsystem sowohl vom Elektromagneten als auch von der Vordruckpumpe bestimmt. Diese Kombination kann Vorteile bei hohen Druckamplituden bringen, wo die alleinige Umwandlung der Energie im Elektromagneten oder in einer hydraulischen Pumpe Sättigungsbereiche und dadurch schlechte Wirkungsgrade erreichen kann. Das optimale Verhältnis zwischen der Umwandlung in der Pumpe und im Elektromagneten kann in Abhängigkeit von unterschiedlichen Parametern und Variablen des Motors in Kennfelder gespeichert und durch die Elektronikeinheit des Systems gesteuert werden. Das Bild 5.5 zeigt diese und weitere Hauptfunktionen der Steuerelektronik.

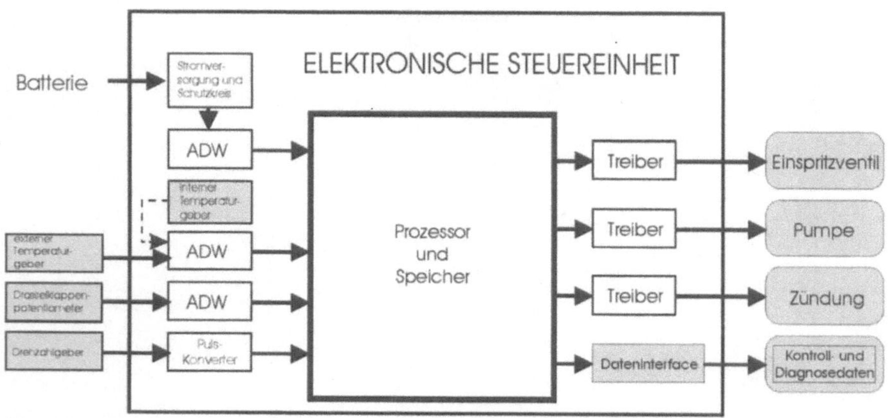

Bild 5.5: Konfiguration und Hauptfunktionen der elektronischen Steuereinheit

Die Dosierung der Einspritzmenge über die Öffnungszeit des Ventils bzw. über den Vordruck ist in Bild 5.6 anhand einer Ausführung für Motoren mit kleinem Hubraum dargestellt: Für die Übersichtlichkeit wurde dabei die Ventilöffnungszeit als variable Größe und der Vordruck als Parameter mit 3 Werten aufgetragen. Die im Bild gezeigten Vordruckwerte im Bereich 4,0-5,0 bar sind mit den gegenwärtig üblichen Hydraulikkomponenten der Saugrohreinspritzsysteme realisierbar.

Aus dem Bild ist weiterhin ableitbar, daß die Drehzahl praktisch keinen Einfluß auf die Einspritzmenge hat. In Anbetracht der bereits erwähnten Tatsache, daß auch die Einspritzdauer für verschiedene Drehzahlen konstant bleibt, ist insgesamt festzustellen, daß der Einspritzverlauf unabhängig von der Drehzahl ist.

Der Verlauf der Maximaldrücke im Einspritzsystem unter gleichen Bedingungen wie in Bild 5.6 ist in Bild 5.7 ersichtlich. Die Werte zwischen 30 und 48bar sind Ergebnis einer Optimierung des Einspritzstrahles, die zwischen Zerstäubungsqualität und Eindringtiefe vorgenommen wurde, wobei letztere besonders bei kleinen Hubvolumina ein Problem darstellt.

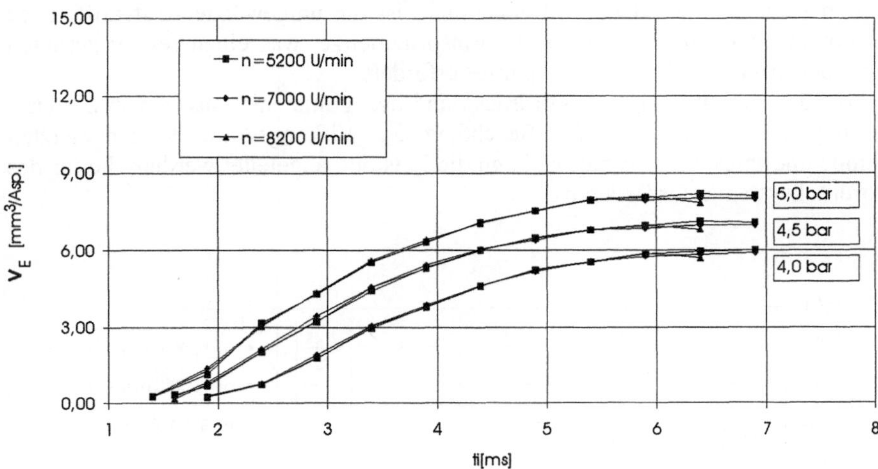

Bild 5.6: gemessene Einspritzvolumina bei verschiedenen Werten für Ventilöffnungsdauer, Vordruck bzw. Drehzahl

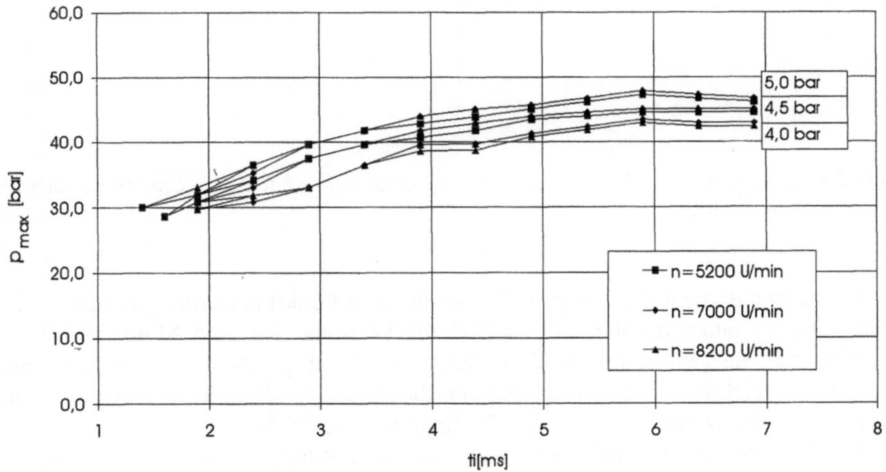

Bild 5.7: gemessene Maximaldrücke bei verschiedenen Werten für Ventilöffnungsdauer, Vordruck bzw. Drehzahl

Als Wirkungsgrad des Druckstoßes wird das Verhältnis zwischen der Rücklaufmenge und der Einspritzmenge für einen Einspritzvorgang betrachtet. Dabei ist zu beachten, daß der Öffnungsdruck der Einspritzdüse – der für solche Anwendungen im Bereich 20-30bar eingestellt wird – das Verhältnis mitbeeinflußt.

Dieser Wert ist allerdings auch für die Qualität des Einspritzstrahles maßgebend, so daß Menge und Stahlqualität insgesamt als Ergebnis des Druckstoßes zu bewerten sind. Wie aus dem Bild ersichtlich, ist die umgewälzte Kraftstoffmenge allgemein 20-40 mal größer als die Einspritzmenge, was einen relativ geringen Volumenstrom von der Vordruckpumpe erfordert.

Aus der Kombination des Vordrucks und des Volumenstroms gemäß der Darstellung in Bild 5.8 und unter Beachtung der Wirkungsgrade der eingesetzten Pumpe und ihres Antriebsmotors kann die Leistung abgeleitet werden, die für das Vordrucksystem erforderlich ist.

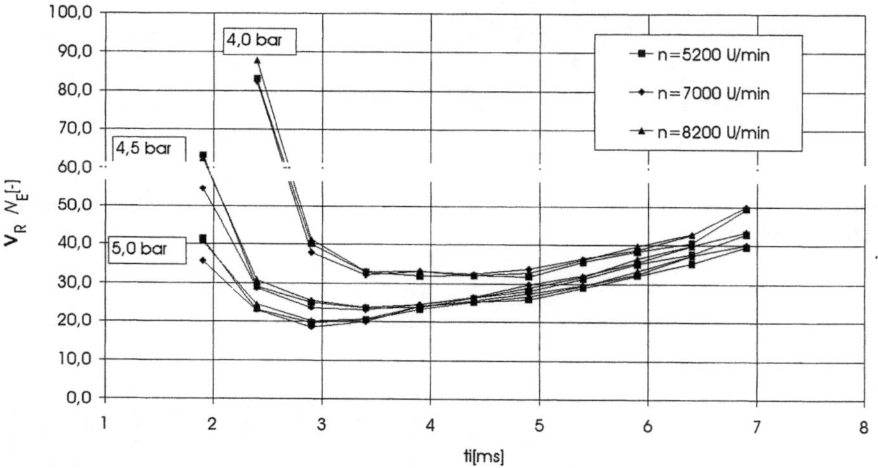

Bild 5.8: gemessene Volumenverhältnisse bei verschiedenen Werten für Ventilöffnungsdauer, Vordruck bzw. Drehzahl

Für Anwendungen des Einspritzsystems in dem Funktionsbereich, der den Bildern 5.6, 5.7 und 5.8 entspricht, beträgt die Leistung, die vom Motor der Vordruckpumpe aufgenommen wird, je nach Ausführung 12-60 W. Andererseits beträgt die elektrische Leistung, die für die Funktion des elektromagnetischen Ventils benötigt wird, unter gleichen Bedingungen 15-30 W.

Die Summe beider Anteile ergibt die Gesamtleistung, die für das Einspritzsystem benötigt wird. Bild 5.9 zeigt das Spektrum der Gesamtleistung für unterschiedliche Pumpen sowie bei verschiedenen Drehzahlen (bei Einspritzung im Zweitaktverfahren) und Öffnungszeiten des Ventils, welche die Einspritzmenge bestimmen.

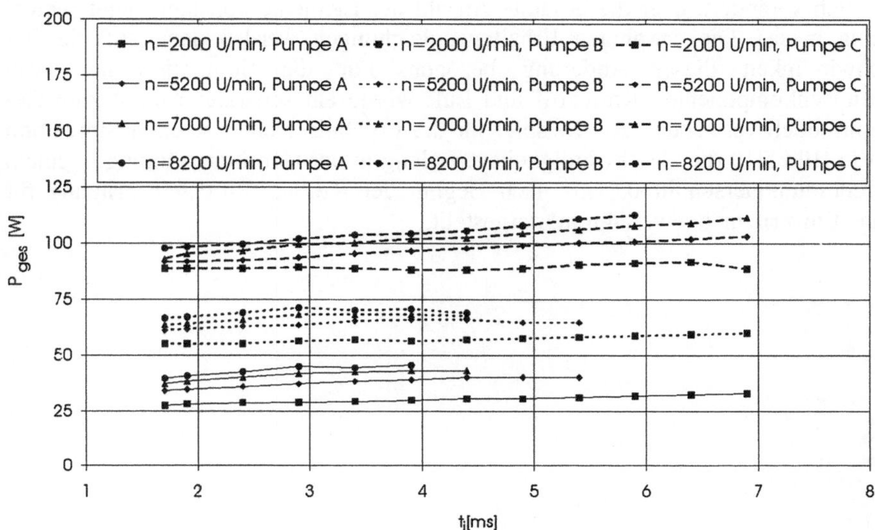

Bild 5.9: Gesamtleistungsaufnahme des Einspritzsystems für verschiedene Drehzahlen und Ventilöffnungsdauern bei Einsatz verschiedener Vordruckpumpen

5.2
Potential des Verfahrens bezüglich Senkung des Kraftstoffverbrauchs und der Schadstoffemission

Die Kenngrößen des Einspritzsystems selbst stellen die erste notwendige Stufe bei der Entwicklung eines Verfahrens zur Benzindirekteinspritzung dar. Die weitere Stufe ist die Kontrolle und die Optimierung der Gemischbildung im Brennraum auf Basis des vorhandenen Einspritzsystems. Eine effektive Herangehensweise ist die Kombination der strömungsmechanischen Simulation und Modellbildung mit experimentellen Untersuchungen zu Strahlausbildung und Gemischbildungsablauf. Die Simulation kann auf Basis kommerzieller Codes wie FLUENT oder KIVA durchgeführt werden. Eine solche Untersuchung mit Hilfe des FLUENT Codes [5.2], [5.3], [5.4] brachte gute Ergebnisse in Bezug auf Gestaltung der Strahlgeometrie und Position der Düse im Brennraum, die durch motorische Ergebnisse bestätigt wurden. Im Rahmen dieser Simulation wurde der Einfluß der Luftströmung im Zylinder auf die Ausbildung und Lenkung des Kraftstoffstrahls einbezogen. Die numerische Simulation eines solchen interaktiven Vorgangs besteht im Wesentlichen aus der Berechnung von finiten Differenzen auf Basis der Erhaltungsgleichungen für Masse, Impuls sowie Energie und Komponenten mit Einbeziehung eines Turbulenzmodells. Die Strahlausbildung und -lenkung im Brennraum kann auf Basis des Models in ihrem zeitlichen Ablauf in unterschiedlichen Querschnitten analysiert werden. Dafür erfolgte die Einteilung des Brennraumvolumens in finite Elemente, wobei sich die Geometrie jedes Elementes zeitlich verändert, aber die gesamte Anzahl der Elemente konstant bleibt (deforming mesh). Die erwähnten Erhaltungsgleichungen werden dann auf die Geschwindigkeit dieser Änderung bezogen. Für die Simulation der zwei Gemischkomponenten Kraftstoff und Luft wurde ein separates Modul zum Gesamtmodell verwendet. Als Beispiel für die Ergebnisse einer solchen Simulation ist in Bild 5.10 die Geschwindigkeitsverteilung in der Gemischströmung in einem Brennraumquerschnitt 0,8 ms nach Beginn der Kraftstoffdirekteinspritzung für eine Einspritzmenge von 4 mm³ dargestellt.

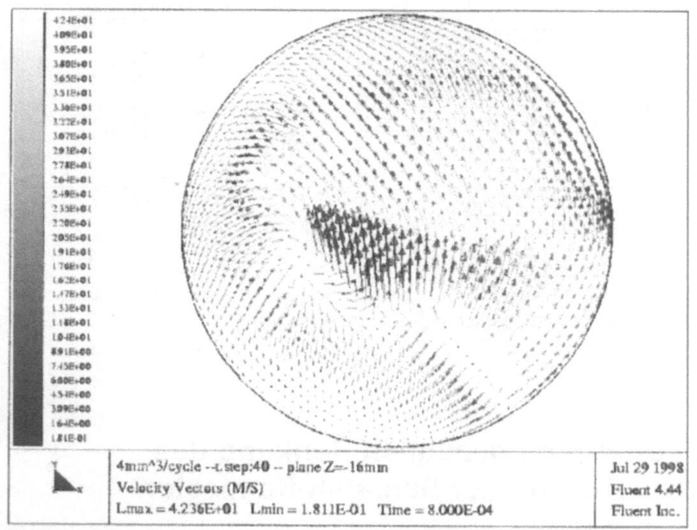

Bild 5.10: berechnete Geschwindigkeitsvektoren im Zylinderquerschnitt

Die Simulation der zeitlichen und räumlichen Bildung des Gemisches erlaubt einerseits eine geeignete Brennraumgestaltung, wobei die Position der Einspritzdüse und der Zündkerze inbegriffen sind, andererseits kann dadurch auch der geeignete Einspritzverlauf abgeleitet werden, der dann mittels der Druckmodulation im Druckstoßsystem gestaltet werden kann.

Das numerische Model kann in effektiver Weise durch experimentelle Untersuchungen der Einspritzstrahlkenngrößen – Tropfengröße und -verteilung, Geschwindigkeitsvektoren und Strahlgeometrie – für verschiedene Zeitabschnitte bzw. in unterschiedlichen Strahlquerschnitten während der Einspritzung ergänzt werden. Bild 5.11 zeigt als Beispiel die gemessene Strahlentwicklung unter gleichen Bedingungen wie für die numerische Simulation, deren Ergebnis in Bild 5.10 dargestellt wurde. Dabei wurden nach außen öffnende Einspritzdüsen mit und ohne Drall eingesetzt, die zu einem konischen Mantelstrahl führen. Die zeitliche Entwicklung des Strahls kann in einer ersten, einfachen Form durch Aufnahmen mit Stroboskopbeleuchtung betrachtet werden.

Qualitativ genauere Ergebnisse werden bei Anwendung optischer Verfahren in Laserschnitten, wie im Bild dargestellt, gewonnen.

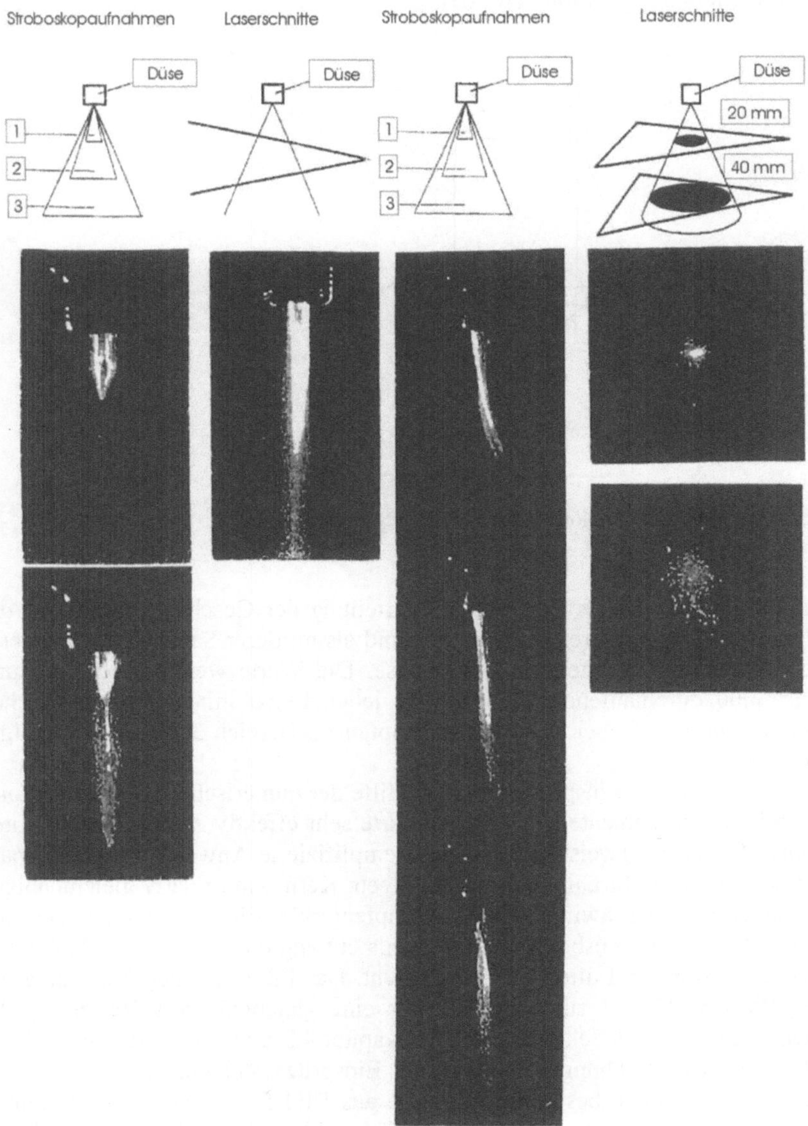

Bild 5.11: optisch ermittelte Strahlentwicklung bei unterschiedlichen Einspritzdüsen

Zur quantitativen Bewertung wird allgemein die Größe und die Verteilung der Tropfen im Strahl in verschiedenen Querschnitten und Zeiträumen ermittelt. Dazu werden Verfahren genutzt, die auf dem Doppler-Effekt basieren. In Bild 5.12 ist eine solche Meßkonfiguration dargestellt.

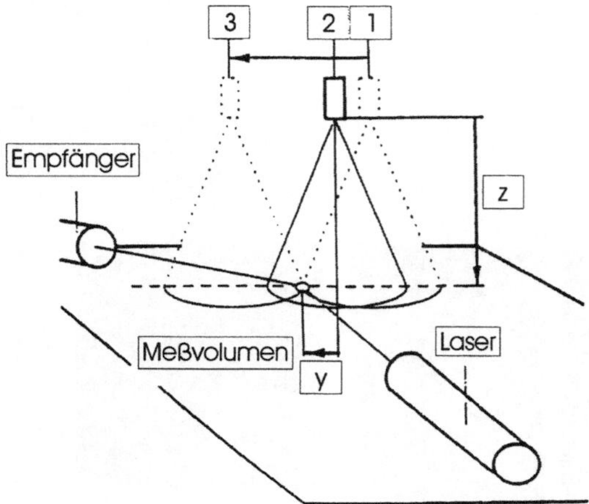

Bild 5.12: Versuchskonfiguration zur Messung von Strahlkenngrößen

Das Bild 5.13 zeigt als Beispiel die Verteilung der Geschwindigkeit und der Tropfengröße – als mittlerer Durchmesser und als mittlerer Sauter-Durchmesser – in vier Normalquerschnitten zur Strahlachse. Die Werte werden nach Messung von ca. 3000 durchlaufenden Tropfen für jeden Punkt mit einem statistischen Verfahren ermittelt. Dabei werden alle Tropfen im Bereich 3,5-122,3 µm aufgenommen.

Die Gestaltung des Einspritzstrahls mit Hilfe der numerischen Simulation kombiniert mit der experimentellen Analyse führte sehr effektiv zu dem gewünschten Ergebnis: der Strahl erweist sich für die exemplifizierte Anwendung als kompakt – optimiert zwischen Strahlbreite und flüssigem Kern – mit relativ gleichmäßigen Verteilungen von Geschwindigkeit und Tropfengröße. Ein vorteilhafter Umstand ist dabei, daß bei der Ausbreitung des Strahls entlang einer konischen Mantelfläche im Konuskern ein Luftunterdruck entsteht. Das führt zu einer Anziehung des Kraftstoffs vom Mantel zur Mitte, die für eine gleichmäßigere Verteilung der Tropfen sorgt. Dieser Effekt, der auch im Kapitel 4.3 erwähnt wurde, wird durch grundlegende Untersuchungen mit anderen Einspritzsystemen, die eine ähnliche Düsenform verwenden, bestätigt [5.6]. Wie aus Bild 5.13 ersichtlich ist, beträgt die Tropfengröße 30-40 µm, ein gutes Ergebnis in Anbetracht des niedrig gehaltenen Maximaldruckes, der die Eindringtiefe des Strahles begrenzen soll. Die mittlere Tropfengeschwindigkeit im Bereich von 25 m/s bestätigt die Ergebnisse der numerischen Simulation.

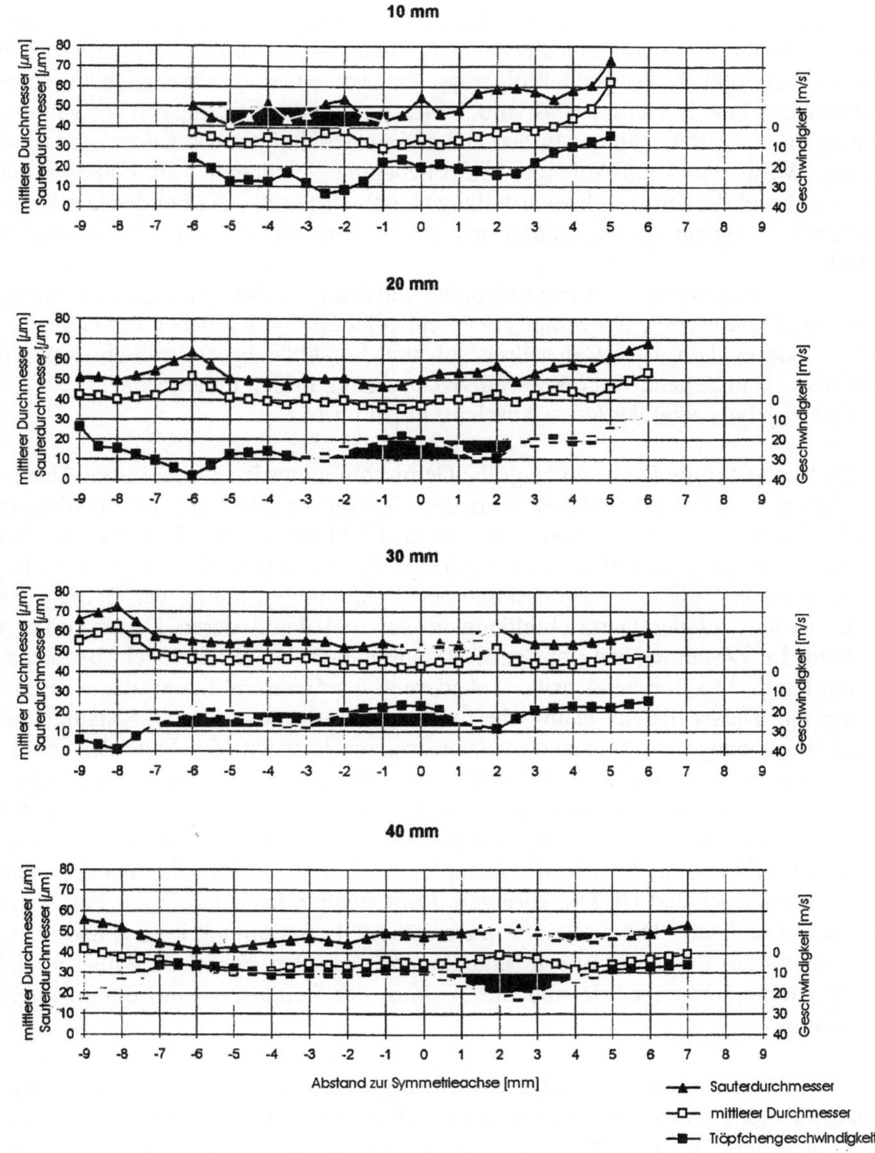

Bild 5.13: gemessene charakteristische Einspritzstrahlkenngrößen

Die experimentelle Untersuchung zeigt aber auch eine andere Eigenschaft der Druckstoßeinspritzung: die Änderung der Einspritzmenge entsprechend der Last beeinflußt die Tropfengeschwindigkeit, nicht aber in signifikanter Weise ihren Durchmesser. Kombiniert mit der Unabhängigkeit von der Arbeitsfrequenz des

Einspritzsystems, die der jeweiligen Motordrehzahl entspricht, resultiert daraus folgende Schlußfolgerung: bei der Direkteinspritzung mittels eines Druckstoßsystems bleibt die Qualität der Zerstäubung in einem breiten Last/Drehzahlbereich des Motors erhalten. Die Schlußfolgerung wird von einem diesbezüglichem motorischen Ergebnis bekräftigt: Das Bild 5.14 zeigt eine Verkettung von Vorgängen, die zu diesem Effekt führen. In den ersten drei Abschnitten des Bildes sind optimierte Werte für Einspritzmenge, Einspritzbeginn, Zündbeginn als Funktion der Drehzahl und der Drosselklappenstellung (Last) dargestellt, die bei der Direkteinspritzung in einem Zweitaktmotor mit einem Hubvolumen von 50 cm³ erzielt wurden.

Die Differenz zwischen Einspritzbeginn und Start der Zündung, die sich infolge der Prozeßoptimierung am Motor ergab, entspricht im wesentlichen der Gemischbildungsdauer. Um diese Dauer drehzahl- und lastabhängig zu ermitteln, wurden die Winkel, ausgehend von der jeweiligen Drehzahl, in Zeit umgerechnet.

Das Ergebnis zeigt der letzte Abschnitt in Bild 5.14.

– Im Bezug auf die Drehzahl zeigt die Gemischbildungsdauer eine starke Abhängigkeit: Je höher die Drehzahl wird, desto kürzer wird die Zeit, die zur Bildung des Gemisches benötigt wird. Dies ist im Einklang mit der Tatsache, daß bei Zunahme der Drehzahl auch die Enthalpie der frischen Luft im Zylinder – besonders im Falle eines Zweitaktmotors – zunimmt, wodurch der Beitrag des Luftanteils an der Gemischbildung größer und damit deren Dauer verkürzt wird. Im Zusammenhang mit der Laständerung ist bei jeder einzeln betrachteten Drehzahl keine nennenswerte Änderung der Gemischbildungsdauer festzustellen. Dieser Effekt kann wie folgt erklärt werden: Durch Senkung der Einspritzmenge entsprechend einer niedrigeren Last wird im Falle der Druckstoßeinspritzung, wie experimentell nachgewiesen, die Tropfengeschwindigkeit niedriger, die Zerstäubungsqualität bleibt aber konstant. Die Luftströmung hat andererseits durch Drosselung eine geringere Enthalpie, die jedoch für die Gemischbildung bzw. Kraftstoffverdampfung bei geringen Einspritzmengen nicht mehr entscheidend ist. Die geringere Luftenthalpie kann in diesem Fall sogar von Vorteil sein. Die reduzierte Intensität der Luftströmung im Zylinder kann eine bessere Eingrenzung des zündfähigen Gemisches bewirken, vorausgesetzt die Brennraumgeometrie und die Position der Zündkerze sind darauf abgestimmt.

Ausgehend von diesem Model wurde durch numerische Simulation die Brennraumgestaltung sowie die Position der Zündkerze und der Einspritzdüse im Motors optimiert. In Bild 5.15 ist ein Vergleich des effektiven spezifischen Kraftstoffverbrauchs sowie der CO- und HC-Emissionen zwischen dem mit Direkteinspritzsystem bzw. mit Vergaser ausgerüsteten Motor dargestellt.

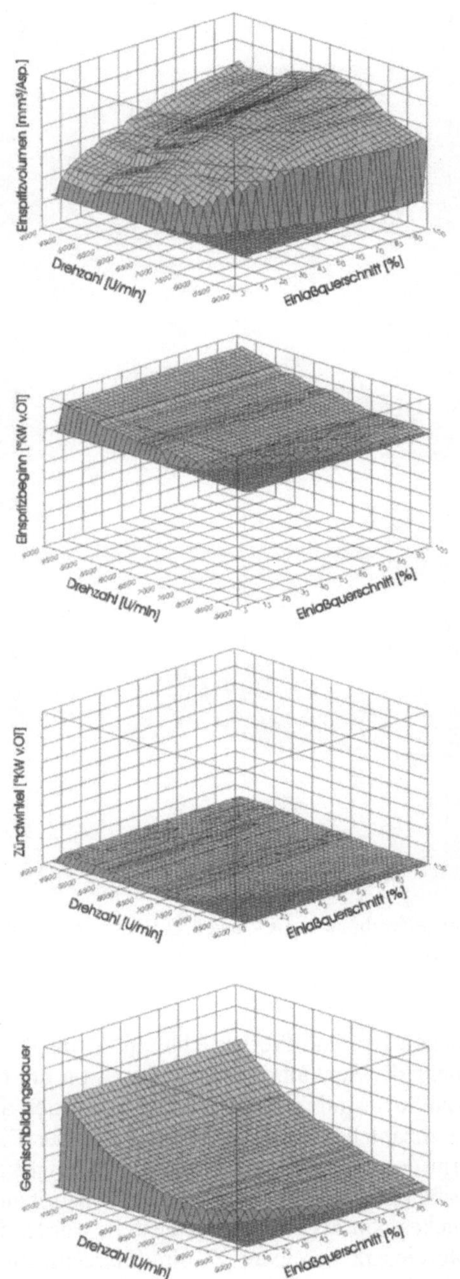

Bild 5.14: Einspritzvolumen, -beginn, Zündwinkel und Gemischbildungsdauer im Funktionsbereich eines Motors

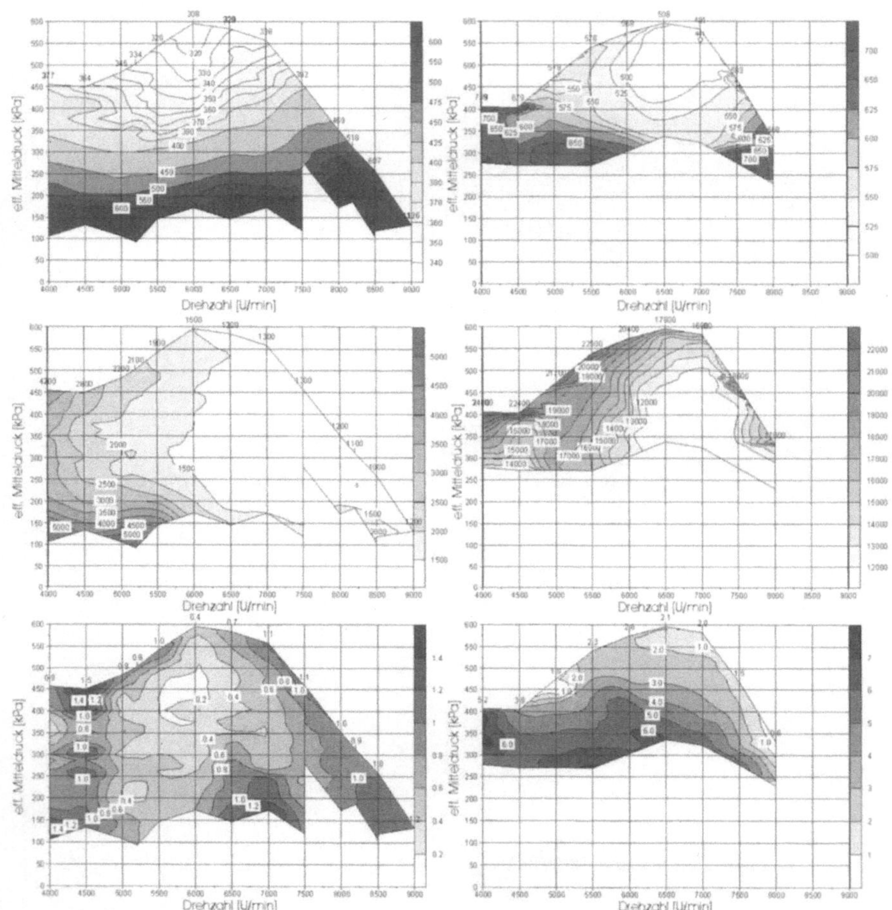

Bild 5.15: gemessene Werte für spez. Kraftstoffverbrauch, HC- und CO-Emission für einen Motor mit Direkteinspritzung bzw. mit Vergaser

Nicht nur die Senkung des spezifischen Kraftstoffverbrauchs um 35 bis 45 % im gesamten Kennfeld, sondern vielmehr die Senkung der HC- Emission um bis zu 94% und der CO-Emission um bis zu 90% sind gute Argumente zugunsten des Einspritzverfahrens. Die Last- und Drehzahlcharakteristik ist im Falle der Einspritzung ebenfalls günstiger: Die Form der abgebildeten Vollastkurve zeigt keinen Unterschied zwischen beiden Verfahren, obwohl bei der Direkteinspritzung eine Zunahme des effektiven Mitteldruckes von bis zu 10% festgestellt wurde, die allerdings für den vorgesehenen Motoreinsatz in einem Zweiradfahrzeug nicht angestrebt war. Viel interessanter ist die Tatsache, daß der Motor in einem bedeutend niedrigeren Teillastbereich bzw. bei höheren Drehzahlen stabil arbeiten kann.

Eine zusätzliche Senkung der Emissionen wurde durch katalytische Nachbehandlung erreicht: Im Motorversuch wurden für die CO- und HC-Konzentration 60-70% niedrigere Werte gemessen. Das Konzept zur derzeitigen und zur weiteren katalytischen Nachbehandlung entspricht im wesentlichen den übrigen Methoden, die im Rahmen des Abschnitts Direkteinspritzung in Motoren mit Fremdzündung behandelt werden. Diese Thematik wird ausführlicher bei der Darstellung der luftunterstützten Direkteinspritzung im Kapitel 7.2 erläutert.

Die Konvergenz der Ergebnisse, die von der funktionellen Untersuchung des Druckstoßeinspritzsystems, von der numerischen Simulation und von den Motoruntersuchungen stammen, beweist ein hohes Potential für die zukünftigen Anwendungsbereiche des Verfahrens. Untersuchungen mit erhöhtem Vordruck ergaben für eine angepaßte Systemkonfiguration eine Erhöhung der Druckamplitude auf bis zu 460bar. Zur Einspritzung des Benzins bei einem solchen Druck konnte eine serienmäßige Diesel-Einspritzdüse genutzt werden. Andererseits kann ein bereits ausgeführtes System für eine andere Verwendung nur nach Anpassung der Vordruckpumpe genutzt werden. Mit dem System, welches die Ergebnisse entsprechend den Bildern 5.6 und 5.7 brachte, wurden durch Vordruck-erhöhung in dieser Weise Einspritzvolumina bis zu 30 mm³/Zyklus bzw. Maximaldrücke bis zu 85bar erreicht.

6 Direkteinspritzung eines partiell gebildeten Gemisches mit mechanischer Steuerung der Gemischzufuhr: Das IAPAC-Verfahren

6.1
Konfiguration und Funktionsmerkmale der Systemausführungen IAPAC und SCIP

Die Anforderungen bezüglich des Aufwandes bei der Auslegung eines Systems zur Einspritzung eines partiell gebildeten Gemisches haben Entwicklungen geprägt, bei denen sowohl die Anzahl der Systemmodule reduziert, als auch die Steuerung vereinfacht wurde.

Dadurch sind offensichtlich keine Verbesserungen der Funktion gegenüber einem komplexen System, sondern vielmehr die Anpassung an einfacheren Motorvarianten ohne Beeinträchtigung der Systemfunktion zu erwarten.

Ein solches Konzept wurde von IFP (Institut Francais du Pétrole – Frankreich) in zwei Varianten entwickelt:

- IAPAC (Injection Assistée Par Air Comprimé = Einspritzung mit Beteiligung verdichteter Luft)
- SCIP (Simplified Camless IAPAC = Vereinfachtes IAPAC System ohne Nokkensteuerung)

Die Entwicklung des IAPAC Systems wurde ursprünglich für die Benzin-Direkteinspritzung in Zweitaktmotoren vorgenommen. Hauptziele waren dabei einerseits die Vermeidung der Kraftstoff - Einbeziehung in die Spülverluste, andererseits die Schaffung eines komplett gebildeten Gemisches in der relativ kurzen Dauer zwischen Spülung und Zündung, indem ein Teil der Gemischbildung vor der Einspritzung in den Arbeitszylinder erfolgt.

Das Funktionsprinzip des System IAPAC ist in Bild 6.1 und die Systemkonfiguration an einem Zweitaktmotor in Bild 6.2 dargestellt. Wie in Bild 6.1 ersichtlich ist, werden dabei die Kraftstoff- und die Luftkomponente einer Kammer zugeführt, die mittels eines klassischen Ventils mit Nockenführung vom Arbeitszylinder trennbar ist.

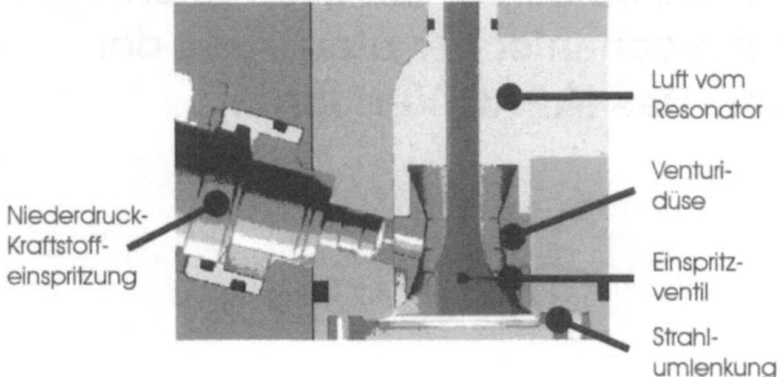

Bild 6.1: IAPAC- Gemisch-Einspritzsystem mit nockengesteuertem Einspritzventil

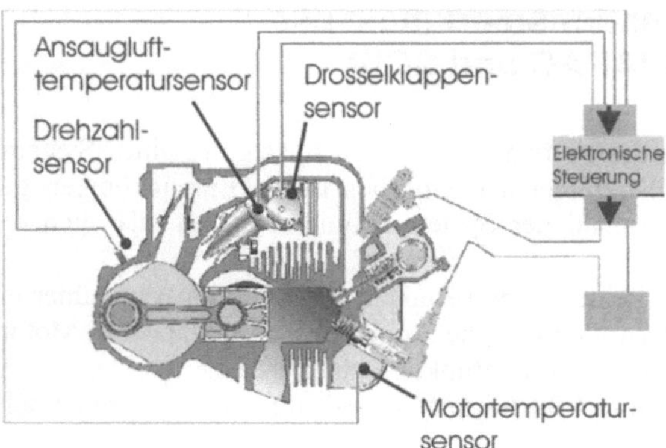

Bild 6.2: Zweitakt-Ottomotor mit IAPAC- Gemisch-Einspritzung

Der Kraftstoffanteil wird mittels eines konventionellen Niederdruck-Einspritzsystems, welches in der Regel über eine elektronische Steuerung verfügt, in die Kammer eingespritzt. Der Luftanteil wird wiederum von der Luftmenge abgezweigt, die im Kurbelgehäuse des Zweitaktmotors zwecks Ladungswechsel im Arbeitszylinder vorverdichtet wird, wie in Bild 6.2 schematisch dargestellt ist.. Der abgeleitete Luftanteil wird über eine Einlaßmembran-Einheit in eine Resonanzkammer geführt. Entsprechend dem Kammervolumen aber insbesondere der Resonanzlänge entsteht in der Kammer ein Druckwellenverlauf, der sich bis zur Gemischkammer fortpflanzt und während der Kraftstoffeinspritzung die Bildung einer Emulsion hervorruft. Diese wird nach der Spülung des Arbeitszylinders mit dem Hauptanteil der Luft durch die Öffnung des nockengeführten Ventils eingespritzt.

Ein Vorteil des Verfahrens gegenüber anderen Systeme zur Einspritzung eines partiell gebildeten Gemisches ist, daß die Verdichtung des Luftanteils für die Emulsion mit einem einfachen Resonator erfolgt, d.h. ohne bewegte Bauteile und ohne Energieübertragung vom Motor, wie es beispielsweise beim Einsatz eines Verdichters der Fall ist. Ein weiteres Merkmal, welches im Falle der Anwendung an einem einfacheren Motor zum Vorteil werden kann ist, die Steuerung der

Emulsionseinspritzung mittels eines mechanischen Ventils. Im Gegensatz dazu werden beispielsweise auch Systeme mit elektromagnetisch betätigten und elektronisch gesteuerten Ventilen verwendet, wie im Kapitel 7 dargestellt wird.

Diese Vereinfachungen bewirken jedoch auch die funktionellen Nachteile des Systems:

Die Druckwellen im Luftanteil für die Emulsion haben eine konstante Wellenlänge, die von der Resonatorlänge abhängig ist. Dadurch ist eine Anpassung des Druckwellenverlaufs und somit des Gemischbildungsvorgangs an eine stark variable Motordrehzahl schwierig. Eine entsprechende Anpassung durch variable Resonanzlängen, wie im Auspuffsystem eines anspruchsvollen Zweitaktmotors bzw. im Ansaugsystem eines modernen Viertaktmotors würde durch den erhöhten Aufwand den ursprünglichen Zweck einer einfachen Lösung nicht mehr erfüllen.

Die Steuerung des Einspritzventils mit dem Nocken gewährt andererseits einen Einspritzbeginn der Emulsion bei gleichem Einspritzwinkel für jede Motordrehzahl, allerdings ist der Überstromvorgang der Emulsion kein winkelbezogener, sondern vielmehr ein zeitlicher Vorgang, bedingt durch den Druckunterschied zwischen dem Gesamtdruck in der Emulsion und dem Verdichtungsdruck im Arbeitszylinder. Je höher die Drehzahl, desto geringer wird die Öffnungsdauer des Ventils, was prinzipiell durch die entsprechende Variation der Partialdrücke der Komponenten Luft und Kraftstoff kompensiert werden müßte. Darüber hinaus ist der konstante Einspritzwinkel prinzipiell kein Vorteil für den Gemischbildungs- und Verbrennungsvorgang, vielmehr ist eine weitgehende Abstimmung zwischen Einspritz- und Zündwinkel im Last-/Drehzahlbereich anzustreben.

Dennoch führt eine optimierte Abstimmung des Systems im Funktionsfeld eines Motors zu bemerkenswerten Ergebnissen, wie in Bild 6.3 gezeigt wird. Dabei werden die Abgaslimitierungswerte der EPA 2006 bereits mit 25% unterschritten bzw. der spezifische Kraftstoffverbrauch um bis zu 60% gesenkt, ohne Beeinträchtigung der Leistung, die mit dem Serien-Vergasermotor erreicht wurde.

Das System SCIP stellt eine Vereinfachung des IAPAC Konzeptes dar: Wie aus Bild 6.4. ersichtlich ist, wird dabei die Nockenführung des Einspritzventils durch eine Membran ersetzt. Das Ventil wird durch eine Druckfeder – die auch beim IAPAC System zwecks Kontaktes zwischen Nocken und Ventil vorhanden ist – ursprünglich geschlossen gehalten.

Die Steuerung der Membran erfolgt auf Basis einer Druckdifferenz, wie in Bild 6.4 dargestellt: Dabei wird der Druck unter der Membran vom Arbeitszylinder bzw. der Druck über der Membran vom Überströmkanal abgeleitet. Diese Systemvariante erscheint nicht nur als einfacher sondern – bei einer optimalen Abstimung der pneumatischen Steuerung – , durch die entsprechend variable Druckdifferenz auf der Membran auch prinzipiell anpassungsfähiger an die Last/Drehzahl Konfigurationen.

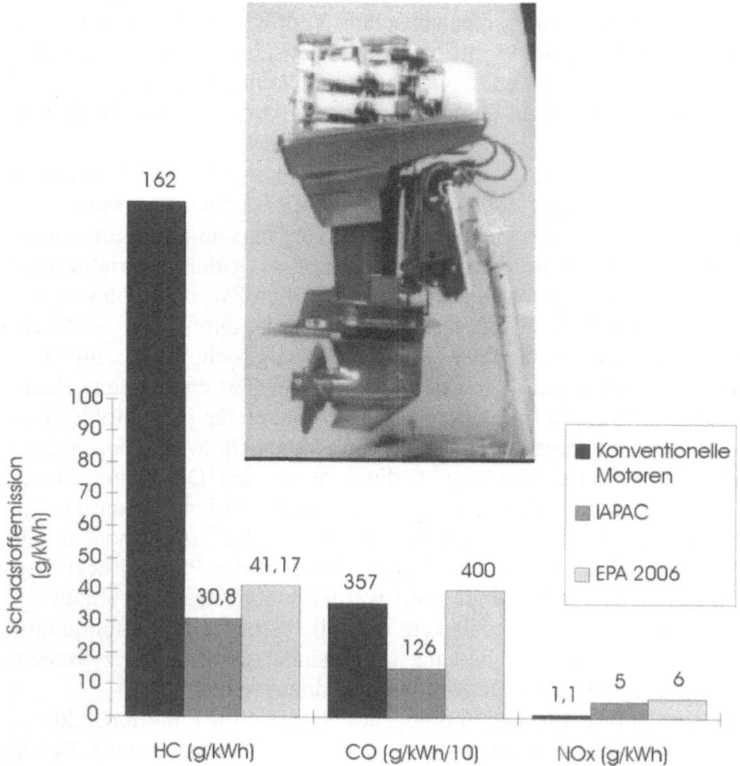

Bild 6.3: Zweitakt-Outboard-Ottomotor mit 66kW

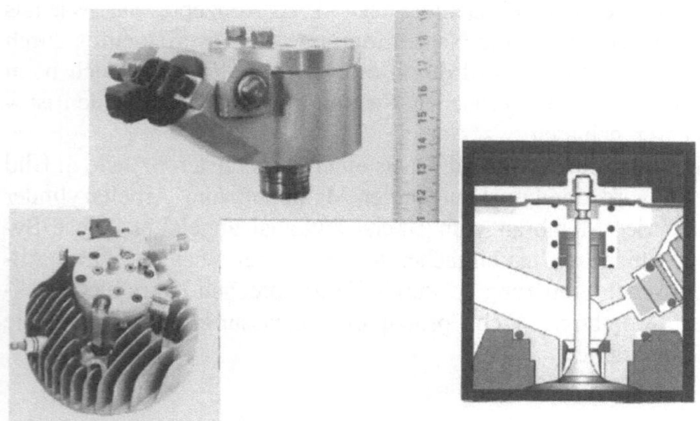

Bild 6.4: IAPAC- Gemisch-Einspritzsystem mit membrangesteuertem Einspritzventil

6.2
Senkung des Kraftstoffverbrauchs und der Schadstoffemission durch gasdynamische Steuerung der Verbrennung

Das Einspritzsystem IAPAC wurde zuerst mit Erfolg am Einzylinder-Zweitaktmotor eines Scooters von PIAGGIO mit einem Hubraum von 125 cm³ eingesetzt, wie in Bild 6.2 dargestellt.

Die Systemvariante SCIP wurde hauptsächlich für die Anwendung am 50 cm³ Einzylinder-Zweitaktmotor eines Scooters mit dem Ziel entwickelt, durch diese Art von Direkteinspritzung die Abgaslimitierungswerte der EC R 47 Norm einzuhalten. Ein Beispiel der erreichten Ergebnisse ist in Bild 6.5 dargestellt. Im Vergleich mit dem serienmäßigen Vergasermotor wird dabei die momentane HC-Emission bei maximaler Geschwindigkeit um das 15-fache verringert.

Selbst ohne Katalysator ist die Abgasnorm EURO 1999 erreichbar, wie in Bild 6.6 bewiesen wird.

Mit einem einfachen Katalysator (100 cpsi Zellendichte) kann dann auch die Abgasnorm EURO 2002 eingehalten werden.

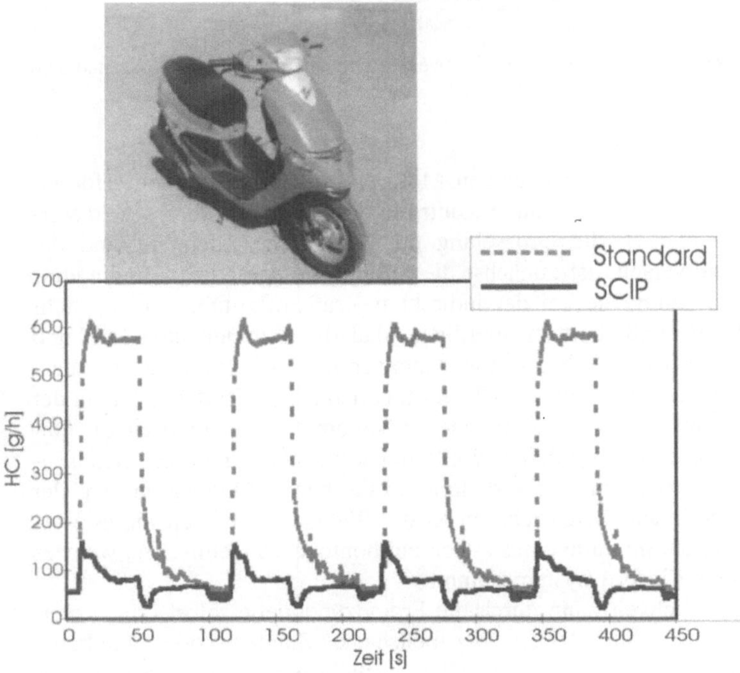

Bild 6.5: Motorroller mit SCIP-Einspritzsystem, Darstellung der momentanen HC-Emission während eines Fahrzyklus

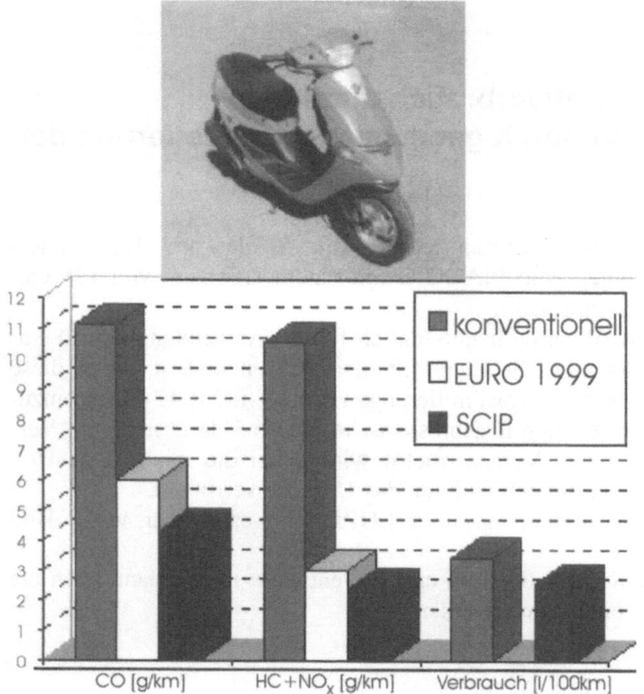

Bild 6.6: Vergleich der Verbrauchs- und Emissionswerte zwischen dem Vergasermotor und dem SCIP-Einspritzsystem

Ein Merkmal der Direkteinspritzung in Motoren mit Fremdzündung erfordert insbesondere in der Teillast eine exakte Kontrolle der Gemischbildungs- und Verbrennungsvorgänge. Durch die Drosselung der Luftzufuhr einerseits, und der Kraftstoffzufuhr andererseits ist zunächst die Füllung des gesamten Brennraums mit Gemisch – bis dahin wie bei der indirekten Kraftstoffzufuhr – nicht mehr gewährleistet. Die Besonderheit ist allerdings, daß die Komponenten Luft und Kraftstoff nicht gemeinsam als homogenes Gemisch in den Brennraum gelangen, sondern getrennt eingeführt werden. Im Teillastbereich ist ihr Treffen genau in der selben Brennraumzone – was ein homogenes, stöchiometisches Gemisch zur Folge hätte – dadurch unwahrscheinlicher. Weiterhin sollte sich gerade der Gemischanteil mit stöchiometrischem Luftverhältnis exakt beim Zündbeginn vor der Fremdzündquelle befinden. Offensichtlich ist die Wahrscheinlichkeit dieses Vorgangs noch geringer als im Falle eines allgemein homogenes Gemisches, welches von einem indirekten Einspritzsystem stammt.

Diese Wahrscheinlichkeit kann durch die Fremdzündquelle selbst erhöht werden, indem sie zeitlich – durch langes oder mehrfaches Zünden – oder räumlich – durch möglichst flächendeckende Zündquellen – erhöht wird. Eine gute Alternative ist dafür der Ersatz der Zündkerzenfunktion im Teillastbereich durch kontrollierte Selbst- bzw. Glühzündung des Gemisches unter entsprechen-den Druck- und Temperaturbedingungen, an heißen Brennraumwänden.

Gerade im Falle des IAPAC Systems, das durch Resonatorlänge und Nocken-winkel Anpassungsgrenzen aufweist, ist eine solche Zusatzmaßnahme von Vorteil. Bild 6.7 zeigt einen Motor mit einem solchen Zündsystem, der entsprechend dem Anwender, unter den nachfolgenden Namen bekannt ist.

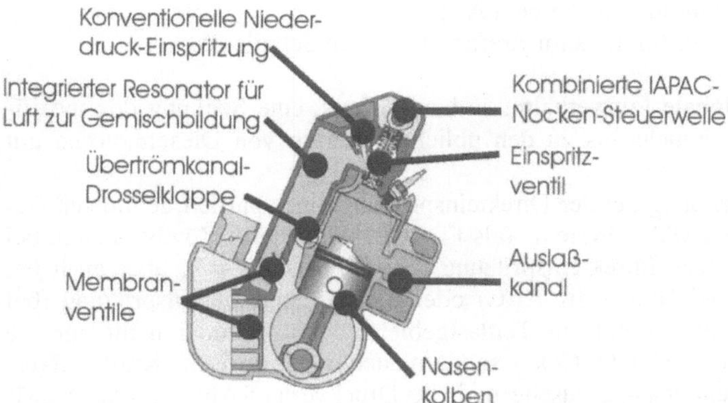

Bild 6.7: Zweitakt-Ottomotor mit IAPAC- Gemisch-Einspritzung und Selbstzündung

- bei Anwendung an Zweitaktmotoren:
    ATAC   – Active Thermo-Atmosphere Combustion (Nippon Clean
                  Engine)
- TS   – Toyota-Soken
    ARC   – Activated Radical Combustion (Honda)
    FDCCP   – Fluid Dynamically Controlled Combustion (Institut Francais
                  du Pétrole)
- bei Anwendung an Viertaktmotoren:
    CIHC   – Compression Ignited Homogeneous Charge (Univ. of
                  Wisconsin)
    HCCI   – Homogeneous Charge Compression Igition (SWRI)
    PCCI   – Premixed Charge Compression Ignition (Toyota)

Die Selbstzündung kann dabei mit verschiedenen Maßnahmen aktiviert werden. Darunter zählen:

- bei Zweitaktmotoren:
  • Lange Überströmkanäle
  • Drosselklappe im Überström- oder im Auslaßkanal
  • Beimischung von Additiven im Kraftstoff oder im Schmieröl

Durch die Drosselung im Überström- oder Auslaßkanal wird beispielsweise die Temperatur der Gase im Zylinder durch die entsprechende Senkung des Anteils frischer Luft im Restgas erhöht.

– bei Viertaktmotoren:
  - Erwärmung des Ansaugrohres
  - Variables Verdichtungsverhältnis
  - Externe Rückführung von heißem Abgas
  - Beimischung von Additivs im Kraftstoff oder im Schmieröl

Dadurch sind globale Luftverhältnisse bis 2,5 bzw. eine Senkung des spezifischen Kraftstoffverbrauchs bis zu den üblichen Werten von Dieselmotoren mit Direkteinspritzung möglich.

Außer der Anwendung bei der Direkteinspritzung eines partiell gebildeten Gemisches mittels des IAPAC Systems (als FDCCP) wird dieses Zündverfahren bei der Hochdruck-Kraftstoffdirekteinspritzung (bei IFP als ATAC), aber auch bei Vergasermotoren (bei Honda als ARC) oder bei der Saugrohreinspritzung (bei Toyota als PCCI) angewandt. In Teillastgebieten sinkt dadurch nicht nur die Schadstoffemission – HC, CO, NO_x – sondern auch der spezifische Kraftstoffverbrauch. Die Verbrennungs-geräusche und die Druckverlauf-Abweichungen zwischen den aufeinander folgenden Kreisprozessen werden ebenfalls geringer, was ein Zeichen erhöhter Zündwahrscheinlichkeit durch größere Zündflächen ist.

In Bild 6.8 ist der IAPAC-3-Zylinder-Zweitaktmotor dargestellt, an dem die kontrollierte Selbstzündung für die Teillast optimiert wurde.

Hubvolumen	1230 cm³
Zylinder	3
Bohrung	85,7 mm
Hub	71,1 mm
Kompression	9,5
Zylinderabstand	100 mm
Motorblocklänge	380 mm
Motorhöhe	300 mm
Masse *	65 kg

* einschließlich Generator, Schwungrad und Anlasser

Bild 6.8: Zweitakt-Ottomotor mit IAPAC-Gemisch-Einspritzung und Selbstzündung: Motorkenngrößen

Aus Bild 6.9 ist der spezifische Kraftstoffverbrauch sowie die HC- und NO_x-Emission in einem Teillastpunkt (effektive Energiedichte 1,2 bar; Drehzahl 2000U/min) in Abhängigkeit des Selbstzündanteils während der Verbrennung ersichtlich. Die Selbstzündung erfolgt dabei durch Drosselung der Luftströmung in den Überstromkanälen des Zweitaktmotors – wie in Bild 6.7 dargestellt – in Abhängigkeit von der Last, um die Mischung zwischen Frischluft und Restgas im Zylinder zu vermeiden, d.h. um eine Kontrolle der Frischluftzone im Brennraum zu erreichen. Die Prozentwerte auf den Abszissen in Bild 6.9 entsprechen der jeweiligen Drosselstellung. Ab 60 % Drosselung wird die Selbstzündung sehr stabil, was durch die Standardabweichung der indizierten Energiedichte nachweisbar ist. Die Senkung des spezifischen Kraftstoffverbrauchs von 420 g/kWh auf 375 g/kWh bzw. die 4-fache Senkung der HC-Emission zeigen die Vorteile des Verfahrens.

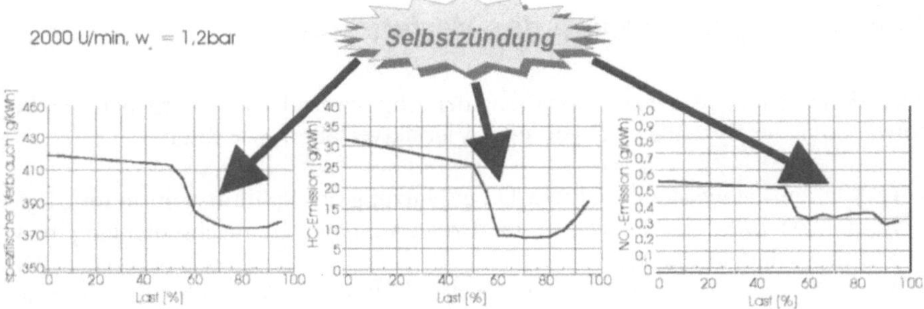

Bild 6.9: Zweitakt-Ottomotor mit IAPAC-Gemisch-Einspritzung und Selbstzündung: Verbrauchs- und Emissionswerte

Die NO_x -Emissionswerte, die in Bild 6.9 gezeigt sind, erlauben darüber hinaus die Nutzung eines einfachen Katalysators. Ein Fahrzeug des Typs Peugeot 309 (910 kg) mit Dreizylinder-Zweitaktmotor mit IAPAC Einspritzung und FDCCP Selbstzündung wurde nach dem Testzyklus EURO 2 auf einem Rollenprüfstand untersucht. Bild 6.10 zeigt einen Vergleich der Ergebnisse beim Einsatz dieses Motors bzw. eines Vierzylinder-Viertaktmotors mit 1360 cm³ und gleicher Leistung von 50 kW.

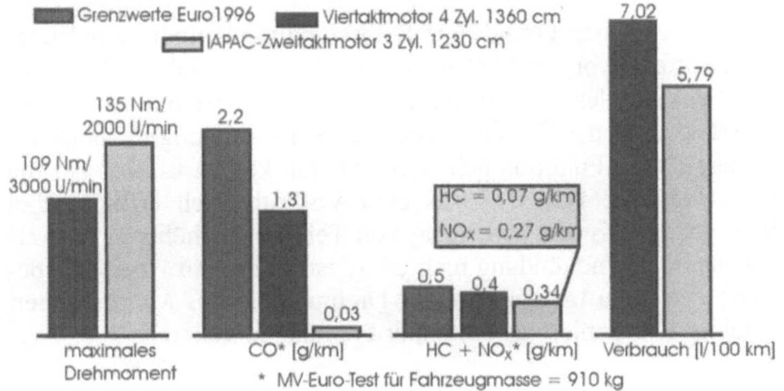

Bild 6.10: Euro-II-Test und Versuchsergebnisse

Die dargestellten Ergebnisse können wie folgt zusammengefaßt werden:

- Der spezifische Kraftstoffverbrauch zeigt im Falle des Zweitaktmotors eine Senkung von 20%.
- Die Gesamtemission von HC + NO_x beträgt 0,34 g/km. Dabei ist jedoch der Anteil der NO_x Emission von 0,27 g/km noch zu hoch, um den Abgasnormen gemäß der zukünftigen Normen EURO 3 und EURO 4 zu entsprechen.

6.3.
Entwicklungsstrategien des Verfahrens

Potentielle Lösungswege zur Einhaltung der Abgasnorm EURO 4 ergeben sich bei Anwendung des Systems im Zwei- oder Viertaktverfahren wie folgt:

- Oxydationskatalysator für HC / CO bei Nutzung der Spülluftverluste im Abgas (Zweitakt) bzw. der Zusatzluft im Brennraum bei Gemischschichtung bzw. Luftüberschuß (Viertakt).
- Kein Oxydationskatalysator, wenn in der Teillast die Selbstzündung eines homogenen Magergemisches genutzt wird.
- Nutzung von Zündkerze und Abgasrückführung (Zweitakt) bzw. 3-Wege-Katalysator (Viertakt) bei mittlerer bzw. Vollast.

In Bild 6.11 sind die Fahrwiderstandskurven im Last/Drehzahlbereich eines Motors im erwähnten Fahrzeug Peugeot 309 im Stadtfahrtzyklus für verschiedene Gänge bzw. Konstantgeschwindigkeiten gezeigt. Die Bereiche der Fremd- und der Selbstzündung sowie der Übergangsbereich sind im Bild ebenfalls dargestellt. In jedem Gang wurde das auf dem Rollenprüfstand untersuchte Fahrzeug zuerst mit Zündkerze bis zum Selbstzündbereich gefahren, wonach die Zündung abgeschaltet wurde. Dann wurde durch Beschleunigung und Bremsen das Gebiet erkundet, auf dem die Selbstzündung funktioniert.

Im Übergangsbereich zwischen Fremd- und Selbstzündung kommt zwar letztere nicht in jedem Kreisprozeß vor, sie trägt jedoch zu einer stets stabilen Verbrennung und damit zur Senkung der Schadstoffemission bei. Zur Vereinfachung der Funktion der Steuerelektronik des Systems wird die Fremdzündung dennoch für alle Last /Drehzahlbereiche in Funktion gehalten – sie hat keinen Einfluß auf die Selbstzündung. Der Übergang vom Teillast- zum Vollastbereich erfolgt dabei ohne Unstetigkeiten, dagegen ist der Übergang von Teillast zur höheren Last etwas schwieriger, wenn die Fremdzündung nicht aktiv ist. In diesem Übergangsbereich und für gleiche Ansaugluftmengen ist das Drehmoment des Motors höher, wenn die Selbstzündung funktioniert als bei reiner Fremdzündung.

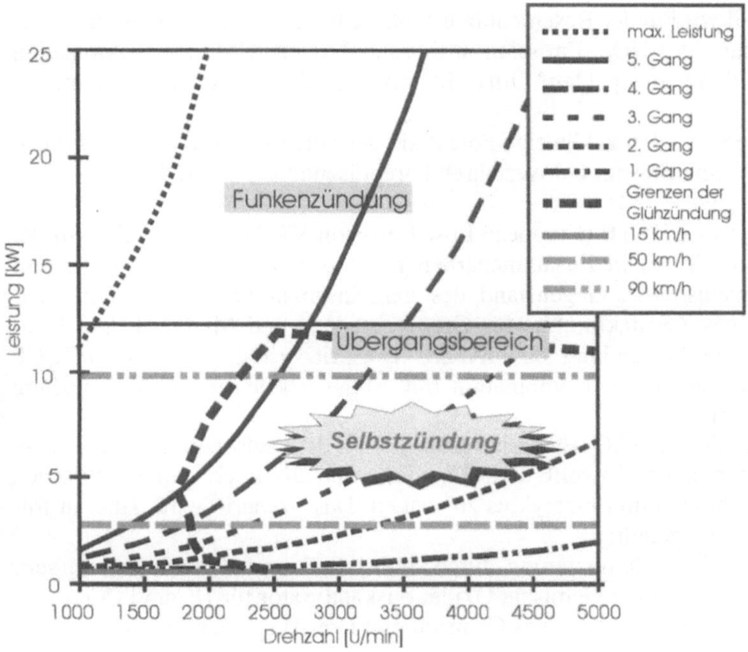

Bild 6.11: Bereiche von Fremd- und Selbstzündung im Motorkennfeld

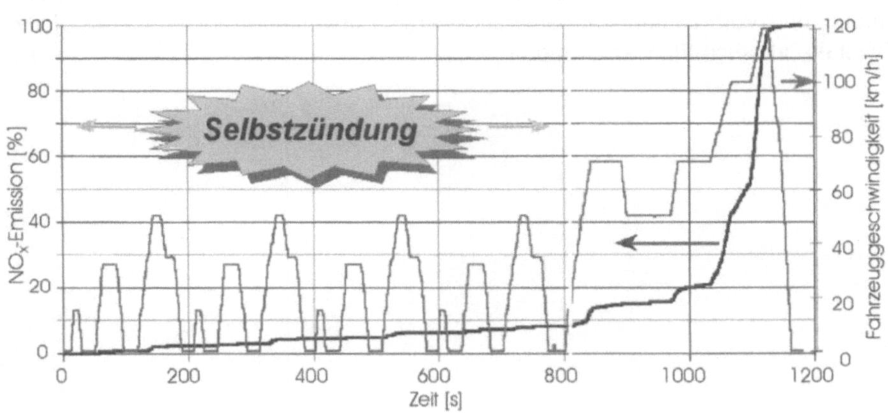

Bild 6.12: Kumulative Stickoxid-Emission während des MVEG-Testzyklus (Gesamtemission 0,27g/km)

Um Maßnahmen zur weiteren Senkung der NO_x -Emission abzuleiten, wurde die kumulative Emission entlang des Fahrzyklus gemessen. Bild 6.12 zeigt das Ergebnis bei der Messung im MVEG Zyklus (4 Stadtzyklusanteile und ein Landzyklusanteil). Nur 10% der gesamten NO_x -Emission wurden in den gesamten 4 Stadtzyklen festgestellt, bei denen die Selbstzündung aktiv war.

Der Hauptanteil wird in der Beschleunigungsphase bei der Landfahrt gebildet. Zur weiteren Senkung der NO_x -Emission in diesem Bereich wird eine Kombination aus später Zündung, angepaßtem Luftverhältnis und Abgasrückführung als geeignet betrachtet.

Zwei Konzepte stellen zukünftige Potentiale der Direkteinspritzung eines partiell gebildeten Gemisches im Ottoverfahren in repräsentativer Form dar:

– Das Konzept ELEVATE (European Low Emission V4 Automotive Two-stroke Engine) von IFP (F) in Zusammenarbeit mit LOTUS Engineering (UK) und OPCON Swedish (S). Gegenstand des gemeinsamen Projektes ist die Entwicklung eines Zweitaktmotors für Großlimousinen und Minivans. Das Konzept sieht die Anwendung des IAPAC Einspritzsystems und des FDCCP Selbstzündverfahrens in Kombination mit Abgasrückführung und Aufladung bei Vollast vor.

– Anwendung des IAPAC Einspritzsystems und des Selbstzündverfahrens an Viertaktmotoren, um sowohl die NO_x -Emission als auch den spezifischen Kraftstoffverbrauch im Stadtzyklus zu senken. Das Szenario wird dabei in folgende Phasen eingeteilt:

Teillast: NO_x -Reduzierung durch Selbstzündung bei homogenem, sehr magerem Gemisch; Oxidationskatalysator für HC und CO

Vollast: Stöchiometrisches Gemisch und Drei-Wege Katalysator.

Sowohl das IAPAC System als auch die vereinfachte SCIP Variante haben im Zusammenhang mit den erwähnten Maßnahmen zur Kontrolle der Gemischbildung und Verbrennung ein bemerkenswertes Entwicklungspotential sowohl für Zweitakt- als auch für Viertaktmotoren.

7 Direkteinspritzung eines partiell gebildeten Gemisches mit elektronischer Steuerung der Gemischzufuhr: Das ORBITAL-Verfahren

7.1
Konfiguration und Funktionsmerkmale des ORBITAL-Systems

Mit dem zunehmenden Interesse der Automobilindustrie für die Direkteinspritzung in Viertaktmotoren mit Fremdzündung gewinnen Lösungen, die bereits an Zweitaktmotoren erfolgreich eingesetzt wurden, immer mehr an Entwicklungsspielraum und an Einsatzperspektiven.

Eine derartige Lösung, charakterisiert durch die elektronisch gesteuerte Direkteinspritzung eines partiell gebildeten Gemisches, wurde von ORBITAL entwickelt und als serientaugliches Konzept durch Anwendungen bei Vier- und Zweitaktmotoren weitgehend bestätigt.

Eine gute Voraussetzung dafür ist das Potential des Verfahrens hinsichtlich seiner Anwendung mit magerem Luft-/Kraftstoffgemisch. Ein Motor mit kontrollierbar geschichtetem Luft-/Kraftstoffgemisch im Brennraum – durch die globale Bilanz der Luft und Kraftstoffmenge im Brennraum als mageres Gemisch darstellbar – widerspiegelt dieses Potential beispielsweise durch Vermeidung der Drosselverluste im Ansaugsystem bei Teillast. Dadurch wird der thermische Wirkungsgrad erhöht und der spezifische Kraftstoffverbrauch entsprechend gesenkt. Durch zusätzliche Abgasrückführung kann auch die NO_x-Emission entscheidend reduziert werden. Das System wurde in Jahre 1996 bei MERCURY MARINE an einem Sechszylinder-Zweitaktmotor mit 147kW in Serie eingesetzt.

Das System von ORBITAL wurde innerhalb von 12 Jahren bis zur Serienreife entwickelt. Während dieser Zeit waren in der internationalen Fachliteratur eher Tendenzen zum Ignorieren oder Ablehnung solcher Niederdrucksysteme für Direkteinspritzung in Viertaktmotoren festzustellen. Die Anwendung des Verfahrens über Zweitaktmotoren hinaus an verschiedenen Viertaktmotoren in den letzten Jahren zeigt jedoch eine gute Basis für die entsprechende Erweiterung seiner Anwendung.

Wie in Bild 7.1 dargestellt ist, gewährleistet dieses System die Beendigung des Einspritzvorganges in Bereichen vor 25 -30° KW vor OT bei 3000 U/min bei guter Gemischqualität bzw. einem geschichteten Luft-/Kraftstoff-Gemisch, welches in der Teillast eine Abmagerung bis 100:1 bei stabiler Verbrennung zuläßt.

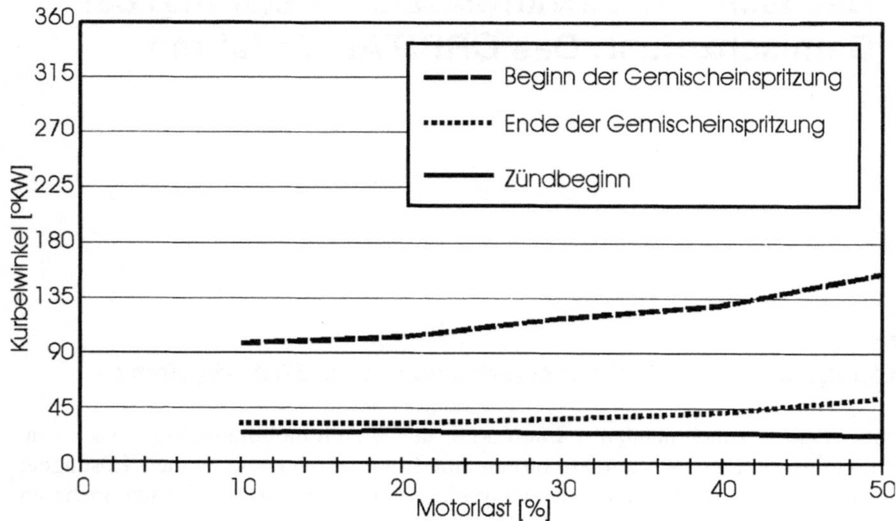

Bild 7.1: Einspritz- und Zündbeginn eines Viertakt-Ottomotors bei Teillast und 3000 U/min

Das Hauptelement des Systems ist ein elektromagnetisch gesteuertes Ventil zur Einspritzung der Kraftstoff-Luft Emulsion in den Brennraum. Der Zusammenhang zwischen den Kenngrößen des Einspritztrahls und dem Brennraum ist von besonderer Bedeutung – sowohl für die Schichtung des Gemisches im Teillastbereich als auch für die Schaffung eines homogenen Gemisches in der Vollast.

Der Kraftstoff wird mittels einer konventionellen Saugrohr-Einspritzanlage in die Gemischkammer eingespritzt. Im Bild 7.2 ist die Einspritzdüse des Systems für die Anwendung an einem Viertakt-Motor sowie die zeitabhängige Einspritzung des Kraftstoffs bzw. der Luft in die Gemischkammer dargestellt.

Zuerst wird eine exakt bemessene Kraftstoffmenge während einer Dauer zwischen 1,5...10ms bei einem Druck von 6,5bar in die Gemischkammer eingespritzt. Danach wird die Luft in die Kammer eingespritzt, wodurch eine Emulsion gebildet wird. Dabei erreichen die Kraftstofftropfen Durchmesser, die kleiner als 8 μm SMD sind, wie in Bild 7.3 als Ergebnis der Einspritzung in atmosphärischer Luft ersichtlich ist.

Die geringen Tropfendurchmesser, die in dieser Weise realisierbar sind, gewähren eine rasche Verdampfung des mit der Emulsion in den Arbeitszylinder eingespritzten Kraftstoffs. Dadurch wird die Dauer der vollständigen Gemischbildung im Arbeitszylinder selbst erheblich reduziert. Es soll allerdings beachtet werden, daß während dieses Vorgangs im realen Prozeß ein Gegendruck der im Arbeitszylinder verdichteten Luft entsteht, der die Einspritzgeschwindigkeit und damit die Kraftstoffzerstäubung beeinträchtigen kann, falls dies durch den Kraftstoffdruck nicht entsprechen kompensiert wird.

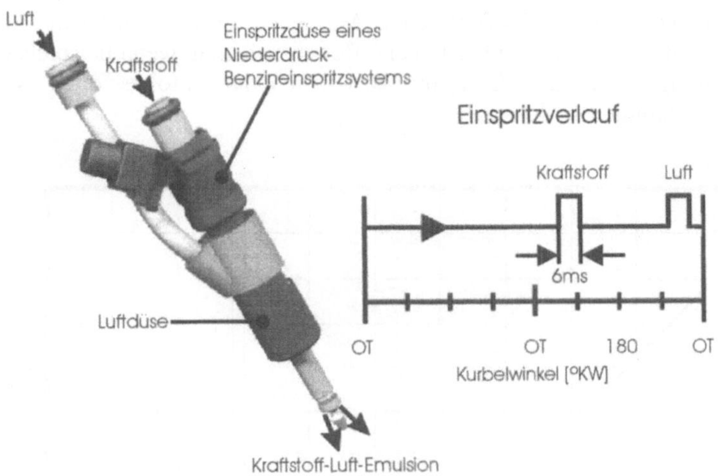

Bild 7.2: Hauptmodul der OCP-Gemischeinspritzung

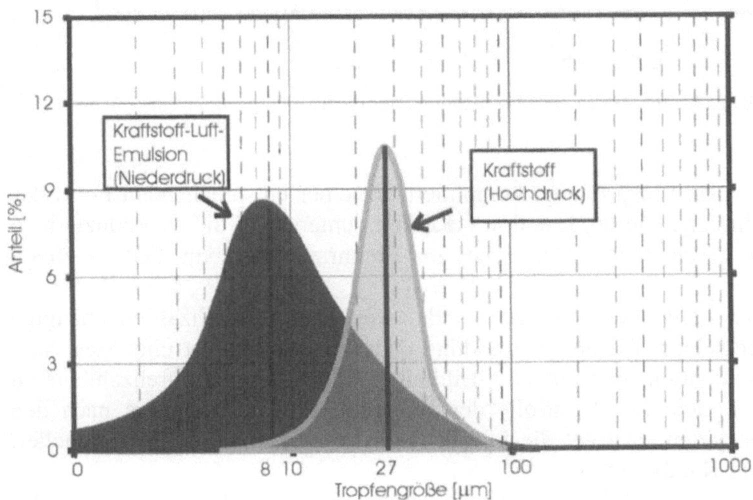

Bild 7.3: Verteilung der Tropfengröße im Einspritzstrahl

Wie in Bild 7.4 dargestellt ist, wird dennoch die Tropfengröße des Kraftstoffs bei Anwendung des ORBITAL Systems, selbst bei einer Druckdifferenz unter 1bar, unter 20 µm gehalten. Diese Möglichkeit ergibt sich hauptsächlich dadurch, daß nicht durch Kraftstoff-Hochdruck, sondern vielmehr durch eine, in den Kraftstoff eingespritzte, Luftmenge eine Auflockerung des flüssigen Strahls erfolgt. Das bleibt auch bei geringer Druckdifferenz erhalten, wenn beispielsweise der Verdichtungsdruck der Luft im Arbeitszylinder infolge einer späten Einspritzung zunimmt.

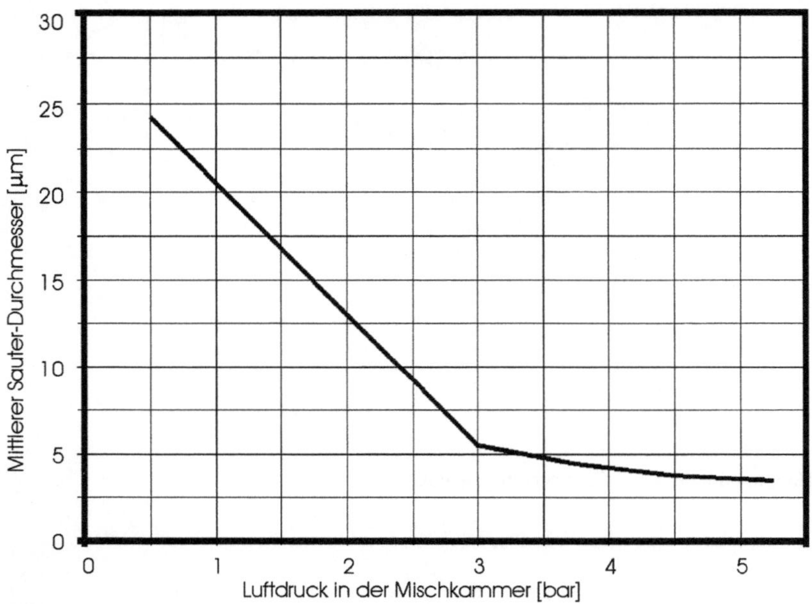

Bild 7.4: Einfluß des Luftdrucks in der Mischkammer auf die Tropfengröße

Die relativ späte Einspritzung, kombiniert mit einer entsprechenden Form des Brennraums im Zylinderkopf und im Kolben, unterstützt die reproduzierbare Bildung eines geschichteten Gemisches im Brennraum, was im Teillastbereich vorteilhaft ist.

Durch die allgemein kurze und weitgehend drehzahlunabhängige Gemischbildungsdauer bei der Anwendung dieses Verfahrens ist eine Steuerung der Gemischschichtung und der NO_x-Bildung in einem breiten Drehzahlbereich des Motors möglich. Die Kontrolle der NO_x-Emission, insbesondere nach den geltenden Testzyklen, eröffnet die Möglichkeit der Anwendung konventioneller, also einfacherer Katalysatoren.

In den Bildern 7.2, 7.5 bzw. 7.6 sind zwei der möglichen Konfigurationen des Einspritzsystems dargestellt, die insbesondere die Position der Kraftstoffdüse zur Luftdüse in der Gemischkammer bzw. die Position der Luftdüse im Zylinderkopf betreffen. Die meisten Erfahrungen wurden von ORBITAL mit senkrechter Position der Zündkerze im Brennraum gewonnen, wobei der Strahlkern des eingespritzten Kraftstoffs die Elektrode trifft. Neuere Untersuchungen mit der Einspritzdüse zwischen den beiden Einlaßventilen – wie in Bild 7.6 bei der

Anwendung an einem Ford Zetec-Motor dargestellt – zeigen ebenfalls gute Ergebnisse. Diese Variante erhöht den Freiheitsgrad bei der Gestaltung des Zylinderkopfes, in dem die Düse anzupassen ist.

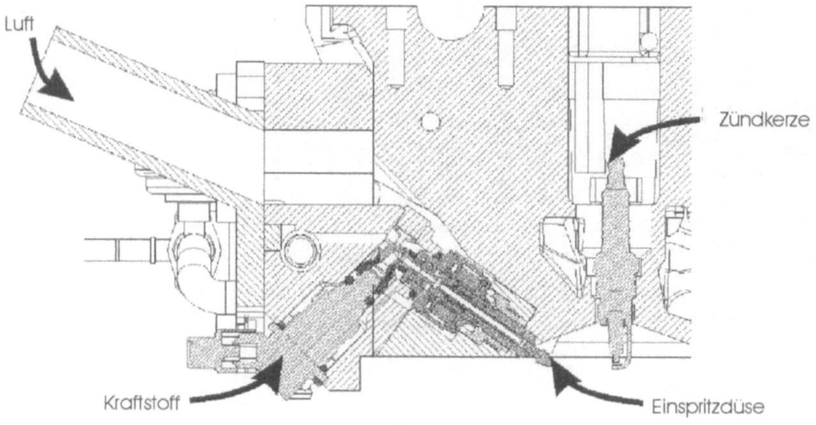

Bild 7.5: OCP-Einspritzsystem für Vierventil-Viertaktmotor (Schnitt durch den Zylinderkopf)

Bezüglich des Kraftstoff-/Luftverhältnisses in der eingespritzten Emulsion ist eine Anpassung entsprechend des gewünschten Luftverhältnisses im Brennraum bzw. des eingestellten Zündbeginns mittels der Einspritzdauer der jeweiligen Komponente, wie in Bild 7.2 dargestellt, möglich.

Der Luftanteil in der Emulsion wird durch einen Einzylinder-Kolbenverdichter mit 20-43cm³ – je nach Motoranwendung – bereitgestellt, der mittels Riemen vom Motor angetrieben wird.

Der Kraftstoffanteil wird von einer konventionellen Pumpe zugeführt; der Kraftstoffdruck beträgt dabei – entsprechend der Anwendung – 6,2-7,2bar.

Im Kraftstoffsystem ist weiterhin ein Druckregler vorgesehen, der durch seine Ankopplung an den Luftdruck die erforderliche Druckdifferenz zwischen Luft und Kraftstoff realisiert. In Bild 7.6 ist eine typische Konfiguration des Gesamtsystems dargestellt.

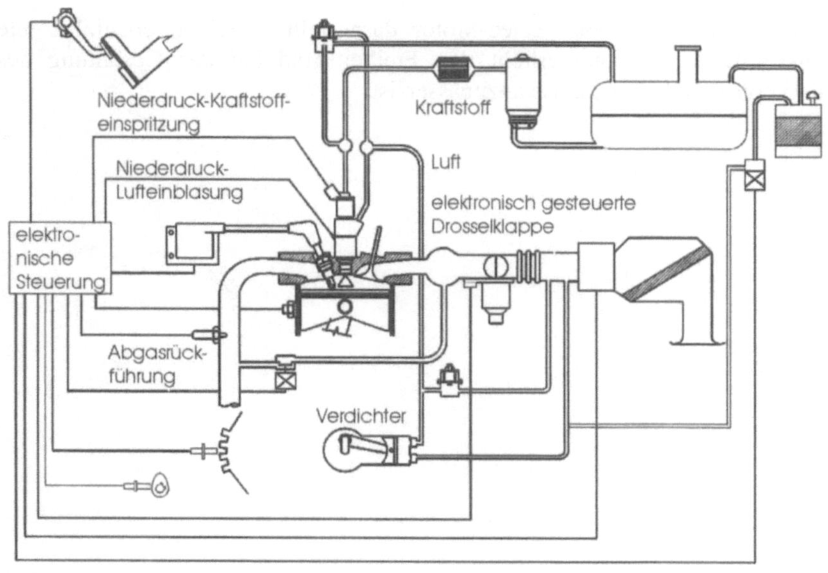

Bild 7.6: OCP-Einspritzsystem – Konfiguration der Funktionsmodule

Die Bilder 7.6 und 7.7 sind als Beispiele der Systemanpassung an den Motor eines Fahrzeuges aufgeführt.

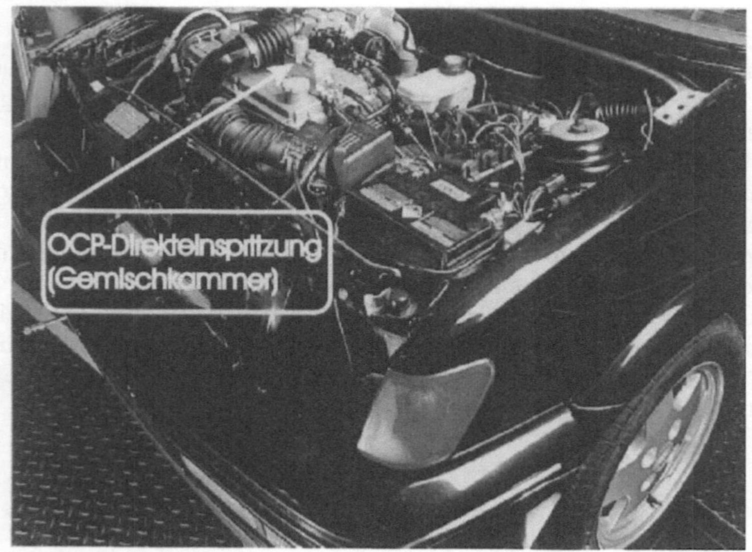

Bild 7.7: OCP-Einspritzsystem – Anpassung an einen Viertaktmotor

7.2
Potential des Verfahrens bezüglich Senkung des Kraftstoffverbrauchs und der Schadstoffemission

Die Senkung des Kraftstoffverbrauchs und der Schadstoffemission mittels Direkteinspritzung ist unmittelbar an die Aufbereitung des Gemisches und an seine Verteilung im Brennraum durch die entsprechend kontrollierte Strömung gebunden. Dabei ist in einem breiten Funktionsfeld des Motors die Schichtung des Gemisches im Brennraum erforderlich. Das klassische Konzept für die Gemischschichtung sieht dafür eine späte Einspritzung vor, wobei der Kraftstoffdruck entsprechend dem zum oberen Totpunkt hin zunehmenden Luftdruck im Zylinder erhöht werden muß. Wenn dabei nur Kraftstoff – ohne Luftanteil – eingespritzt wird, muß der Kraftstoffdruck darüber hinaus die Zerstäubung des Kraftstoffs beim gegebenen Luftgegendruck absichern. Allgemein ist dafür, wie in den Kapiteln 3 bis 5 erwähnt, ein Kraftstoffdruck im Bereich von 50-120bar erforderlich. Die Höhe des Kraftstoffdruckes bedingt jedoch auch die Strahleindringtiefe in den Brennraum, die unter Umständen – durch Aufprall auf eine Brennraumwand – die Gemischschichtung beeinträchtigen kann. In dieser Hinsicht ist bei der Einspritzung einer Kraftstoff/Luft – Emulsion hervorzuheben, daß die Zerstäubung des Kraftstoffes bei niedrigerem Druck erfolgen kann. Allerdings muß auch in diesem Fall vermerkt werden, daß infolge der niedrigen Austrittsgeschwindigkeit eines kurzen Strahls aus der Düse seine vollständige Verzögerung unmittelbar nach der Düse vorkommen kann. Die nach der ersten, gebremsten Front kommenden Kraftstofftropfen können dann auf die zuerst eingespritzten Tropfen aufprallen und die Bildung größerer Tropfen verursachen.

Den Unterschied in der Strahleindringgeschwindigkeit zwischen einer Emulsions- und einer Kraftstoffeinspritzung bei gleichen Gegendruckwerten zeigt Bild 7.8. Die kurze Strahleindringtiefe im Falle der Emulsionseinspritzung kann zu einer Gemischschichtung führen, die einem globalen Luft/Kraftstoffverhältnis im Brennraum bis zu 100:1 entspricht.

In Bild 7.9 ist ein Vergleich der Ergebnisse bezüglich Kraftstoffverbrauch und Schadstoffemission bei der Anwendung folgender Einspritzverfahren in einem Zetec-Motor, der nach dem NEDC (New European Drive Cycle) getestet wurde, dargestellt:

- Saugrohreinspritzung ohne Abgasrückführung (ARF)
- Direkteinspritzung einer Kraftstoff/Luft-Emulsion mit ARF; eine Einspritzung je Zyklus
- Direkteinspritzung einer Kraftstoff/Luft-Emulsion mit ARF; zwei Einspritzungen je Zyklus
- Direkteinspritzung einer Kraftstoff/Luft-Emulsion mit intensiver ARF; zwei Einspritzungen je Zyklus

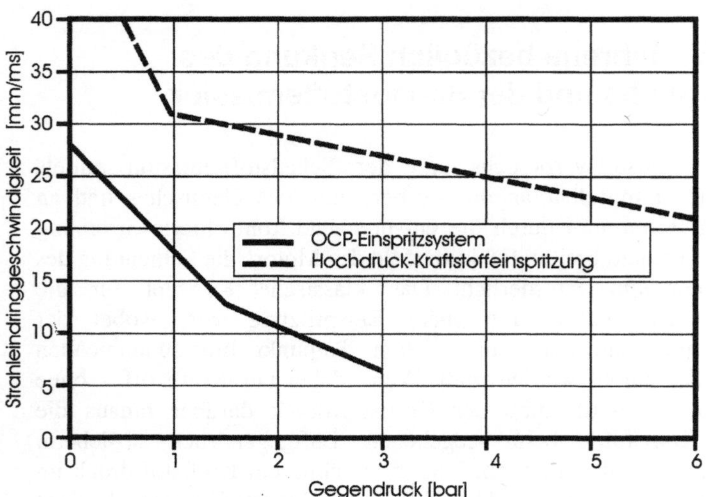

Bild 7.8: Strahleindringgeschwindigkeit als Funktion des Gegendrucks – Vergleich zwischen Einspritzung flüssigen Kraftstoffs und einer Luft / Kraftstoff-Emulsion

	Streckenverbrauch [g/km]	Einsparung [%]	HC [g/km]	CO [g/km]	NO_x [g/km]
Saugrohreinspritzung ohne ARF	64,06	0	0,8502	5,456	1,64
Gemisch-Direkteinspritzung mit ARF (einfach)	54,94	14,2	1,095	6,680	0,2502
Gemisch-Direkteinspritzung mit ARF (zweifach)	54,16	15,5	1,174	5,385	0,25
Gemisch-Direkteinspritzung mit intensiver ARF (zweifach)	53,33	16,7	1,302	3,875	0,2583

Bild 7.9: Vergleich von indirekten und direkten Einspritzsystemen bezüglich Verbrauch und Schadstoffemission an einem Vierzylinder-Viertaktmotor – Hubvolumen 2000 cm³

Die Direkteinspritzverfahren zeigen dabei eine deutliche Absenkung des Streckenkraftstoffverbrauchs und insgesamt vergleichbare Emissionen von HC, CO und NO_x.

Innerhalb der Direkteinspritzverfahren ist kein eindeutiger Vorteil der einfachen oder doppelten Einspritzung nachweisbar: Geringe Vorteile der zweifachen Einspritzung bezüglich Kraftstoffverbrauch und CO-Emission werden durch geringe Nachteile bezüglich der HC-Emission kompensiert.

Die Entwicklung von Direkteinspritzverfahren in den letzten Jahren hat ergeben, daß insbesondere die Kontrolle und Senkung der HC-Emission ein Feld weiterer Optimierungen sein wird. Wandaufprall durch einen langen Strahl oder große Kraftstofftropfen einerseits, Tropfenkonzentrationen durch Bremsen eines kurzen Strahls andererseits führen zur unvollständigen Verbrennung mit negativen Wirkungen hinsichtlich der HC-Emission.

Eine entsprechend exakte Anpassung ist daher in beiden Fällen dringend erforderlich. Bei der Emulsionseinspritzung nach dem ORBITAL-Verfahren wurden durch eine solche Anpassung bei einem Viertakt-Vierzylindermotor mit 2000 cm³ Hubraum beispielsweise NO_x-Werte erreicht, wie in Bild 7.10 für eine effektive Energiedichte von 2bar bei 2000 U/min dargestellt.

Bei der Anpassung der Einspritzung muß ein Optimum zwischen der HC- und der NO_x-Emission gesucht werden. Das entspricht dem Kompromißzwang zwischen vollständiger Verbrennung mit hoher Temperatur, die Dissoziationsprozesse wie die NO_x-Bildung verursacht, und einer teilweise unvollständigen Verbrennung mit erhöhter HC- oder CO-Emission, aber mit niedrigerer Temperatur, bei der die Dissoziationsreaktionen gehemmt werden. Dieser Gegensatz war übrigens beim Vergleich der Emissionen im direkten und indirekten Einspritzverfahren in Bild 7.9 deutlich erkennbar.

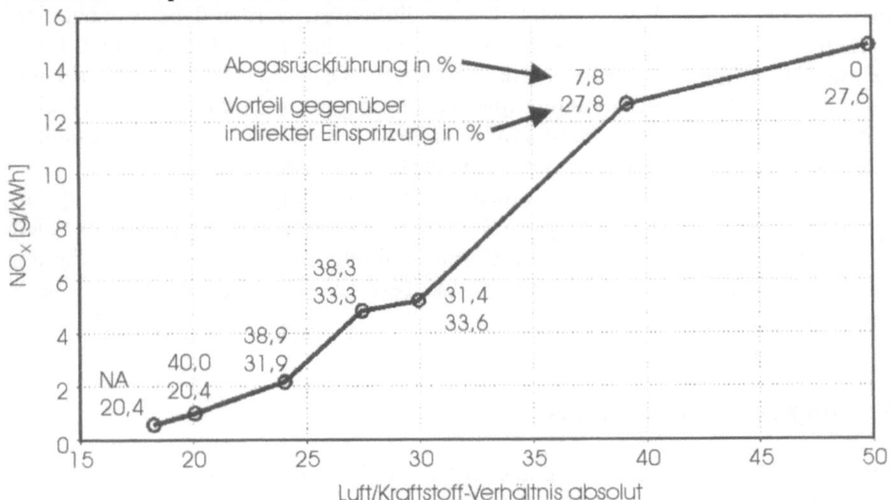

Bild 7.10: NOx-Emission eines Vierzylinder-Viertaktmotors mit OCP-Gemischeinspritzsystem als Funktion des Luft/Kraftstoffverhältnisses bei 0,2kJ/dm³ und 2000U/min

Die Senkung der HC-Emission ist insbesondere im Teillastbereich erforderlich, wo durch die gesenkte Abgastemperatur auch die Wirkung eines Katalysators abnimmt.

Die dargestellten Ergebnisse stammen aus Messungen am Motorprüfstand für einzeln eingestellte Lastpunkte. Die Direkteinspritzung gewährt darüber hinaus einen bedeutenden Abbau stoßartiger HC-Emissionen, die während Laständerungen oder bei kaltem Start entstehen. Gründe dafür sind eine bessere Steuerung der Gemischbildung, die im Gegensatz zu der Saugrohreinspritzung auch nach dem Ladungswechsel erfolgen kann, sowie die Vermeidung von Kraftstoffanlagerung an Saugrohrwänden.

Andererseits kann die NO_x-Emission, die hauptsächlich von der Verbrennungstemperatur bzw. Verbrennungsdauer abhängt, in effektiver Weise durch Abgasrückführung während der Verbrennung bzw. durch geeignete Steuerung des Luftverhältnisses gesenkt werden. Wie in Bild 7.10 am Beispiel eines OCP Motors ersichtlich ist, kann die NO_x-Emission durch solche Maßnahmen bis zu 95% gesenkt werden. Die Abgasrückführung erfolgt dabei entweder indirekt über das Ansaugrohr oder direkt durch die entsprechende Ladungswechselsteuerung. Die Menge des Abgases, welches durch direkte oder indirekte Steuerung im Brennraum bleibt, ist durch die Stabilität der Verbrennung begrenzt. In dieser Hinsicht hat die Einspritzung eines partiell gebildeten Gemisches den Vorteil, bei stabiler Verbrennung relativ hohe Mengen an Abgas im Brennraum zu ermöglichen. Im Falle des Zetec-Motors konnte eine indirekte Abgasrückführung durch bis zu 40% und eine direkte Steuerung durch 80% Ventilüberschneidung mit einer guten Verbrennungsstabilität bis zum Leerlauf erreicht werden. Die NO_x-Werte in Bild 7.10, die mit einem Viertaktmotor erreicht wurden, sind dafür ein guter Beweis. Wie in Bild 7.9 weiterhin ersichtlich ist, wurden dabei sowohl eine einmalige Einspritzung pro Zyklus als auch eine sequentielle Einspritzung durch zweifaches Öffnen der Einspritzdüse erprobt. Die sequentielle Einspritzung gewährt eine magere Verbrennung mit quasi homogenem Gemisch, wodurch eine Senkung des spezifischen Kraftstoffverbrauchs von 2,5% über den gesamten Testzyklus bei gleicher NO_x-Rohemission zustande kommt.

Die erwähnten Ergebnisse wurden ohne Anpassung der Luftströmung im Zylinder an den Direkteinspritzprozeß erreicht. Das Potential der unterstützenden Luftbewegung im Zylinder für die Gemischbildung anhand eines kontrollierten Dralls, insbesondere im mittleren Lastbereich, ist Gegenstand weiterer Untersuchungen.

Zwei Konzepte sind dafür vorgesehen:

Nutzung eines NO_x-Katalysators:

Angesichts der Emissionswerte eines Motors mit Direkteinspritzung – wie es das Beispiel OCP beweist – würde allgemein ein einfacher Katalysator, dessen Konversionsgrad unter 50% liegt, ausreichen, um die 3. Stufe der entsprechenden EU Abgasnorm von 0,15 g/km zu unterschreiten.

Zweistufen-Steuerung der Gemischbildung im Motor:

– Teillast: Gemischschichtung mit global magerem Gemisch.
– Vollast: Homogenes, stöchimetrisches Gemisch mit Abgasrückführung.

Diese Lösung ermöglicht auch den Einsatz eines konventionellen 3-Wege-Katalysators. Diese Strategie wird anhand des Bildes 7.11 exemplifiziert, wobei die oberen 3 der 10 vorhandenen Funktionspunkte im stöchimetrischen Bereich liegen. Berechnungen der Emissionen für diese 3 Punkte auf Basis eines 90%-igen Konversionsgrades des Katalysators zeigen, daß in dieser Weise die 3. Stufe der

EU-Abgasnorm mit nur geringfügiger Erhöhung des spezifischen Kraftstoffverbrauchs eingehalten werden kann.

Das Verfahren und das Einspritzsystem selbst müssen für die gesamte Lebensdauer des Motors die Normen erfüllen, aber auch den Anforderungen und Erwartungen des Kunden entsprechen. Dabei ist zu beachten, daß die Systemkomponenten in unterschiedlichen Formen bzw. von unterschiedlichen Herstellern stammen können. Eine vorteilhafte Eigenschaft des ORBITAL-Systems in technologischer Sicht resultiert aus der Tatsache, daß der Kraftstoff nicht direkt in den Brennraum eingespritzt wird, wodurch Korrosions- und Verschleißerscheinungen gemindert werden.

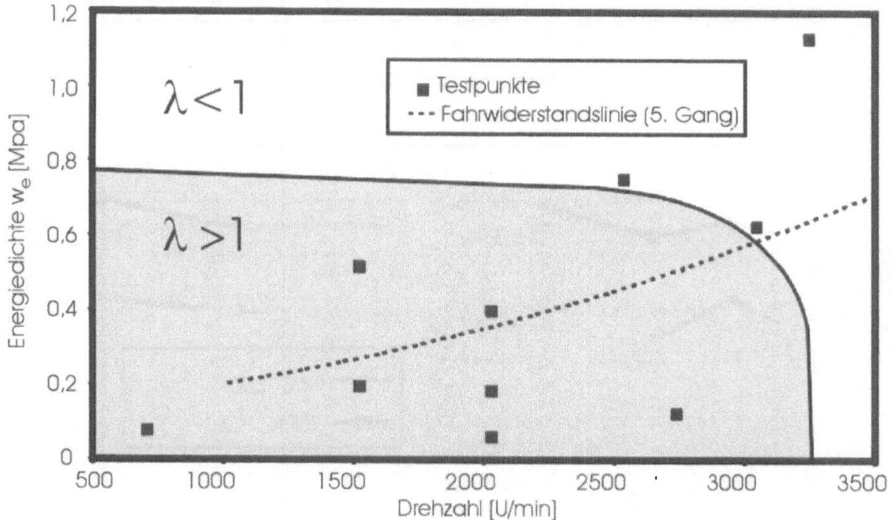

Bild 7.11: NEDC - 2-Liter-Test

Dadurch, daß nicht nur flüssiger Kraftstoff, sondern eine zusätzliche Luftmasse durch die Düse in den Brennraum eingespritzt wird, können deren Durchflußquerschnitt und Hub relativ groß gehalten werden (geometrischer Durchflußquerschnitt: 3,5 mm²; Düsennadelhub: 0,25 mm). In dieser Weise sind sowohl Anforderungen hinsichtlich Toleranz und Rauhigkeit, als auch die Gefahr von Verkokungserscheinungen nicht sehr gravierend.

Diese Tatsache belegt auch die Stabilität der Abgasemissionswerte, die beispielsweise bei einem Zweitaktmotor über 80.000 km nachgewiesen werden konnte, wie es in Bild 7.12 dargestellt ist.

Die erwähnten Vorteile des dargestellten Einspritzverfahrens haben zur Vorbereitung eines breiten Serieneinsatzes im Rahmen eines Joint Venture zwischen ORBITAL und SIEMENS unter der kommerziellen Bezeichnung SYNERJECT geführt.

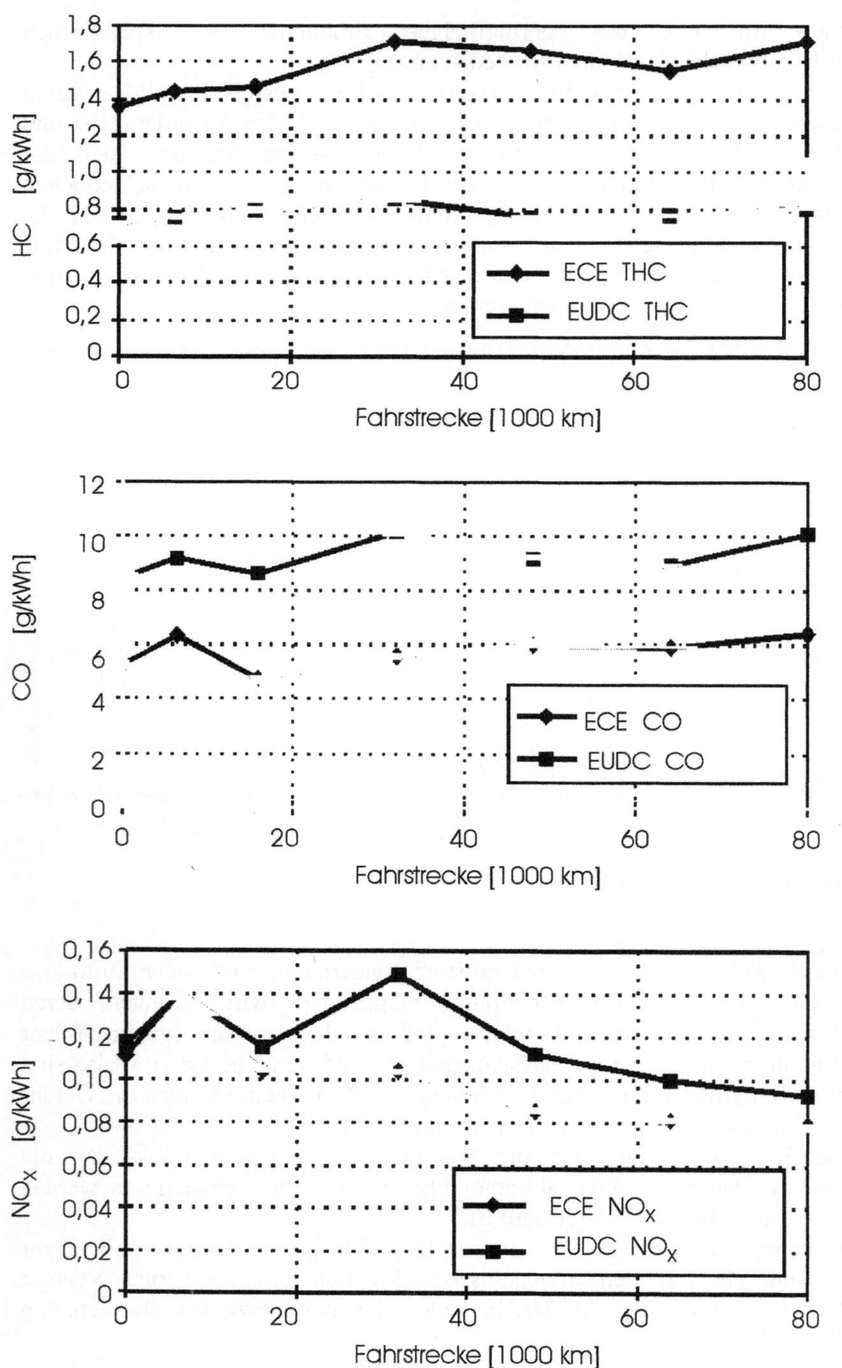

Bild 7.12: Schadstoffemission eines Fahrzeuges mit Zweitaktmotor (Hubvolumen 1200cm³) bei Anwendung der OCP-Einspritzung – Teststrecke 80000km

Teil II

Direkteinspritzsysteme für Dieselmotoren

8 Gestaltung des Einspritzverlaufs

8.1
Grundlagen

Die Direkteinspritzung in schnellaufenden Dieselmotoren erfährt in den letzten
Jahren eine zunehmende Entwicklung. Die immer strengeren Gesetze bezüglich
der Schadstofflimitierung begründen die Fortsetzung dieses Trends. Einer der
wesentlichen Schwerpunkte, die damit verbunden sind, besteht in der gleichzeitigen Senkung der für Dieselmotoren typischen Geräuschemission. Beide Ziele
können zum großen Teil durch die Modulation des Einspritzverlaufs erreicht werden, wobei insbesondere zur Senkung der Geräuschemission auch eine Voreinspritzung erforderlich ist.

In Bild 8.1 ist ein Einspritzverlauf mit Voreinspritzung als Funktion der Zeit
bzw. des Kurbelwinkels prinzipiell dargestellt.

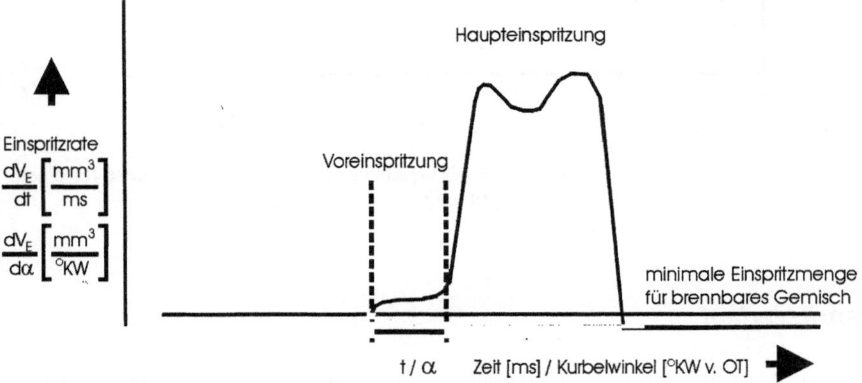

Bild 8.1: Definition der benutzten Termini für Voreinspritzung

Für geringe Werte des Düsennadelhubes – die ersten Mikrometer – wird der
unter Hochdruck stehende Kraftstoff infolge des geringen Duchflußquerschnittes
vor Düsenaustritt fast vollständig gedrosselt. Ein für schnellaufende Dieselmotoren mit Direkteinspritzung typischer Verlauf der Kraftstoffausströmung ist in

Bild 8.2 als Funktion des Düsennadelhubes dargestellt. Es ist dabei zu beachten, daß während des Nadelhubes eine Volumenzunahme im Düsenraum vor Düsenaustritt entsteht, die mit Kraftstoff zu füllen ist. Dies bewirkt eine entsprechende Senkung des momentanen Hochdruckwertes. Demzufolge können die Einspritzphasen wie folgt beschrieben werden:

- Bei kleinen Hubwerten wird wenig Kraftstoff mit relativ niedriger Geschwindigkeit eingespritzt.
- Bei zunehmendem Nadelhub nimmt der Strömungswiderstand ab und die Einspritzmenge wird größer.

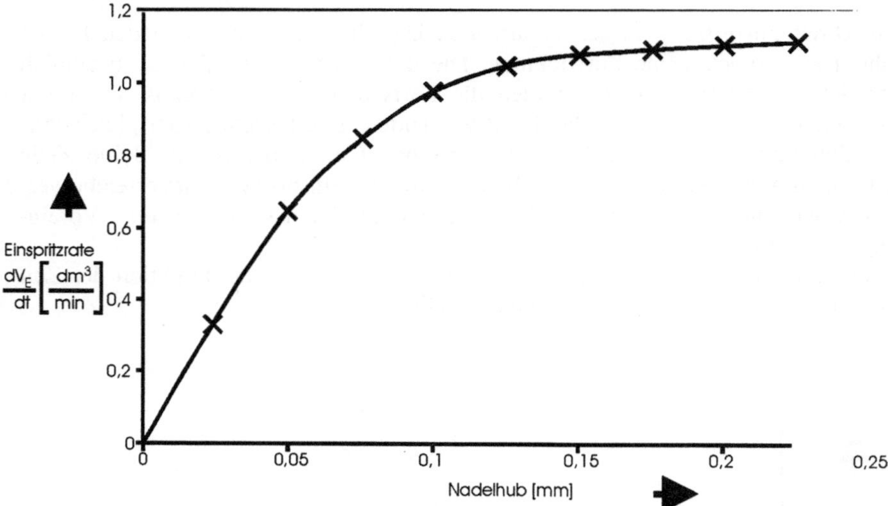

Bild 8.2: Durchflußmenge in Abhängigkeit des Nadelhubes einer typischen Lochdüse für einen schnellaufenden Dieselmotor mit Direkteinspritzung

Einspritzverlauf

Bei Einspritzdüsen, deren Austrittsbohrung ursprünglich von der Nadel bedeckt wird, entsteht ein Strömungswiderstand aufgrund des geringen Abstandes zwischen Nadel und Sitz. Am Beginn des Nadelhubes ergibt sich das Maximum dieses Strömungswiderstandes am Bohrungszulauf, wodurch der Impuls des Einspritzstrahles sinkt. In manchen Fällen entstehen dadurch hohle, konische Strahlen.

In bisherigen Untersuchungsmethoden wurde allgemein der Nadelhubverlauf als Basis zur Bewertung des Einspritz- und Vebrennungsvorgangs in Betracht gezogen.

Umfangreiche Untersuchungen unterschiedlichen Arten von Einspritzpumpen und Einspritzdüsen, kombiniert in unterschiedlichen Konfigurationen an einem Motor mit indirekter Einspritzung, ergaben allerdings eine präzisere Bewertungsmöglichkeit dieser Vorgänge: Es handelt sich dabei um den Zusammenhang zwischen dem Einspritzverlauf – in Form einer spezifischen Einspritzrate – und dem Verbrennungsbeginn bzw. Verbrennungsverlauf. Dieser Zusammenhang erscheint zwar als weniger ausgeprägt im Falle der Direkteinspritzung, dennoch ist die allgemein starke Drosselung des aus der Düse austretenden Kraftstoffs bei sehr kleinen Nadelhubwerten auch bei der Direkteinspritzung zu beachten. Dadurch kann eine beachtliche Differenz zwischen dem Beginn des Nadelhubes und der Einspritzung eines ersten, selbstzündbaren Kraftstoffanteils (erste Einspritzrate) entstehen. In dieser Hinsicht wird für die weiteren Betrachtungen der dynamischen Vorgänge bei der Direkteinspritzung eine erste Einspritzrate von 0,2 mm³/°KW als Basis gesetzt.

Ein Einspritzvorgang mit Pilotanteil ist durch die Dauer der Piloteinspritzung selbst und durch den zeitlichen Abstand zwischen Ende der Pilot- und Beginn der Haupteinspritzung darstellbar. Dieser Zusammenhang ist in Bild 8.3 dargestellt. Der Abstand zwischen den zwei Einspritzphasen ist hauptsächlich von der Möglichkeit des jeweiligen Einspritzsystems geprägt, nach der Piloteinspritzung wieder einen stabilen strömungsmechanischen Zustand vor der Haupteinspritzung zu erreichen.

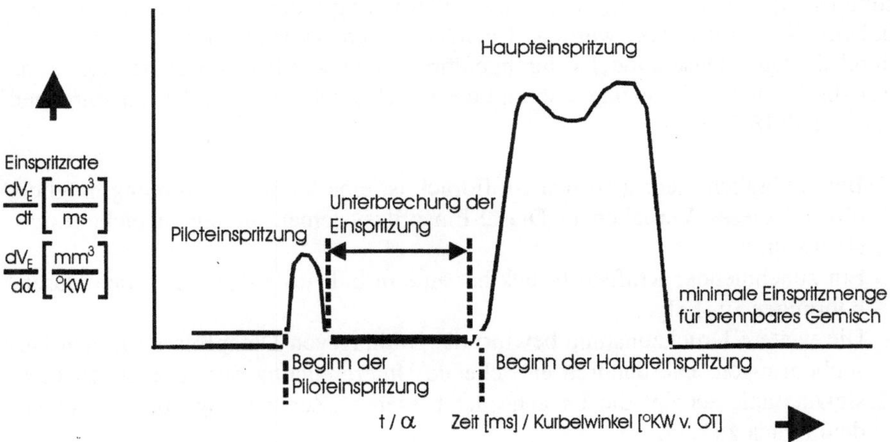

Bild 8.3: Definition der benutzten Termini für Piloteinspritzung

Ein derartiger Zustand ist offensichtlich auch nach der Haupteinspritzung erforderlich. Anderenfalls kann ein unkontrollierter Druckwellenverlauf in der Kraftstoffleitung zwischen Pumpe und Düse mindestens eine sekundäre Druckwelle zur Folge haben, deren Amplitude den Öffnungsdruck der Einspritzdüse übersteigt und somit eine sekundäre Einspritzung bewirkt. Die Hauptnachteile eines solchen Effektes sind die steigenden HC- und Partikel-Emissionen, was allgemein auch durch die Rauchentwicklung am Austritt des Abgassystems sichtbar wird.

Kavitation

Die Notwendigkeit der Gemischbildung in möglichst kurzer Dauer, die insbesondere für schnellaufende Dieselmotoren erforderlich ist, impliziert eine hohe Einspritzgeschwindigkeit. Die dafür erforderliche Energie wird vom Einspritzsystem in Form von Druckwellen erbracht. In diesem Zusammenhang ist der flüssige Kraftstoff als kompressibel zu betrachten [8.13], [8.23], [8.25]. Einer Kompressionswelle, die den Einspritzvorgang bewirkt, folgt aufgrund der Elastizität des Fluids eine Druckwellenschwingung, in der auch entsprechende Entlastungswellen erscheinen. Somit kann an manchen Stellen entlang der Fortpflanzungsrichtung der Wellen eine Drucksenkung unter die Grenzkurve zum Naßdampf vorkommen. Dies äußert sich in der lokalen Bildung von Dampfblasen, welche die Dichte des Mediums bzw. die Schallgeschwindigkeit als Fortpflanzungsgeschwindigkeit der Druckwellen erheblich verringert. Diese Blasen brechen bei erneuter Druckerhöhung zusammen, wobei ein charakteristisches, hochfrequentes Geräusch entsteht. Die spektrale Analyse der Geräuschemission führt zu der Schlußfolgerung, daß dabei eine große Anzahl sehr kleiner Dampfblasen zusammenbricht. Die Analyse physikalischer Modelle für Systeme zur Einspritzung homogener zweiphasiger Fluide bestätigt andererseits die erwähnte, experimentell gewonnene Schlußfolgerung [8.23]. Zur Bewertung der Kraftstoffströmung durch Düsenbohrungen unter hohem Kraftstoffdruck wurden Untersuchungen anhand eines vergrößerten, durchsichtigen Düsenmodells durchgeführt. Dabei wurden drei charakteristische Zeitabschnitte der Strömung während der Druckzunahme in den Düsenbohrungen festgestellt [8.24]:

- Bei anfänglich niedrigem Kraftstoffdruck ist eine laminare Strömung möglich, obwohl dieses Verhalten in Diesel-Einspritzsystemen allgemein nicht festgestellt wurde.
- Ein zunehmender Kraftstoffdruck hat eine turbulente Strömung in den Düsenbohrungen zur Folge.
- Die weitere Druckzunahme bewirkt die Bildung von Dampfblasen in den Düsenbohrungen. Die dadurch entstehende Unterbrechung der strömenden Flüssigkeitssäule scheint die Ursache der besseren „Zerstäubung" bei zunehmendem Druck zu sein.

Bei konventionellen Düsen mit einem Volumen zwischen Nadelsitz und Düsenbohrungen (Sackloch) durchfährt die Strömung während der Nadelbewegung all diese drei Abschnitte hintereinander.

Bei Einspritzdüsen mit einer einzigen, mittleren Bohrung bildet sich bei der Druckzunahme während des Ausströmens des Kraftstoffs ein flüssiger Strahl, welcher sich von der Bohrungswandung abhebt [8.24]. Dieser Effekt ist für die meisten Einspritzdüsen für Dieselkraftstoff nicht signifikant, weil der Kraftstoff ohnehin turbulent und unter einem bestimmten Winkel in die Bohrung einströmt. Dennoch kann bei manchen Düsenausführungen dieser Effekt noch festgestellt werden. Kombiniert mit der Einströmung des Kraftstoffs in die Bohrung unter dem gegebenen geometrischen Winkel kann er dazu führen, daß der Strahl auf einer Seite der Bohrung umgelenkt wird.

In Hochdruck-Einspritzsystemen, die einen Differentialdruck nutzen, um die Nadel der Einspritzdüse zu öffnen und zu schließen, geht der Durchgang durch die drei erwähnten Srömungsabschnitte allgemein sehr schnell vonstatten. Dadurch unterscheiden sich auch die Charakteristika der Einspritzstrahlen solcher Systeme von jenen der klassischen „ Pumpe-Leitung-Düse" Systeme. Über die Kenngrößen der Einspritzstrahlen klassischer Diesel-Einspritzsysteme sind zahlreiche Studien veröffentlicht worden [8.1], [8.5], [8.12]. Allgemein wurden jedoch in solchen Betrachtungen maximale Kraftstoffdrücke nur bis etwa 800 bar einbezogen. Die empirischen oder numerischen Modelle für die Analyse solcher Systeme gehen allgemein von einem flüssigen Kraftstoffstrahl für jede Bohrung aus; dadurch weist jeder Strahl einen flüssiger Kern auf, welcher im Laufe der Einspritzung seine Stabilität verliert und in einzelnen Flüssigkeitssäulen oder weiterhin in Tropfen ausbricht. Die Tropfen werden wiederum infolge aerodynamischer Kräfte während der Strömung verformt, bevor sie in kleineren Tropfen ausbrechen und verdampfen. Modelle, die von diesem Zerstäubungsablauf ausgehen, werden gegenwärtig mit weiteren Elementen ergänzt, wie zum Beispiel:

– Induktion der Luft in den Strahl
– Wärmeübertragung zum flüssigen Anteil
– Turbulente Mischung zwischen Kraftstoff und Luft
– Selbstzündung und Fortpflanzung der Flammenfront

In einigen Modellen wird auch der Anteil an Überschallströmung einbezogen, wodurch der Kraftstoff als gasförmige Phase betrachtet wird. Dadurch ergeben sich auch unterschiedliche Modelle für die Gemischbildung zwischen dem Kraftstoff, der den Brennraum bzw. die Brennraumwände erreicht, und der Luft im Brennraum.

Über diese klassische Strömungsart hinaus entstehen in den Bohrungen von Einspritzdüsen moderner Einspritzsysteme infolge des hohen Kraftstoffdruckes bzw. des Strahlbrechens Aushöhlungen, wonach eine Winkelerweiterung des austretenden Kraftstoffstrahles festgestellt wurde. In diesen Fällen scheint kein flüssiger Strahlkern mehr vorhanden zu sein [8.12]; demzufolge wird auch eine entsprechende Änderung des Models empfohlen. Der breitere Strömungswinkel führt zur Einbeziehung einer zusätzlichen Luftmenge in den Strahl und dadurch auch zu einer besseren Verbrennung des Kraftstoffs im mittleren Bereich des Strahles. Andererseits hat die Geschwindigkeit, mit der die Energie des eingespritzten Kraftstoffstrahls, die auf die Luft im Brennraum übertragen wird, einen deutlichen Einfluß auf das Verhältnis zwischen dem Einspritzverlauf und der Strahleindringtiefe. Damit entsteht unter anderem auch ein direkter Zusammenhang zwischen dem Einspritzverlauf und der Rußbildung während der Verbrennung.

Methoden zur Messung des Einspritzverlaufes

Der Einspritzverlauf kann entweder auf Basis der numerischen Simulation eines gesamten Einspritzsystems berechnet oder experimentell ermittelt werden [8.13], [8.23], [8.25]. Folgende experimentelle Methoden werden dafür allgemein angewandt:

– *Gleichdruck-Meßraum-Verfahren (BOSCH-Indikator)*
An einem Ende eines relativ langen Rohres zur Ermittlung von Druckwellenverläufen wird das Einspritzsystem über seine Düse angekoppelt. Am anderen Ende des Rohres wird ein Druckbegrenzungsventil montiert, um den Druck in dem Rohr stets konstant zu halten; dafür wird eine Kraftstoffmenge, die dem von der anderen Rohrseite eingespritzten Kraftstoff entspricht aus dem Rohr abgeleitet [8.3]. In einer ersten Annäherung ist die Druckwelle, die durch das Einspritzen des Kraftstoffs im Rohr hervorgerufen wird, proportional der Geschwindigkeit, mit der jedes Quantum des Kraftstoffs eingespritzt wird. Während der Messung einer solchen Druckwelle sind Reflexionswellen vom anderen Rohrende zu vermeiden, was eine entsprechende Rohrlänge erfordert.

– *Gleichvolumen-Meßraum-Verfahren*
Das Einspritzsystem wird über die Einspritzdüse in einem Flüssigkeitsbehälter mit festen Wänden montiert. Dieser Behälter wird derart dimensioniert, daß eine von der Einspritzdüse fortlaufende Druckwelle in keiner Richtung Schwingungen unter 100 kHz verursachen kann. Mittels eines Druckgebers kann dann die Zunahme des Drucks im Behälter infolge der Einspritzung registriert werden.

– *Druckverlauf-Differenz-Verfahren*
Der Volumenstrom in einer Einspritzleitung oder in einer Düsenbohrung kann aus der gleichzeitigen Messung des Druckverlaufs in einem definiertem Abstand ermittelt werden. Dafür können zwei Druckgeber in dem entsprechenden Abstand in der Leitung montiert werden. Der resultierende Druckgradient gibt Auskunft über die entsprechende Strömung.

– *Nadelhub-Druckverlauf-Verfahren*
Der Einspritzverlauf kann aus der kombinierten Messung des Düsennadelhubes und des Druckverlaufes unmittelbar vor dem Nadelsitz ermittelt werden. Voraussetzung dafür ist die Kenntnis der Funktion zwischen Volumenstrom und Nadelhub, die für die entsprechende Einspritzdüse unter realen Druckbedingungen ermittelt wurde. Wenn diese Messungen am Motor erfolgen, muß eine Korrektur entsprechend dem Zylinderdruck vorgenommen werden.

Der Druckverlauf in Leitungen und Bohrungen eines Einspritzsystems bzw. einer Einspritzdüse verursacht allgemein, wie bereits erwähnt, die Bildung von Dampfblasen nach Durchgang der ersten Hochdruckwelle. Andererseits wird der Kraftstoff mit 100-300m/s – entsprechend der ersten zwei beschriebenen Meßverfahren – in einen Meßraum eingespritzt, der ebenfalls mit Kraftstoff gefüllt ist. Die Mischung des eingespritztem Kraftstoffs mit dem Kraftstoff im Meßraum führt zu einer anteiligen Umwandlung der kinetischen Energie des eingespritzten Kraftstoffs bzw. der potentiellen Energie, die als Druckverlauf erscheint, in Wärme. Der volumetrische Ausdehnungskoeffizient des Kraftstoffs ändert sich nach einer nicht linearen Funktion in Abhängigkeit von Temperatur und Druck. Dieser Effekt muß bei experimentellen Untersuchungen berücksichtigt werden, sei es durch Kompensationsmaßnahmen oder durch entsprechende Korrekturfaktoren.

Die vierte, der oben beschriebenen Meßmethoden umgeht zwar zum Teil derartige Schwierigkeiten, sie erfordert aber eine sehr exakte Modellbildung für das Einspritzsystem, insbesondere dann, wenn die Einspritzdüse mit Einrichtungen zur Modulation des Einspritzverlaufes vorgesehen ist. Diese Methode wurde etwa 15 Jahre bei LUCAS angewendet und zeigte Vorteile gegenüber der ersten Methode mit Gleichdruck-Meßraum von BOSCH. Die Ergebnisse, die in den folgenden Bildern dargestellt sind, wurden mit der vierten Meßmethode erzielt. Bild 8.2 zeigt eine typische Funktion zwischen dem eingespritzten Volumenstrom und dem Nadelhub, die entweder berechnet oder experimentell ermittelt werden kann.

8.2
Kriterien zur Optimierung des Einspritzverlaufs

8.2.1
Brennverlaufoptimierung zwischen Geräuschemission und Kraftstoffverbrauch

Die meisten Anstrengungen bei früheren Forschungsarbeiten auf dem Gebiet des Einspritzverlaufs waren darauf konzentriert, einen Verbrennungsablauf durch die eingespritzten Kraftstoffraten und unter Beachtung des jeweiligen Verbrennungsverzugs zu erreichen, der einen eher weichen Druckverlauf im Brennraum verursacht. Verbrennungsgeräusche und die Belastung entsprechender Motorbauteile durch harten Druckanstieg wurden beispielsweise durch die Anpassung des initialen Mischungsverhältnisses zwischen Kraftstoff und Luft verringert, wie beispielsweise im Meurer Verfahren [8.15]. Besondere Nockenformen bzw. Einspritzdüsen mit Zusatzbohrungen wurden entwickelt, um die erst in den Brennraum gelangende Einspritzmenge zu steuern, wodurch das Verbrennungsgeräusch reduziert werden konnte [8.28]. Die Grundlagen der Geräuschentwicklung durch den Verbrennungsablauf in Dieselmotoren wurden im Wesentlichen von Austen und Priede erarbeitet [8.2].

Das Geräusch wird von den Außenflächen der Motorbauteile als Folge der hochfrequenten Komponenten der Gaskräfte im Brennraum ausgestrahlt, die auf Kolben, Zylinderkopf und Zylinderbuchse wirken bzw. infolge des mechanischen Kontaktes zwischen beweglichen Teilen [8.18]. Das vom Verdichtungs- und Verbrennungsdruck hervorgerufene Geräusch (Verbrennungsgeräusch) wird von den folgend beschriebenen Faktoren verstärkt, die für Dieselmotoren mit Direkteinspritzung, besonders bei Vollast und hoher Drehzahl, von großer Bedeutung sind [8.20], [8.21]:

- Verlauf des Druckanstiegs nach dem Brennverzug, ab Beginn der Verbrennung der ersten Einspritzrate
- Wert des maximalen Drucks im Brennraum
- Verdichtungsverhältnis: Die Zunahme des Verdichtungsverhältnisses führt zu einer Amplitudensenkung der Druckschwingungen im Brennraum, wodurch ihre hochfrequenten Anteile zunehmen.

Die Senkung der Geräuschemission – die allgemein in dB(A) re 20 μPa ausgedrückt wird – auf einen minimalen Pegel des Verbrennungsgeräusches kann aus dem Brennverlauf abgeleitet werden, welcher den Druckverlauf im Brennraum hervorruft [8.22]. Ein Optimum des Druckverlaufes und somit des Brennverlaufes ist zwischen der Senkung des Geräuschpegels und der Zunahme des thermischen Wirkungsgrades zu bilden.

Untersuchungen des Brennverlaufes im Zusammenhang mit dem indizierten, spezifischen Kraftstoffverbrauch erfolgten beispielsweise anhand der Anpassung einfacher Brennverlaufdiagramme zum realen Druckverlauf im Zylinder eines Verbrennungsmotors während eines Zyklus. Die Brennverläufe wurden zunächst unabhängig vom Prozeßende betrachtet. Mittels Computer wurden dann die verschiedenen Formen des Brennverlaufs dem thermodynamischen Prozeß angepaßt und der entsprechende Druckverlauf im Zylinder berechnet. Auf Basis dieser Ergebnisse wurden dann die jeweilige Geräuschemission (dB(A) re 20 μPa) bzw. der indizierte, spezifische Kraftstoffverbrauch (g/kWh) berechnet. Brennverlaufdiagramme, die Geräuschemissionen über 97 dB(A) oder einen hohen spezifischen Kraftstoffverbrauch zur Folge hatten, wurden außer Betracht gelassen. Die besten Ergebnisse anhand der übrigen Diagramme wurden als Kompromißverlauf zwischen Geräuschemission und indiziertem, spezifischem Kraftstoffverbrauch aufgetragen und sind in Bild 8.4 ersichtlich.

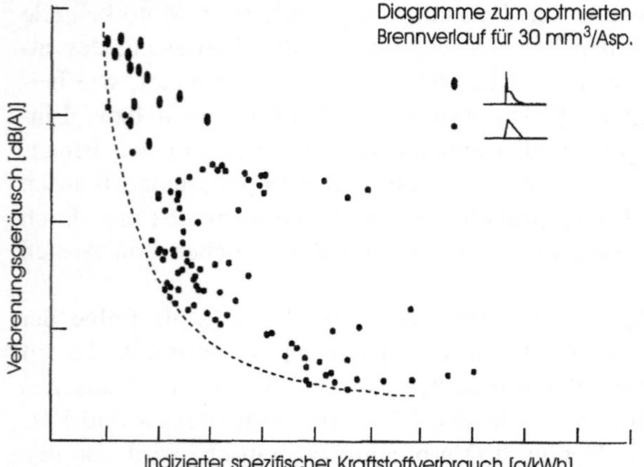

Bild 8.4: Zusammenhang zwischen Verbrennungsgeräusch und indiziertem spezifischen Kraftstoffverbrauch unter Berücksichtigung des Brennverlaufs

Für die Punkte am rechten Ende der Kurve sind die Brennverlauffunktionen derart langsam, daß sich der Druckverlauf im Zylinder kaum von dem Kompressionsdruckverlauf unterscheidet. Für die Punkte am linken Ende der Kurve erfolgt der gesamte Brennverlauf in der unmittelbaren Nähe des oberen Totpunktes, was den thermischen Wirkungsgrad aber gleichzeitig auch die Geräuschemission erhöht. Die Grenzen des Brennverlaufs für ein konventionelles Einspritzsystem für Direkteinspritzung sind durch die ovalen Zeichen auf der linken Seite des Diagramms markiert.

Der maximale Druck, der sich infolge jedes angenommenen Brennverlaufs ergibt, wurde in ähnlicher Weise im Zusammenhang mit dem indizierten, spezifischen Kraftstoffverbrauch in einem Diagramm dargestellt. Ein solcher Zusammenhang kann mit der empirischen Funktion zwischen NO_x-Emission und maximalem Zylinderdruck – wie im Folgenden dargestellt – kombiniert werden. Diese Methode stellt eine Alternative zur Berechnung der Vorgänge ausgehend von einem genauen Strahl- und Gemischbildungsmodell dar.

Die Zusammenhänge zwischen Geräuschemission und indiziertem spezifischen Kraftstoffverbrauch in Bild 8.4 wurden für einen realen Motor mit einem Verdichtungsverhältnis von 18:1 abgeleitet. Als Kompromiß zwischen Geräuschemission und Kraftstoffverbrauch wurde daraus ein Emissionspegel von 73 dB(A) als „Minimaler Pegel des Verbrennungsgeräusches für Dieselmotoren mit Kraftstoffdirekteinspritzung" abgeleitet.

Der Brennverlauf und daraus abgeleitet der Zylinderdruckverlauf, welcher diesem Punkt entspricht, sind im Bild 8.5 dargestellt.

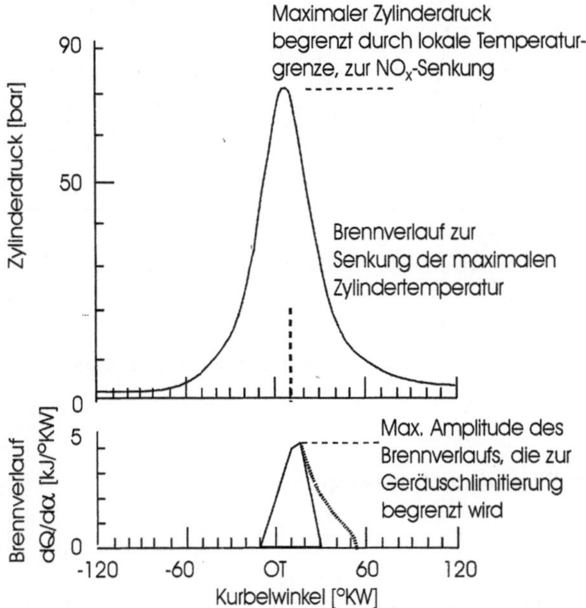

Bild 8.5: Brennverlaufsdiagramm für minimales Verbrennungsgeräusch bei akzeptablem Kraftstoffverbrauch

Um die Entstehung des Verbrennungsgeräusches zu modellieren, wurde zunächst angenommen, daß jeder Kraftstofftropfen individuell verbrennt, d.h. ohne Fortpflanzung einer Flammenfront [8.10]. Der Brennverzug wurde für jeden Kraftstofftropfen ausgehend von seiner Temperatur berechnet. Das so entstandene Modell wurde den experimentellen Ergebnissen angepaßt, die mit jedem der angewandten Einspritzsysteme erreicht wurden. Mit Hilfe dieses Modells wird der Zusammenhang zwischen dem Einspritzverlauf und dem Brennverlauf eindeutig hergestellt.

In einer Reihe von Untersuchungen anhand eines Einspritzsystems mit elektronisch gesteuerter Einspritzdüse wurden unterschiedliche Einspritzverläufe – mit Pilotanteil, bzw. mit unterschiedlichen zeitlichen Verläufen – mit dem Ziel realisiert, den Geräuschpegel zu senken. In Bild 8.6 sind die Brennverläufe ersichtlich, die einen annehmbaren Kompromiß zwischen Geräuschemission und Kraftstoffverbrauch gewähren. Die beste Annäherung an den idealen Brennverlauf ist mit folgenden Formen des Einspritzverlaufs erreichbar:

– zwei Piloteinspritzungen vor der Haupteinspritzung
– eine Piloteinspritzung vor der Haupteinspritzung, welche allerdings auch eine Modulation des Einspritzverlaufs aufweist. Eine entsprechende Anlage wurde bei LUCAS in Serie eingeführt.

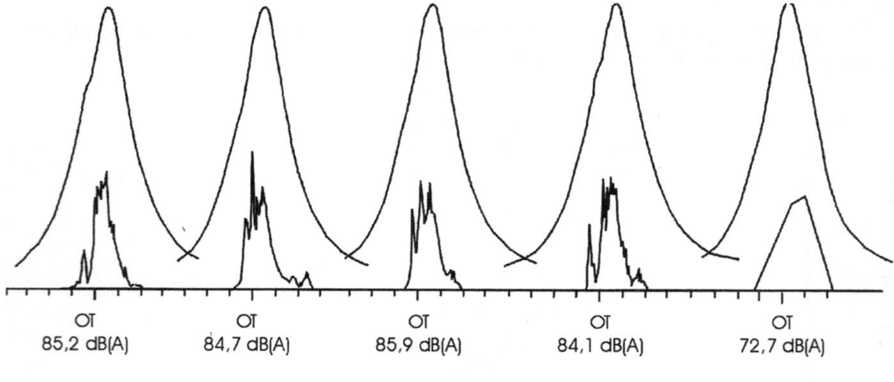

Bild 8.6: Brennverläufe als Optimum zwischen Geräuschemission und Kraftstoffverbrauch

8.2.2
Senkung der gasförmigen Schadstoffemissionen

Stickoxyde

Die Bildung von Stickoxyden (NO, NO_2 – allgemein als NO_x bezeichnet) während eines Verbrennungsvorgangs ist grundlegend untersucht worden [8.16]. Eine lokal erhöhte Flammentemperatur kann durch die Druckamplitude im Zylinder detektiert werden, so daß zwischen dem maximalen Zylinderdruck und der NO_x-

Emission eine gute Korrelation zu erwarten ist. In Bild 8.7 sind Ergebnisse experimenteller Untersuchungen an einem Dieselmotor mit Direkteinspritzung sichtbar, die eine solche Korrelation bestätigen. Allerdings ändert sich diese Korrelation zwischen Zylinderdruck und lokaler Flammentemperatur mit der Konfiguration des Brennraums und des Einspritzsystems bzw. der Kraftstoffart.

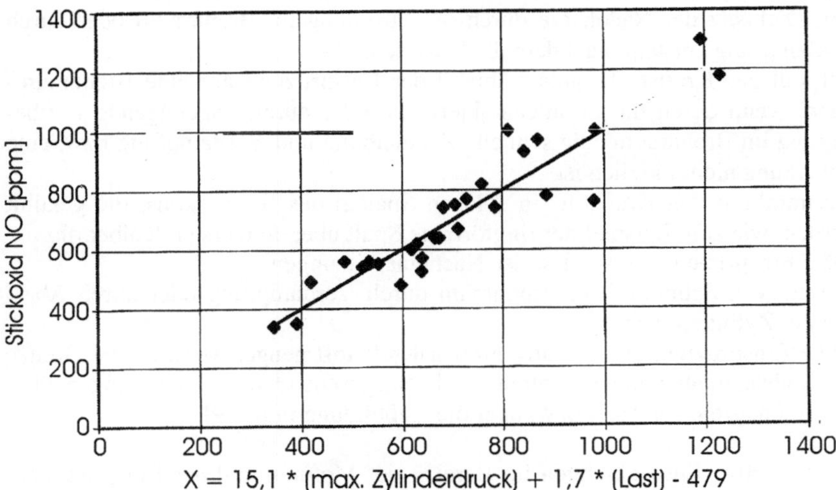

Bild 8.7: Zusammenhang zwischen NO-Messungen und Zylinderspitzendruck

Die Ergebnisse in Bild 8.7 widerspiegeln sowohl Untersuchungen mit Piloteinspritzung, als auch solche mit konventionellen, einzelnen Einspritzungen.

Die Senkung der NO_x-Emission impliziert eine Senkung lokaler Flammentemperaturen, die in folgenden Formen vorgenommen werden kann:

- Senkung des Frischluftanteils im Brennraum durch Zufuhr von Abgas, um den Brennverlauf zu verlangsamen (Abgasrückführung – AGR)
- Kühlung des zurückgeführten Abgases, um die Gemischtemperatur zu senken
- Ladeluftkühlung, um die Gemischtemperatur zu senken
- Wassereinspritzung in den Brennraum, um die maximale Temperatur im Kreisprozeß zu senken
- Verlegung des Einspritzbeginns nach spät, um die maximale Temperatur im Kreisprozeß zu senken
- Teilung der Einspritzung in zwei oder mehreren Anteilen, um den Brennverlauf zu verlangsamen (Piloteinspritzung)

Es ist jedoch offensichtlich, daß die meisten dieser Maßnahmen den thermischen Wirkungsgrad des Prozesses beeinträchtigen.

Die Ergebnisse der Korrelation zwischen maximalem Zylinderdruck und NO_x-Emission zeigen, wenn auch nicht mit hoher Genauigkeit, eine Tendenz zu niedrigerer NO_x-Emission im Falle der Piloteinspritzung.

Unverbrannte Kohlenwasserstoffe

Die Ursachen für die Emission unverbrannter Kohlenwasserstoffe sind in den meisten Fällen die folgenden:

- Ansammlung von Kraftstoff im Sackloch oder in der Bohrung der Düse nach dem Dichtsitz der Nadel, die durch die Strömung im Brennraum oder durch Verdampfung entsteht, nachdem die Düse schließt
- Aufprall des Kraftstoffstrahls während der Einspritzung auf eine Brennraumwand, wenn durch die Strahlcharakteristika oder durch ungenügende Luftbewegung im Brennraum eine schnelle Zerstäubung und Verdampfung bzw. eine Ablenkung nicht möglich ist
- Ansammlung von Kraftstoff in solchen Spalten des Brennraums, die gekühlt werden, wie zum Beispiel der ringförmige Spalt über dem ersten Kolbenring
- Späte Einspritzung, beispielsweise Nacheinspritzungen
- Präsenz von Schmieröl im Brennraum durch Verdampfung oder durch Abriß von der Zylinderbuchse
- Frühe Einspritzung einer relativ großen Kraftstoffmenge, wodurch die Grenze der Selbstzündung unterschritten wird, entsprechend der Darstellungen über Selbstzündgrenze in [8.9] bzw. über die Rußbildung in [8.19].

Gegenwärtige Entwicklungen im Bereich der Motoren und der Einspritzsysteme haben größtenteils zur Vermeidung solcher Effekte geführt. Andererseits mindert auch die katalytische Abgasnachbehandlung, die Stand der Technik ist, die Bedeutung solcher Prozesse im Brennraum.

In Bild 8.8 sind der Brennverzug bzw. die Piloteinspritzmenge dargestellt, die zur Selbstzündung vor der Haupteinspritzung im Falle eines Einzylinder-Dieselmotors mit piezoelektrisch gesteuertem Einspritzsystem [8.4] erforderlich war. Bei einer guten Anpassung von Menge, Beginn und Dauer der Piloteinspritzung können die HC-Emissionen, insbesondere im Teillastbereich, reduziert werden. Die Ergebnisse sind in der Tabelle zum Bild 8.8 zusammengefaßt:

Drehzahl [U/min]	Einspritzvolumen [mm³/Asp.]		Einspritzbeginn [°KW v. OT]		Geräusch [dB(A)]	HC [ppm]	NO [ppm]	Rauch [BSU]
	Pilot-einspritzg.	Haupt-einspritzg.	Pilot-einspritzg.	Haupt-einspritzg.				
2000	2,6	9,1	14,0	3,0	86,7	185	350	0,5
		11,5		2,0	93,9	260	340	0,2
1500	2,4	8,6	14,5	4,1	82,0	190	340	0,4
		11,4		4,8	93,4	350	540	0,1
1200	3,3	7,7	11,0	2,0	83,2	160	400	0,4
		11,2		3,3	91,2	380	550	0,2

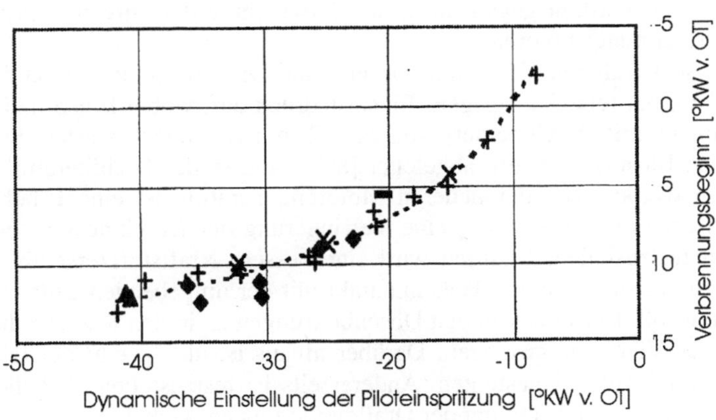

Bild 8.8: Brennverzug, Geräusch- und Schadstoffemission in Abhängigkeit der Kenngrößen der Piloteinspritzung

8.2.3
Senkung der Ruß- und Partikelemission

Ruß- und Partikelbildung

Die Bildung von Ruß und Partikeln erfolgt durch Erwärmung einzelner Kraftstofftropfen über eine bestimmte Temperatur, wobei die vorhandene Sauerstoffmenge unter dem Mindestbedarf für ihre vollständige Verbrennung liegt. Dies kann in folgender Weise vorkommen:

– Der Kraftstoffstrahl weist flüssige Anteile bzw. einen flüssigen Kern auf, der einen Flächenkontakt mit der ausreichenden Sauerstoffmenge verhindert.
– Kraftstoffanteile liegen an einer Brennraumwand und die Menge bzw. die Energie der strömenden Luft reicht nicht aus, um diesen Kraftstoff zu verdampfen und zu verbrennen.

Gegen Ende der Verbrennung wird in konventionellen Direkteinspritzverfahren ein Teil der Rußmenge doch noch reduziert, indem durch die Turbulenz des Verbrennungsvorgangs mehr Luft in den Kraftstoff vermischt wird. Die Analyse und der Aufbau eines physikalischen Modells zur Entstehung der Rußemission als Differenz der Bildung und erneuter Verbrennung im Brennraum ist sehr komplex.

Der Einfluß des Einspritzverlaufes auf die Ruß- und Partikelbildung ist von zahlreichen Forschungsanstalten untersucht worden [8.6], [8.8], [8.11] und wird von den meisten Motorenherstellern beachtet. Die Bildung und Emission von Ruß und Partikeln beeinflußt gegenwärtig die Entwicklung der Direkteinspritzverfahren für Verbrennungsmotoren.

Die meisten früheren Verfahren wiesen hohe Drallströmung während der Gemischbildung bei relativ niedrigem Einspritzdruck auf, wobei Einspritzdüsen mit 4-5 Bohrungen mit Durchmessern von ca. 0,2 mm verwendet wurden. Es wurden dafür ideale Einspritzverläufe abgeleitet [8.11], die in der Fachliteratur oft noch einbezogen werden. Bei der neueren Motorengeneration ist eine Erhöhung des Einspritzdrucks und gleichzeitig eine Verringerung der Durchmesser der Düsenbohrungen festzustellen. Dadurch wird eine bessere Kraftstoffzerstäubung realisiert, die zu einem größeren Flächenkontakt mit der umgebenden Luft im Brennraum führen soll. Der Druck in den Düsenbohrungen ist in den letzten zehn Jahren um etwa das Vierfache gestiegen. Darüber hinaus ist die Anzahl der Düsenbohrungen von 4-5 auf 5-7 gestiegen. Andererseits ist festzustellen, daß die Brennraumgestaltung sich in Richtung der Drallminderung entwickelt hat.

Die Einspritzraten als Folge des entsprechenden Einspritzverlaufs müssen bewirken, daß der Kraftstoff in der begrenzten Dauer, die für die Gemischbildung vorhanden ist, ausreichend mit der Luft vermischt wird. Demzufolge ist die Geschwindigkeit des Einspritzstrahls der Luftdichte bei der entsprechenden Verdichtungstemperatur anzupassen. Diese Kenngrößen ändern sich wiederum mit Last und Drehzahl, insbesondere bei Motoren mit Turboaufladung. Im Sinne einer solchen Anpassung zwischen Kraftstoff und Luft werden beispielsweise Einspritzdüsen mit sequentiellen Hubbewegungen genutzt. Dadurch wird eine vorteilhafte Modulation des Einspritzverlaufs erreicht, die eine steile Zunahme der Einspritzmenge unmittelbar nach Einspritzbeginn, insbesondere bei niedrigen Drehzahlen, verhindert.

Einfluß des Einspritzverlaufes auf die Ruß- und Partikelbildung

Zur Analyse des Zusammenhanges zwischen Einspritzverlauf und Ruß- bzw. Partikelbildung wurden in einer Studie des Verfassers 6 Einspritzsysteme des Typs Pumpe-Leitung-Düse an einem Motor mit Direkteinspritzung untersucht, die eine weitgehende Variation der Kenngrößen erlaubten. Während der Untersuchungen wurde die gleiche Art der Einspritzdüse verwendet. Allerdings wurden dabei drei verschiedenen Hubverläufe angepaßt und untersucht – konventionell, mit einer bzw. zwei Federn, in zwei verschiedenen Konfigurationen. Mit jeder dieser Düsenkonfigurationen wurden zwei Einspritzpumpen gekoppelt. Jede dieser 6 Kombinationen wurde dahingehend angepaßt, daß der als Vergleichsbasis festgelegte Drehmomentverlauf des Motors erreicht wurde. Die gemessenen Werte und ihr Verlauf sind in Bild 8.9 ersichtlich.

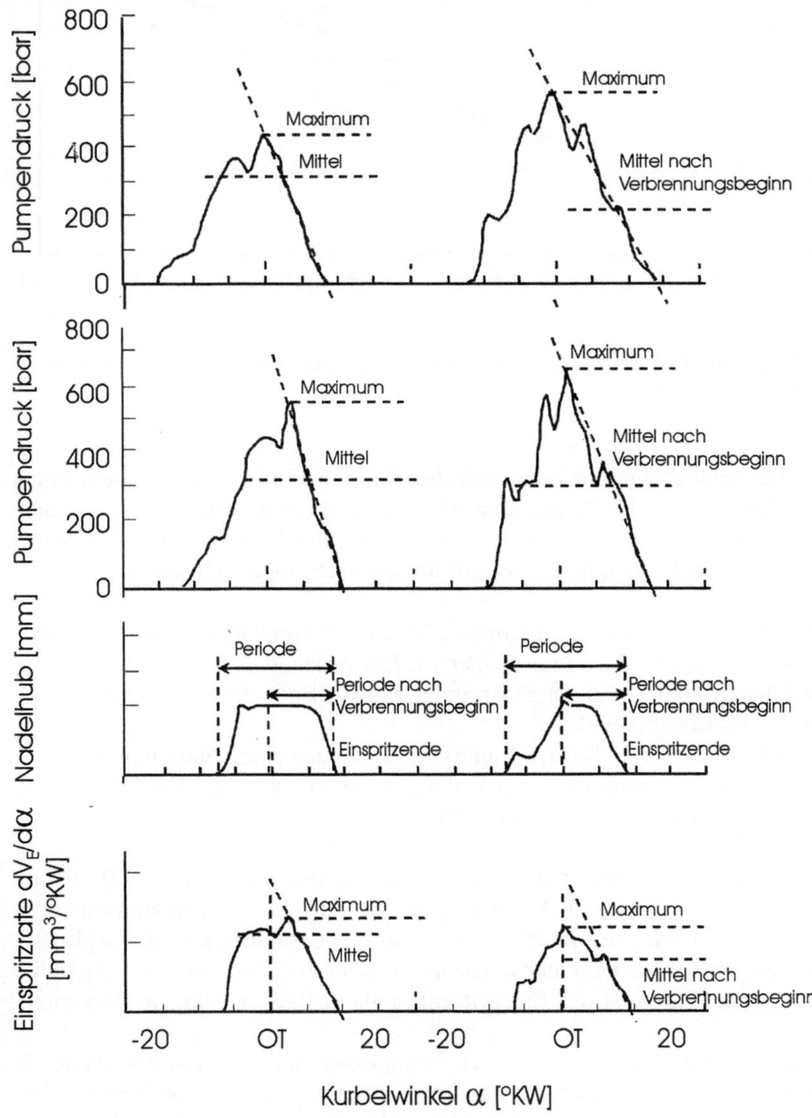

Bild 8.9: Parameter des Einspritzverlaufs, welche die Rußbildung beeinflussen

Zwischen der Rußemission und den unterschiedlichen Parameterkombinationen wurden empirische Beziehungen aufgestellt, die mit geeigneten mathematischen Verfahren analysiert wurden, wie in Bild 8.10 dargestellt.

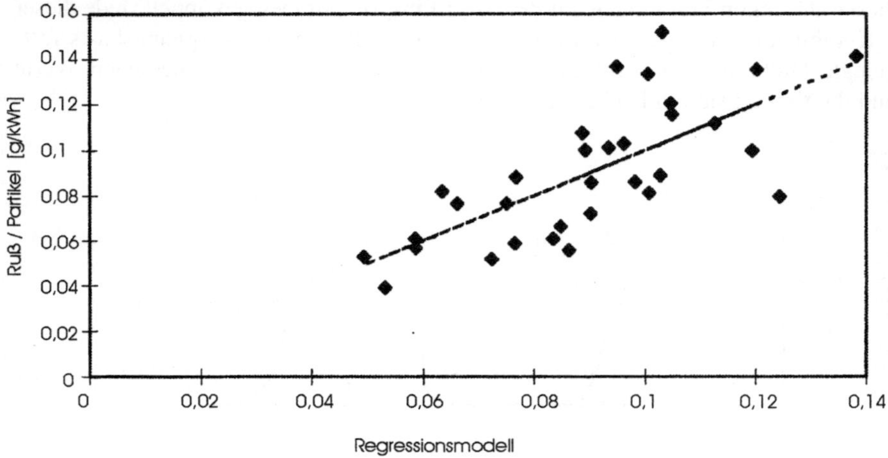

Bild 8.10: Regressionsfunktion zwischen Rußemission und einem statistischen Modell auf Basis relevanter FIE-Messungen

Eine erste Schlußfolgerung war, daß die Kombination von Parametern einen deutlichen Einfluß auf die Rußbildung hat, während der Einfluß jedes einzelnen Parameters eher als gering erscheint. Das beweist die hohe Komplexität dieses Problems. Dennoch können folgende Einflußparameter abgeleitet werden:

- mittlerer Kraftstoffdruck in der Einspritzleitung am Eingang der Einspritzdüse
- Einspritzdruck in der Düse unmittelbar vor Einspritzende
- Verlauf der Druckwelle in der Einspritzleitung vor Ende der Einspritzung
- Zeitpunkt des Einspritzendes
- Motordrehzahl (als Maß für den Liefergrad im untersuchten Saugmotor)
- Konfiguration der Einspritzdüse (1 Feder, 2 Federn) – geringer Einfluß
- Art der Einspritzpumpe – geringer Einfluß

Unter Vollastbedingungen wurde ein Korrelationskoeffizient von 0,71 (unkorrigiert) bzw. von 0,6 nach Anpassung an die Anzahl der vorhandenen Freiheitsgrade ermittelt. Maßgebender Einflußfaktor war der mittlere Kraftstoffdruck.

Im Teillastgebiet und bei hoher Drehzahl erschien bei Verwendung von Düsen mit 2 Federn der Zeitpunkt des Einspritzendes als maßgebend für die Rußemission.

Nach Berechnung geänderter Einspritzkenngrößen als Funktion der Werte für den optimierten Kraftstoffdruck in der Einspritzleitung und für optimierten Düsennadelhub verbesserte sich der Korrelationskoeffizient auf 0,87 (unkorrigiert) bzw. 0,81 nach Anpassung.In diesem Zusammenhang erschienen folgende Parameter als einflußreich in Bezug auf die Rußbildung:

- minimale Einspritzmenge
- Motordrehzahl (als Maß für den Liefergrad)
- maximale Einspritzrate
- mittlerer Druck am Düsennadelsitz
- maximale Druckabfallrate am Düsennadelsitz
- Zeitpunkt des Einspritzendes
- Konfiguration der Einspritzdüse

Der Zusammenhang dieser Parameterkombination mit der Rußbildung, die in Bild 8.11 dargestellt ist, erscheint etwas deutlicher als in Bild 8.10.

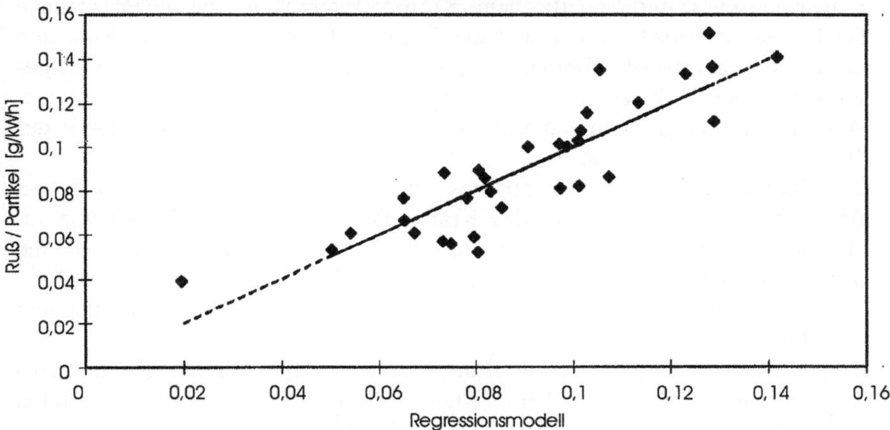

Bild 8.11: Regressionsfunktion zwischen Rußemission und einem statistischen Modell auf Basis des Drucks am Nadelsitz und der Einspritzrate

Die Funktion kann noch deutlicher gestaltet werden, wenn in die Analyse mehr Einflußfaktoren einbezogen würden. Dennoch sind aus dieser Untersuchung folgende Schlußfolgerungen deutlich:

- Der Einspritzverlauf soll unter Beachtung des jeweiligen Liefergrades möglichst der vorhandenen Luftmenge im Zylinder angepaßt werden.
- Es ist zu vermeiden, daß zu Beginn der Einspritzung eine zu geringe Einspritzmenge in den Brennraum gelangt, die eine Mischung mit der Luft nicht schafft.
- Der mittlere Druck in der Einspritzleitung (am Eingang in der Einspritzdüse) soll einen Wert erreichen bzw. nicht übersteigen, der die Mischung mit dem im Brennraum vorhandenen Sauerstoff zur Folge hat.
- Nach dem Beginn der Verbrennung sind niedrige Einspritzraten zu vermeiden.
- Eine zu lange Eindringtiefe des Einspritzstrahls, die zum Kontakt mit einer Brennraumwand führt, ist zu vermeiden. Es ist wünschenswert, daß der Strahl, dessen maximale Länge von der erforderlichen Einspritzmenge abhängt, von der Luftströmung im Zylinder umgelenkt wird.
- Die Einspritzung soll abrupt beendet werden, um große Kraftstofftropfen mit geringer Geschwindigkeit am Ende der Einspritzung zu vermeiden.

8.3
Konzepte zur Gestaltung des Einspritzverlaufs

Die dargestellten Zusammenhänge lassen für die Gestaltung eines optimalen Einspritzverlaufs bei der Kraftstoffdirekteinspritzung in Dieselmotoren folgende Schlußfolgerungen zu:

- Die Gestaltung des Einspritzverlaufs soll grundsätzlich zwei Ziele verfolgen:
- Schaffung des bestmöglichen Kompromisses zwischen Intensität des Verbrennungsgeräusches und spezifischem Kraftstoffverbrauch, die gegensätzliche Tendenzen aufweisen. Dabei sind die Grenzwerte für Geräuschemission und spezifischen Kraftstoffverbrauch entsprechend der Erfordernisse im betrachteten Nutzungsbereich des Motors zu wählen
- Minimierung der gasförmigen Schadstoffemission – HC- und NO_x- sowie der Ruß- und Partikelemission.
- Die Modulation des Einspritzverlaufes, zu einer optimalen zeitbezogenen und mengenbezogenen Aufteilung des Kraftstoffs während der Einspritzung im Einklang mit dem Verlauf der Zustandsänderungen im Brennraum ist eine Grundvoraussetzung zur Annäherung an die erwähnten Ziele.
  Die Modulation des Einspritzverlaufes ist in zweierlei Hinsicht erforderlich und vorteilhaft:
- als zeitliche Trennung einzelner Einspritzraten während eines Einspritzvorgangs (Piloteinspritzung), wobei meistens eine bis zwei kleinere Einspritzraten vor einer Haupteinspritzmenge als vorteilhafte Methode erscheint
- Modulation der Haupteinspritzmenge selbst – mit oder ohne Piloteinspritzung – nach einer Funktion, die den zeit- und raumbezogenen Zustandsänderungen im Brennraum entspricht
- Die Modulation des Einspritzverlaufs ist möglichst für jeden einzelnen Last- und Drehzahlbereich im Kennfeld eines Motors neu anzupassen.
  Das heißt, daß der Einspritzverlauf, welcher einem optimalen Brennverlauf zwischen minimalem spezifischen Kraftstoffverbrauch und minimaler Geräuschemission entsprechen soll, als komplexe Funktion zu gestalten ist, die nach folgenden Variablen stets neu optimiert werden soll:
- momentaner Wert der Last / Drehzahl Paarung im Motor
- aktueller Wert der Einspritzmenge
- momentaner dynamischer Motorverlauf (Geschwindigkeit der Last / Drehzahländerung)
- thermodynamische Bedingungen in der Motorumgebung (Zustandsgrößen für Luft und Kraftstoff)
- thermodynamische Bedingungen im Motor selbst (Bauteil- und Kühlwassertemperatur) und daraus die aktuelle Konfiguration des Wärmeübergangs zwischen Brennraum und umgebenden Bauteilen.

In Anbetracht einer solch ständigen Anpassung an die aktuellen Motor- und Umgebungsparameter würde die Funktion Einspritzverlauf eine Komplexität erreichen, die aus technischer Sicht nur schwer umsetzbar wäre.

Es ist daher sehr vorteilhaft, eine weitgehend anpassungsfähige Korrelation zwischen Einspritzbeginn, -verlauf und -menge zu realisieren, soweit ihre kombinierte Steuerung in dem eingesetzten Einspritzsystem durchführbar ist.

Außer der Hauptanforderung bezüglich eines geeigneten Einspritzverlaufs bestimmen weitere Anforderungen an die Einspritzsysteme ihre Anpassungsfähigkeit an einem Motor. Darunter zählen:

- Energiebedarf des Einspritzsystems selbst
- Zuverlässigkeit bzw. Funktionssicherheit in Anbetracht der immer höher werdenden Einspritzdrücke
- Korrelationsfähigkeit mit der zunehmenden elektronischen Steuerung und Regelung der umgebenden Systemmodule im Fahrzeug, beispielsweise innerhalb eines zentralen Management Systems.

Zur Gestaltung des Einspritzverlaufes entsprechend einem optimalen Brennverlauf zwischen minimalem spezifischen Kraftstoffverbrauch und minimaler Geräuschemission wurden bereits vor fünf Jahrzehnten theoretische Grundlagen, aber auch geeignete Lösungsansätze geschaffen [8.17]. Dazu gehörten Konzepte, die derzeit als sehr fortschrittlich gelten, wie Modulation des Einspritzdrucks, Einspritzdüsen mit variablen Durchflußquerschnitt oder mit hydraulischer Steuerung der Nadelhubbewegung.

Die Empfehlung in [8.17] zur Einspritzung einer ersten Kraftstoffmenge von ca. 6mm³ je Liter Hubvolumen pro Zylinder vor der Haupteinspritzung ist noch in gutem Einklang mit den gegenwärtigen Konzepten zur Gestaltung des Einspritzverlauf durch Modulation des Einspritzdrucks bzw. durch Piloteinspritzung.

Die Steuerung des Einspritzverlaufs und dessen Anpassung an die jeweils vorhandenen Kombination der Motorparameter ist grundsätzlich mittels folgender einzelner oder kombinierter Funktionen möglich:

- zeitlicher Druckverlauf in der Kraftstoffsäule, am Eingang der Einspritzdüse
- zeitlicher Hubverlauf der Düsennadel
- zeitliche Änderung des Durchflußquerschnittes, während der Öffnung der Düse

In der einfacheren Form, wie es bei konventionellen Pumpen mit Plunger bzw. bei Düsen mit einer Nadel und einer Feder der Fall ist, bestimmt der Druckverlauf in der Einspritzleitung vollkommen den Nadelhubverlauf und dieser wiederum den Verlauf des Düsenöffnungsquerschnittes. In Bild 8.12 ist dieser Zusammenhang anhand der Verkettung der zeitlichen Verläufe des Drucks, des Nadelhubes und des Querschnitts dargestellt worden [8.26]. Dabei ist der Druckverlauf am Eingang in der Einspritzdüse prinzipiell als Sinusfunktion dargestellt. Im Druckdiagramm ist auch der isentrope Druckverlauf des Gasgemisches im Brennraum während der Einspritzung für zwei Motordrehzahlen dargestellt.

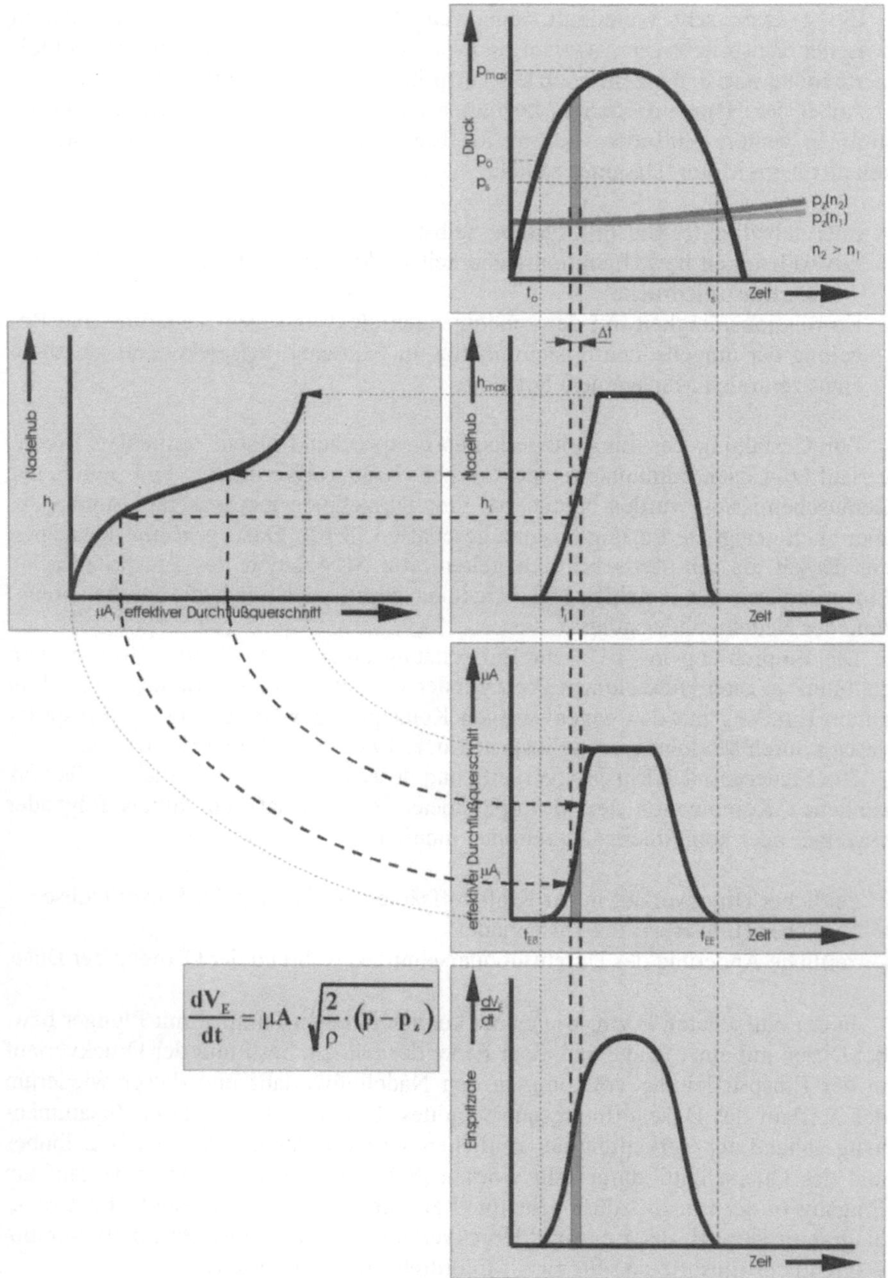

$$\frac{dV_E}{dt} = \mu A \cdot \sqrt{\frac{2}{\rho} \cdot (p - p_z)}$$

Bild 8.12: zeitlicher Verlauf von Druck, Nadelhub und Durchflußquerschnitt eines Einspritzsystems

Die Nadelhubbewegung beginnt ab einem Zeitpunkt, der dem mittels Feder eingestellten Düsenöffnungsdruck entspricht. Die zeitliche Nadelhubbewegung wird einerseits vom Druckverlauf, andererseits von den Kenngrößen des bewegten Feder-Masse-Systems in der Düse und der entsprechenden Reibkraft bestimmt. Allgemein resultiert daraus eine stetige Funktion, die beim maximal eingestellten Nadelhub unterbrochen wird. Die Schließbewegung der Nadel beginnt während der Druckabnahme an der Düsennadel ab dem Druckwert, der durch die geänderten Werte für Federkraft und Druckaufschlagfläche gegenüber dem Öffnungsdruck bestimmt ist.

Durch den Nadelhub wird in Strömungsrichtung ein effektiver Durchflußquerschnitt freigegeben, der von den geometrischen Verhältnissen und den Strömungswiderständen am Nadelsitz abhängt und allgemein als Funktion des Nadelhubes dargestellt werden kann, wie es aus Bild 8.12 ersichtlich ist. Aus Kombination des zeitabhängigen Hubverlaufs mit dem hubabhängigen Strömungsquerschnitt resultiert die zeitliche Änderung des Strömungsquerschnittes, wie anhand der zwei ausgewählten Punkte im Diagramm zu sehen ist. Aus dem zeitlichen Querschnittsverlauf und aus der Druckdifferenz zwischen dem ausströmenden Kraftstoff und dem Gasdruck im Brennraum kann die Einspritzrate in jedem elementaren Zeitintervall berechnet werden [8.26]. Durch Integration der einzelnen Einspritzraten in der gesamten Einspritzdauer wird die Kraftstoffmenge je Arbeitsspiel berechnet.

Die allgemeine Gleichung zur Berechnung einer Einspritzrate, aus der durch Integration die Einspritzmenge resultiert, lautet:

$$\frac{dV_E}{dt} = \mu A * \sqrt{\frac{2}{\rho}(p - p_B)} \qquad \text{mit } \mu A = f(h) \text{ und } h = f(t)$$

bzw.

$$V_E = \int_{t_{EB}}^{t_{EE}} \frac{dV_E}{dt}\,dt$$

Dabei ist:

dV_E – Einspritzrate für einen Zeitintervall
dt – Zeitintervall
μ – hydraulischer Durchflußkoeffizent
A – geometrischer Durchflußquerschnitt in der Normalebene zur
        Bewegungsachse der Düsennadel
h – Nadelhub im Zeitabschnitt
ρ – Kraftstoffdichte
p – Kraftstoffdruck am Eingang in der Düse (vor Nadelsitz) im Zeitabschnitt
p_B – Gasdruck im Brennraum im Zeitabschnitt
t_{EB} – Zeitpunkt des Einspritzbeginns
t_{EE} – Zeitpunkt des Einspritzendes

Die für moderne Direkteinspritzverfahren erforderliche Modulation des Einspritzverlaufes und ihre Anpassung entsprechend den variablen Motorkenngrößen ist mit einer solchen einfachen, direkten Verkettung vom Druckverlauf über Nadelhub und Durchflußquerschnitt nur begrenzt möglich.

Viel mehr Freiheitsgrade für die Modulation sind durch einzelne Steuerung jeder der drei Kenngrößen – Druckverlauf, Nadelhubverlauf und Querschnittsverlauf – gegeben, wodurch ihre funktionelle Verkettung zusätzlich wirkt. Folgende Möglichkeiten stehen dafür grundsätzlich zur Verfügung:

- Steuerung des Nadelhubverlaufes durch folgende Maßnahmen:
- Einbau von zwei oder mehreren Federn mit unterschiedlichen Federkonstanten in der Düse, die im Verlauf des Nadelhubes aktiv werden und die Wirkung des Kraftstoffdruckverlaufes auf die Nadelhubbewegung beeinflußen
- Zufuhr und Steuerung eines Kraftstoffdruckes entgegen der Nadelhubbewegung durch einen entsprechenden sekundären Kraftstoffkreislauf, wodurch der Nadelhubverlauf ebenfalls beeinflußt wird
- Steuerung des Nadelhubs mittels eines Elektromagneten zusätzlich zum Kraftstoffdruckverlauf. Die Möglichkeit, den Verlauf der Magnetkraft über den Stromverlauf zu steuern ist sehr weitreichend und kann mit relativ kleinem Aufwand in einer zentralen Steuerelektronik des Motors integriert werden.

- Steuerung des Durchflußquerschnittes vor dem Austritt aus der Einspritzdüse durch folgende Maßnahmen:
- Änderung des geometrischen Querschnitts durch elektromagnetisch oder mechanisch gesteuerte Elemente
- Änderung des effektiven Durchflußquerschnitts durch seine hydrodynamische Steuerung.

Die beschriebenen Möglichkeiten zur Modulation des Einspritzverlaufes gelten sowohl für einen einzelnen Einspritzvorgang pro Zyklus, als auch für die Haupteinspritzung und für einzelne Voreinspritzungen während einer Piloteinspritzung.

Andererseits ist es durch die Gestaltungsmöglichkeiten des Einspritzverlaufs mittels geeigneter Funktionen für Nadelhub und Durchflußquerschnitt nicht mehr grundsätzlich erforderlich, auch eine Modulation des Kraftstoffdrucks zu realisieren. Das heißt, im Extremfall kann der Kraftstoffdruck am Eintritt der Einspritzdüse auch konstant auf der maximalen Amplitude gehalten werden.

Möglichkeiten und Grenzen der Einspritzverlauf-Modulation können anhand von zwei repräsentativen Arten von Einspritzsystemen exemplifiziert werden:

Einspritzpumpen mit Steuerung der Plunger durch Nocken (Reihenpumpen):

Das klassische Beispiel in dieser Kategorie bildet die Reihenpumpe, wobei eine Einspritzeinheit aus Pumpelement, Druckleitung und Einspritzdüse besteht. Dabei wird der Plunger in jeder Pumpen-Einheit von einem Nocken gesteuert, dessen Welle von der Kurbelwelle des Motors angetrieben wird.

Entsprechend der Nockenform ergibt sich für eine bestimmte Drehzahl der Druckwellenverlauf in der Einspritzleitung, der den Nadelhub- und den Querschnittsverlauf am Nadelsitz bestimmt, woraus ein bestimmter Einspritzverlauf resultiert.

Mittels Nocken mit gestuftem Profil kann der Druckverlauf auch derart zerklüftet werden, daß eine Piloteinspritzung realisiert wird.

Einspritzsysteme mit konstanter maximaler Druckamplitude (Common Rail):

Der Einspritzverlauf wird in diesem Fall durch die Nadelhubbewegung gestaltet, die wiederum durch elektromagnetische und hydraulische Steuerung bestimmt wird.

Eine Pilot- bzw. eine mehrmalige Einspritzung je Zyklus ist durch entsprechende mehrmalige Öffnung der Düsennadel möglich.

Bei einem ersten Vergleich dieser zwei sehr unterschiedlichen Methoden zur Modulation des Einspritzverlaufs erscheint als offensichtlich, daß beim Einsatz der Pumpe, die einen Druckverlauf gewährleistet, das gleiche Ergebnis bei geringerem technischen Aufwand möglich wäre.

Das eigentliche Problem tritt erst bei Änderung der Motordrehzahl auf: Durch deren Einfluß auf die Nocken- und damit auf die Plungerbewegung beeinflußt die Drehzahl auch den Druckverlauf in der Einspritzleitung. Die entstehende Abhängigkeit des Druckverlaufs von der Motordrehzahl ist für die Gemischbildung nicht vom Vorteil und kann wiederum nur durch zusätzliche Beeinflüssung der Nadelhub- oder der Querschnittsfunktion kompensiert werden.

Ausgehend von diesen unterschiedlichen Methoden zur Gestaltung des Einspritzverlaufes können die Einspritzsysteme zur Direkteinspritzung in Dieselmotoren in drei unterschiedlichen Kategorien klassifiziert werden:

– Systeme mit drehzahlabhängiger Modulation des Kraftstoffdrucks
– Systeme mit Modulation des Kraftstoffdrucks, die unabhängig von der Motordrehzahl bleibt
– Systeme mit konstantem maximalen Kraftstoffdruck

Für eine bessere Übersicht wird diese Klassifizierung anhand eines einzelnen Einspritzvorgangs je Zyklus, also ohne Piloteinspritzung, anhand des Bildes 8.13 näher erläutert.

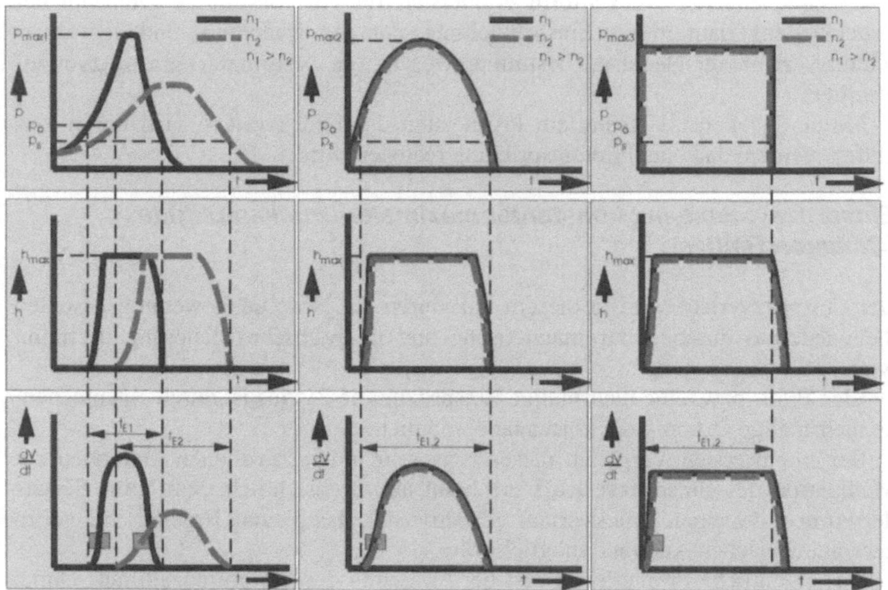

Bild 8.13: Einspritzvorgänge für verschiede Mechanismen der Druckmodulation

Systeme mit drehzahlabhängiger Modulation des Kraftstoffdrucks

Auf der linken Seite des Bildes sind die Druckverläufe in der Einspritzleitung für zwei unterschiedliche Drehzahlen und die daraus resultierenden Verläufe des Nadelhubs und des Durchflußquerschnittes entsprechend dem Bild 8.12 schematisch dargestellt. Durch Drehzahlsenkung wird die Amplitude des Kraftstoffdrukkes und damit auch die Einspritzrate pro Zeiteinheit geringer [8.14]. Andererseits wird dabei die Dauer der Druckwelle und damit die Einspritzdauer größer. Es muß betont werden, daß diese Funktionen zeitabhängig und nicht winkelabhängig betrachtet werden, wie bei früheren Methoden zur Bemessung und Bewertung der Einspritzkenngrößen, die im Zusammenhang mit der Gemischbildung mittels Direkteinspritzung zu einer Beeinträchtigung der Schlußfolgerungen führen würden [8.14].

Die geringere Druckamplitude im Falle einer Drehzahlsenkung führt zu einer Minderung der Austrittsgeschwindigkeit des Kraftstoffs aus der Einspritzdüse, was eine schlechtere Kraftstoffzerstäubung bewirkt. Dies ist um so nachteiliger für die Gemischbildung, als bei niedrigen Drehzahlen die Energie der Luftströmung ohnehin wenig Unterstützung für den Prozeß gewährt. Dieses Verhalten bei Drehzahländerung ist – mehr oder weniger ausgeprägt – charakteristisch für alle Einspritzpumpen mit Nockensteuerung, wie Reihenpumpen, Verteilerpumpen oder Pumpe-Düse Systeme. Allgemein kann die Zerstäubung bei niedrigen Drehzahlen durch allgemeine Anhebung des Druckniveaus, durch Dimensionierung der Plunger oder der Düsenbohrungen verbessert werden. Dabei soll allerdings auch die

Änderung der Strahleindringtiefe infolge variabler Austrittsgeschwindigkeit des Kraftstoffs aus der Düse beachtet werden: ein zu langer Strahl bei hoher Motordrehzahl kann zum Aufprall auf einer Brennraumwand und infolge dessen zur lokal unvollständiger Verbrennung führen. Wie bereits erwähnt, ist die Drehzahlabhängigkeit des Einspritzverlaufs – bei entsprechendem Aufwand – durch zusätzliche Steuerung des Nadelhubs bzw. des Durchflußquerschnitts zum Teil kompensierbar.

Ein weiteres Problem bei den Pumpen mit Nockensteuerung stellt die relativ begrenzte Möglichkeit zur Variation des Einspritzbeginns dar, die insbesondere für schnellaufende Automobil-Dieselmotoren nachteilig werden kann.

Systeme mit konstantem maximalen Kraftstoffdruck

Auf der rechten Seite des Bildes 8.13 sind die Druckverläufe in der Einspritzleitung ebenfalls für zwei unterschiedliche Drehzahlen und die daraus resultierenden Verläufe des Nadelhubs und des Durchflußquerschnittes entsprechend Bild 8.12 schematisch dargestellt. Durch Drehzahlsenkung wird die Amplitude des Kraftstoffdruckes nicht, bzw. nicht wesentlich beeinflußt. Dieses Verhalten bei Drehzahländerung ist charakteristisch für alle Gleichdruck-Einspritzsysteme bzw. für die Common-Rail-Systeme. In diesem Falle ist die Kraftstoffzerstäubung und die Eindringtiefe des Einspritzstrahls unabhängig von der Motordrehzahl, was ein Vorteil für die Gemischbildung und Verbrennung ist. Die Modulation des Einspritzverlaufes ist bei solchen Systemen nur durch die erwähnten Steuerungsmöglichkeiten an der Einspritzdüse möglich. Diese Steuerungsform gewährt wiederum eine praktisch unbegrenzte Variationsmöglichkeit des Einspritzbeginns. [8.7], [8.27]. Darüber hinaus ist dabei eine große Gestaltungsvielfalt der Piloteinspritzung gegeben – vom zeitlichen Ablauf der Einspritzungen bis zur Anzahl der einzelnen Einspritzungen pro Zyklus.

Ein solches System mit konstantem maximalen Kraftstoffdruck erscheint als besonders vorteilhaft mit zunehmender Drehzahl des Motors bzw. mit zunehmender Anzahl seiner Zylinder. Wenn ein solches System einen Druck im derzeit üblichen Bereich von 1300-1600bar ständig erzeugen muß und ein Einspritzvorgang pro Arbeitsspiel nur 0,3-0,8ms dauert, ist der Energiebedarf des Einspritzsystems selbst ein wichtiges Kriterium. Bei einem Vierzylinder-Viertaktmotor mit 3000 U/min würden bei 0,5 ms Einspritzdauer pro Arbeitsspiel und je Zylinder nur 5 % dieser Energie effektiv genutzt, was einen Nachteil dieser Methode darstellen kann.

Systeme mit Modulation des Kraftstoffdrucks, die unabhängig von der Motordrehzahl bleibt

Diese Methode stellt einen Mittelweg zwischen den beiden erwähnten Extremen dar. In der Mitte des Bildes 8.13 sind die Druckverläufe in der Einspritzleitung ebenfalls für zwei unterschiedliche Drehzahlen und die daraus resultierenden Verläufe des Nadelhubs und des Durchflußquerschnittes entsprechend Bild 8.12 schematisch dargestellt. Der Verlauf des Kraftstoffdrucks wird derart gestaltet, daß im Zusammenspiel mit der Nadelhubbewegung und mit der Veränderung des Düsenquerschnittes der entsprechende Einspritzverlauf resultiert. Dabei ist eine direkte Steuerung des Düsennadelhubes und des Querschnittes durch die Druckwelle selbst grundsätzlich vorhanden. Ihre zusätzliche Steuerung – wie bei den anderen zwei Methoden erwähnt – ist möglich, falls eine besondere Modulation des Einspritzverlaufs zu erreichen ist. Der Druckverlauf kann dabei ähnlich resultieren wie im Falle einer Nockenpumpe im optimierten Drehzahlbereich. Der Unterschied zu dieser Variante ist jedoch, daß sich der Druckverlauf auch mit der Drehzahl nicht mehr grundsätzlich ändert. Dieses Verhalten ist charakteristisch für Systeme mit Druckwellenerzeugung durch hydrodynamische Effekte, wie zum Beispiel die Druckstoßeinspritzsysteme. Im Gegensatz zu den Gleichdruck-Einspritzsystemen wird die maximale Druckamplitude nur für die Dauer der Einspritzung bereitgestellt, was Vorteile im Bezug auf den Energieverbrauch des Systems hat. Durch die Drehzahlunabhängigkeit eines solches Vorgangs ist auch die Variation des Einspritzbeginns unbegrenzt möglich, wie es auch bei den Gleichdruck-Einspritzsystemen der Fall ist. Die Gestaltung von Piloteinspritzvorgängen hat nicht die Freiheitsgrade eines Systems mit konstantem, maximalen Druck – wie das Common Rail – und ist auch schwieriger, weil hauptsächlich ein entsprechender Druckverlauf mit dynamischen Effekten in der Einspritzleitung zu schaffen ist.

In Anbetracht der zahlreichen gegenwärtigen technischen Lösungen von den Reiheneinspritzpumpen bis zu den Common-Rail-Systemen ist es vorteilhaft, vor der Wahl oder Gestaltung des Einspritzsystems für eine bestimmte Anwendung einen Prioritätskatalog in Bezug auf die zu erfüllenden Anforderungen zu erstellen. Oft ist für einen bestimmten Einsatz nicht die brandneue Lösung von Vorteil. Sicher ist aber, daß ein brandneues Konzept nur aufgrund seines hohen Kreativitätsinhaltes leider nicht universell einsetzbar sein wird.

9 Einspritzsysteme mit drehzahlabhängigem Druckverlauf

9.1 Magnetventilgesteuerte Verteilereinspritzpumpen

Verteilereinspritzpumpen werden – wie in der Fachliteratur ausführlich beschrieben – mit axialen bzw. radialen Pumpenkolben ausgeführt. In Bild 9.1 sind die Pumpeneinheiten dieser zwei Pumpenarten dargestellt.

Die seit 35 Jahren von BOSCH in Axialkolbenbauweise gefertigtem Verteilereinspritzpumpen erreichen in den Ausführungen für Direkteinspritzmotoren nach mehreren Entwicklungsstufen bis zu 950 bar Einspritzdruck am Pumpenelement und rund 1300 bar an der Einspritzdüse. Die ersten Generationen von elektronisch geregelten Einspritzpumpen verstellen mit einem elektromagnetischen Stellwerk einen Schieber, der den Pumpenkolben ringförmig umschließt und durch seine Position den Kraftstoff zumißt. Eine solche Konfiguration ist als Ausführung VP37 von BOSCH in Bild 9.1 dargestellt.

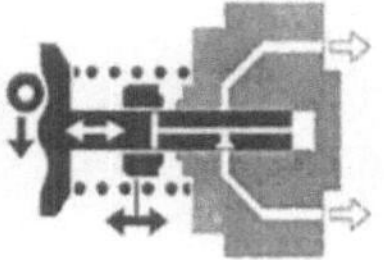

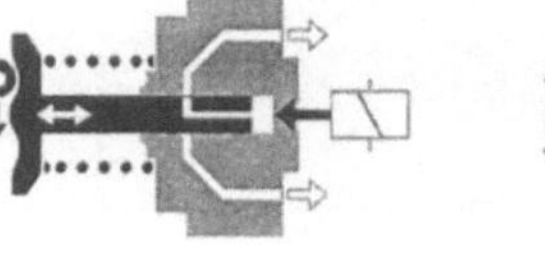

Bild 9.1: Bauarten von Verteilereinspritzpumpen

Zur Steigerung der hydraulischen Effizienz, insbesondere durch Reduzierung von Totvolumen und internen Leckageverlusten, wurden schnell schaltende Hochdruckmagnetventile entwickelt, die den Hochdruckraum der Pumpe öffnen und schließen und damit das Stellwerk und den Schieber ersetzen. Mit einer Doppelfunktion des Magnetventils ist die Eigensicherheit des Systems verbunden, denn falls das Ventil offen oder geschlossen klemmt, wird der Pumpenraum nicht mit Kraftstoff gefüllt bzw. findet kein Druckaufbau statt.

Diese Weiterentwicklung des Axialkolbenprinzips, die im Jahr 1998 in Serie eingeführt wurde, ist in der Ausführung für DI-Motoren (VP30) von einem maximalen Druck an der Düse von ca. 1350 bar gekennzeichnet. In Bild 9.2 sind die Pumpenkenngrößen sowie eine Darstellung der Pumpe und ihrer elektronischen Steuerung ersichtlich. Die Drehzahlabhängigkeit der Druckamplitude ist dabei eindeutig dokumentiert.

Kenngrößen von Pumpen für PKW-DI-Dieselmotoren (Beispiele)		VP 29 (IDI)	VP 30 (DI)
Hubvolumen je Zylinder	l	0,5	0,5
Zylinderzahl		3/4/5/6	3/4/5/6
Nenndrehzahl	min^{-1}	2250	2100
Einspritzvolumen pro ASP	mm^3/ASP	55	50
Kraftstoffdruck Pumpe/Düse			
bei 500 U/min (Vollast)	bar		400/400
bei Nenndrehzahl (Vollast)	bar		950/>1300
Einspritzdauer bei Nennleistung	°KW	≤20	≤17,5
Steuerbereich	°KW	15	15 (20)

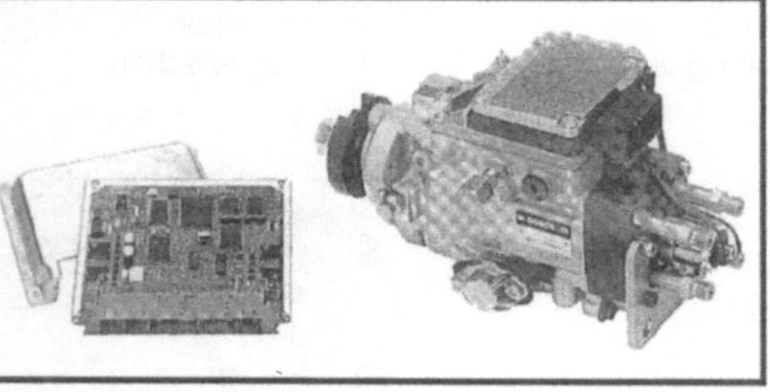

Bild 9.2: Verteilereinspritzpumpe mit Axialkolben und Steuerung mit elektromagnetischem Ventil

Zur weiteren Steigerung des Einspritzdruckes wurde eine Hochdruckverteilerpumpe nach dem Radialkolbenprinzip (VP44) entwickelt. Bild 9.3 zeigt einen Querschnitt durch diese Verteilerpumpe.

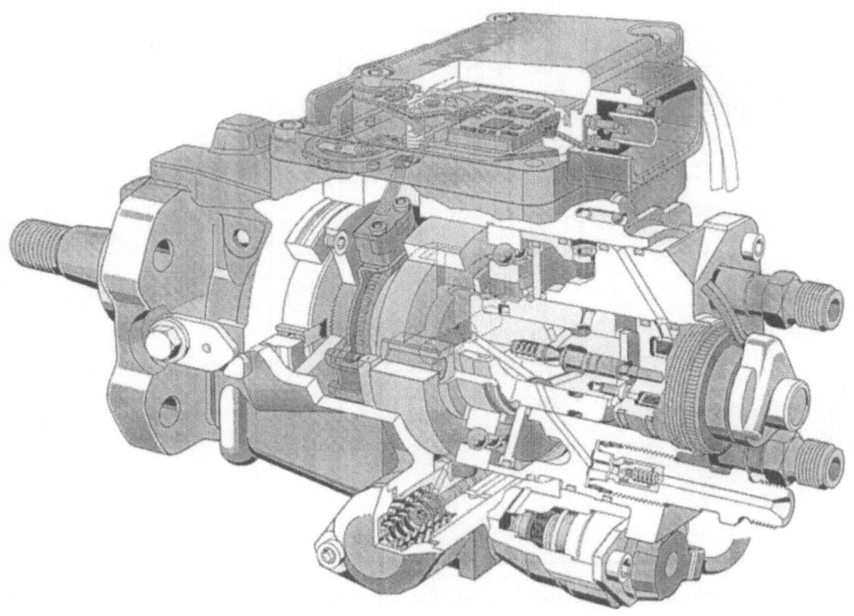

Bild 9.3: Verteilereinspritzpumpe mit Radialkolben und Steuerung mit elektromagnetischem Ventil

Die zur Erzeugung des hohen Druckes notwendigen Kräfte nimmt ein radial angeordneter Nockenring auf.

Ein schneller Spritzverteiler verstellt die Lage des Nockenrings gegenüber dem Motoranbau und beeinflußt damit den Förderbeginn. Spritzverstellung und Mengenzumessung sind prinzipbedingt völlig unabhängig. Für dieses Pumpenprinzip werden Drücke von 1000 bar am Pumpenelement und ca. 1550 bar an der Düse gemessen. In Bild 9.4 sind die Pumpenkenngrößen sowie eine Darstellung der Pumpe und ihrer elektronischen Steuerung ersichtlich.

Kennzeichnend für eine solche Pumpenausführung ist ein auf der Pumpe angebrachtes Pumpensteuergerät in Hybridausführung, das das Management der Mengen- und Spritzbeginnsteuerung übernimmt.

Über eine CAN-Bus-Schnittstelle (<u>C</u>ontroller-<u>A</u>rea-<u>N</u>etwork) kommuniziert das Pumpensteuergerät mit dem Motor-Steuergerät.

Die Mengenzumessung bzw. die Befüllung und der Druckaufbau im Elementraum erfolgen über ein zentral angeordnetes Magnetventil.

Kenngrößen und Anwendungsbereiche (Beispiele)				
		PKW	Liefer-wagen	LKW
Hubvolumen je Zylinder	l	$\geq 0,5$	0,7	1,0
Zylinderzahl		3/4/6	4/6	4/6
Nenndrehzahl	Min^{-1}	2050	1800	1250
Einspritzvolumen pro ASP	mm^3/ASP	55	75	133
Kraftstoffdruck Pumpe/Düse				
bei 500 U/min (Vollast)	bar	500/500	520/520	500/500
bei Nenndrehzahl (Vollast)	bar	1000/1550	1000/1400	1000/1300
Einspritzdauer bei Nennleistung	°KW	$\leq 17,5$	$<16,5$	<16
Steuerbereich	°KW	15 (20)	15 (20)	10 (15)

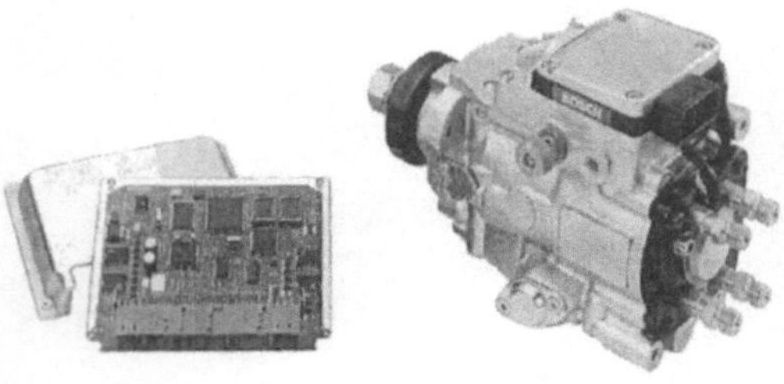

Bild 9.4: Verteilereinspritzpumpe mit Radialkolben und Steuerung mit elektromagnetischem Ventil

Die Hauptvorteile dieser Pumpenausführung sind:

- hohe Zerstäubungsenergie an der Düse durch wirkungsgradoptimierte Einspritzpumpe
- hohe Mengendynamik und schnelle Absteuerung über Hochdruck-Magnetventil
- hohe Dauerhaltbarkeit durch wenig hochbelastete Teile
- enge Toleranzen durch Meßpunkt-Abgleich in Teil-Elektronik auf der Pumpe
- verringerte Drift über Lebensdauer
- Zylinderabschaltung und Zylindergleichstellung bis zur Nenndrehzahl möglich
- Förderbeginnregelung ohne Nadelbewegungsfühler.

Bei solchen Einspritzpumpen konzentriert sich die Weiterentwicklung auf die Realisierung einer abgesetzten Voreinspritzung und die Integration von weiteren Motormanagementfunktionen im Pumpensteuergerät. Hierzu sind schneller schaltende Magnetventile notwendig.

Im Vergleich zur Axialkolbenpumpe in Bild 9.2 kann mit der dargestellten Radialkolbenpumpe das maximale Drehmoment um bis zu 30 % erhöht und die Rußemissionen bei konstanten NO_x bis zu 40 % abgesenkt werden. In Bild 9.5 ist ein Vergleich von Motorergebnissen beim Einsatz beider Pumpenarten tabellarisch zusammengefaßt.

Nennleistung	gleich (angepaßt)
max. Drehmoment	höher +30%
Kraftstoffverbrauch	niedriger -2%
Emissionen nach relevanten Tests	
Ruß	gesenkt - 40%
NO_x	ähnlich
HC	leicht erhöht +15%

Bild 9.5: Motorergebnisse mit einem Vierzylinder-DI-Dieselmotor – Vergleich Verteilereinspritzpumpe mit Radialkolben (VP44) und Axialkolben (VP39)

Der Verbrennungsprozeß und die dabei freigesetzten Emissionen sind entsprechend den Ausführungen in Kap. 8 ein Resultat der zeitlich-räumlichen Verteilung des Kraftstoffs im Brennraum bei der Strahlausbreitung und der unter dem Einfluß von verschiedenen einspritzbegleitenden Faktoren gebildeten Tropfenspektren, die ein Maß für die Güte des Prozeßablaufes darstellen.

Einen entscheidenden Anteil hierbei haben die Düsenauslegung und die Düsennadelsteuerung. Bei den Verteilereinspritzpumpen wirkt beispielsweise die bekannte Zweifederkombination daran mit, den Einspritzverlauf zu formen und die Höhe des Einspritzdruckes zu bestimmen. Diese Technik ermöglicht eine an die Haupteinspritzung angelagerte Voreinspritzung und sorgt dafür, daß die im Verlauf des Zündverzuges eingespritzte Menge klein bleibt. Damit verbessern sich Geräusch und Abgas.

Das Ergebnis einer Düsenausführung mit kleinen Spritzlochquerschnitten für die Emissionspunkte bei kleinen Lasten und Drehzahlen sowie größeren Spritzlochquerschnitten für Vollast und Nenndrehzahl zeigt Bild 9.6. Dargestellt ist eine konventionelle Sitzlochdüse (DSLA) mit 100% Spritzlochquerschnitt im Vergleich zu einer Vario Register Düse (VRD) die mit 50% bzw. 96% Spritzlochquerschnitt betrieben wird.

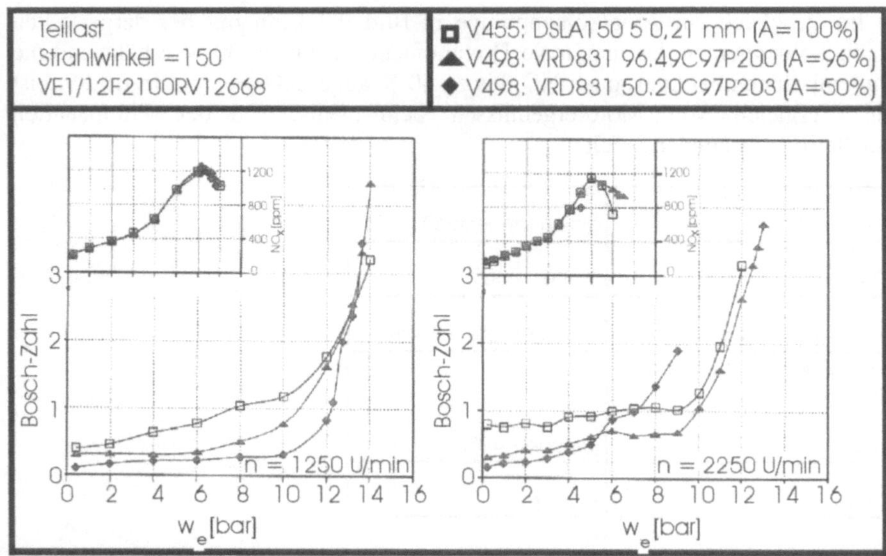

Bild 9.6: Vergleich VRD 831 – DSLA

Mit kleineren Spritzlochquerschnitten verbessert sich der trade-off-Ruß/NO_x in Teillast deutlich.

Diese, sich noch im Entwicklungsstadium befindende, Vario Register Düse (VRD), die in Bild 9.7 dargestellt ist, kennzeichnet zwei verschiedene, übereinander liegende Spritzlochquerschnitte für den Teillast und den Vollastbereich.

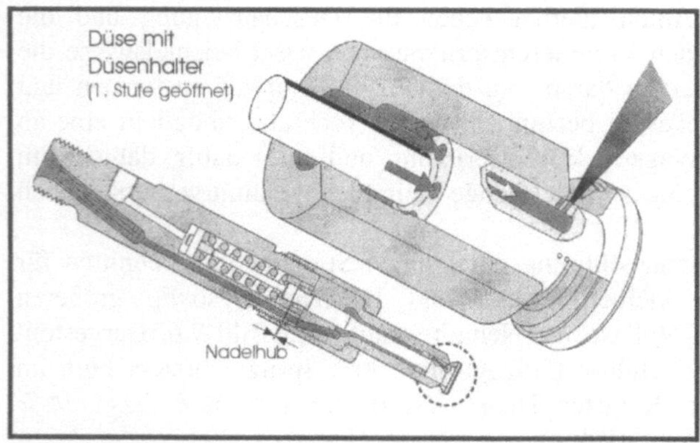

Bild 9.7: Zweiphasen-Düse

Während im unteren Kennfeldbereich nur ein Spritzlochregister offen ist, wird mit zunehmenden Druck, d. h. im oberen Kennfeldbereich, das zweite Register zugeschaltet. Damit werden, bei mit der Sitzlochdüse vergleichbaren

Vollastwerten, deutlich niedrigere Rußwerte im unteren Last-Drehzahl-Bereich erreicht.

Für die Gemischbildung im Brennraum ist die Geschwindigkeit beim Strahlaustritt aus der Düse maßgeblich. Durch Verrunden der Spritzlocheintrittskante mittels hydroerosivem Rundungsverfahren sowie hydraulisch optimierten Düsenlochgeometrien ist die Strahlaustrittsenergie höher und damit die Zerstäubungsgüte im Brennraum verbessert, was wiederum den trade-off-Ruß/NO_x verbessert.

9.2
Pumpe-Düse-Einheiten

Die Pumpe-Düse-Einheit (PDE) ist ein modular aufgebautes elektronisch gesteuertes Hochdruck-Einspritzsystem. Eine oben liegende Nockenwelle treibt jede einzelne Pumpe-Düse-Einheit, die für einen Motorzylinder vorgesehen ist, direkt an. Mittels eines schnell schaltenden Magnetventils werden Einspritzbeginn und -menge gesteuert.

Bild 9.8 zeigt eine PDE-Ausführung für Pkw mit einem Druckpotential bis zu 2000 bar und einer mechanischen Voreinspritzung zur Reduzierung des Verbrennungsgeräusches.

Das Schließen des Magnetventils auf dem Nockenhub bestimmt den Förderbeginn und leitet die Voreinspritzung ein.

Ein mechanisches Speicherventil entnimmt dem Hochdruckelement Kraftstoff und erhöht gleichzeitig die Kraft der Düsenfeder, bis die Düsennadel wieder schließt. Damit ist die Voreinspritzung beendet. Im weiteren Verlauf der Kraftstoffförderung steigt der Einspritzdruck und öffnet die Düse zur Haupteinspritzung. Durch Öffnen des Magnetventils wird die Einspritzung beendet. Durch Abstimmung von Öffnungsdruck, Speicherelement, Dämpfung des Nadelhubs und Ansteuerung des Magnetventils auf dem Nockenhub läßt sich die Voreinspritzmenge und der Abstand zur Haupteinspritzung in bestimmten Grenzen verändern.

Der Abstand zwischen Vor- und Haupteinspritzung ist durch den jeweiligen Auslegungsstand fest definiert, wie es die Kenngrößen in Bild 9.8 zeigen.

Das geringe Totvolumen zwischen Magnetventil und Einspritzdüse ermöglicht höchste Einspritzdrücke und sorgt für Vorteile bei der Druckerzeugung und der Einspritzverlauf-Gestaltung.

Bedingt durch die Einbauverhältnisse der PDE direkt im Zylinderkopf des Motors eignet sich dieses System vorzugsweise für neu konstruierte Motoren.

Verbunden mit der Unterbringung im Zylinderkopf ist eine gute Geräuschkapselung.

Bild 9.9 zeigt das Gesamtsystem PDE einschließlich des Steuergerät-Funktionsblocks, Sensoren, Steller sowie weitere Schnittstellen für das Fahrzeugmanagement.

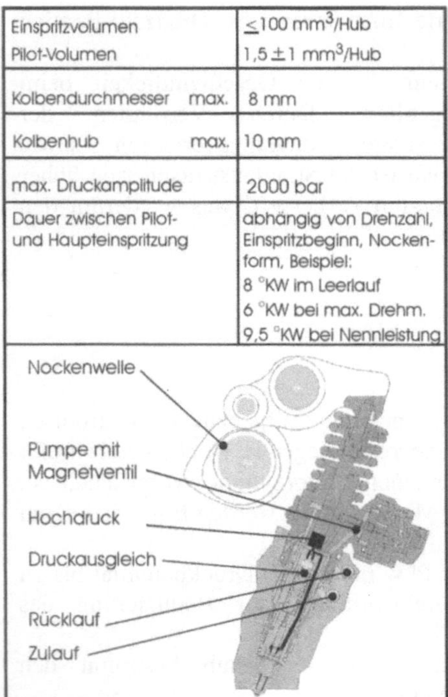

Einspritzvolumen	$\leq 100\ \mathrm{mm}^3$/Hub
Pilot-Volumen	$1{,}5 \pm 1\ \mathrm{mm}^3$/Hub
Kolbendurchmesser max.	8 mm
Kolbenhub max.	10 mm
max. Druckamplitude	2000 bar
Dauer zwischen Pilot- und Haupteinspritzung	abhängig von Drehzahl, Einspritzbeginn, Nockenform, Beispiel: 8 °KW im Leerlauf 6 °KW bei max. Drehm. 9,5 °KW bei Nennleistung

Bild 9.8: Pumpe-Düse-Einheit mit elektronischer Steuerung

Bild 9.9: Pumpe-Düse-Einheit für PKW-DI-Dieselmotoren

Die PDE ist seit Ende des Jahres 1997 mit einem maximalen Druckpotential von 2000bar in Serienlieferung. An Versionen mit weiter gesteigertem Druckniveau, verkleinertem Bauraum und noch schnelleren Magnetventilen wird derzeit intensiv gearbeitet.

10 Einspritzsysteme mit konstantem Kraftstoff-Hochdruck: Die Speichereinspritzsysteme (Common Rail)

10.1
Wirkungsweise eines Common Rail Systems

Im Unterschied zu konventionellen Systemen ist bei der Speichereinspritzung die Druckerzeugung – wie im Kap. 8.3 dargestellt wurde, von der Einspritzung entkoppelt.

Bild 10.1 zeigt die schematische Darstellung eines Common-Rail (CR) als Standardvariante mit elektrischer Kraftstofförderpumpe.

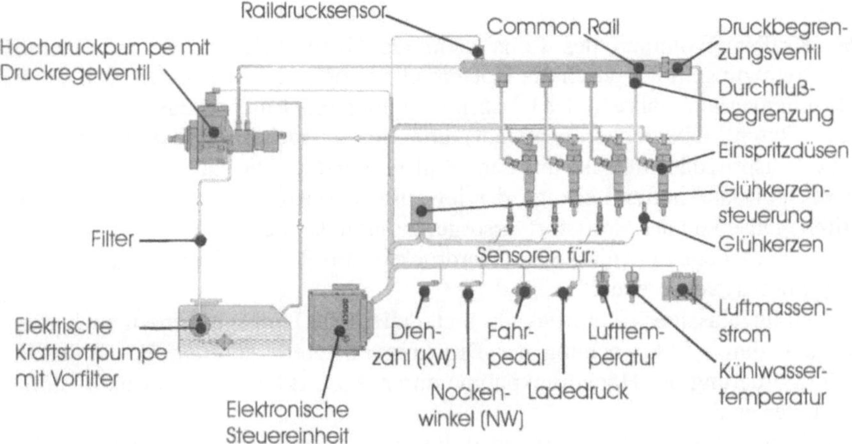

Bild 10.1: Common-Rail-System für PKW-DI-Dieselmotoren

Die Kraftstofförderpumpe saugt den Kraftstoff über einen Vorfilter aus dem Tank an und fördert diesen unter einem Druck von ca. 2,5 bar über das Hauptfilter zur Hochdruckpumpe.

Die Hochdruckpumpe, eine kraftstoffgeschmierte 3-Stempel-Radialkolben-pumpe, kann wie die konventionelle Verteilereinspritzpumpe am Motor angebaut werden und wird damit typischerweise mit Nockenwellendrehzahl angetrieben. Erreicht der Kraftstoffzulaufdruck vor der Hochdruckpumpe ca. 0,5 bar, wird das Sicherheitsventil der Hochdruckpumpe geöffnet und die Pumpenelemente werden im Saughub über die Einlaßventile mit Kraftstoff befüllt. Überschreitet der Elementraumdruck im Förderhub den Zulaufdruck, schließt das Einlaßventil, und das Pumpenelement fördert den Kraftstoff über das Auslaßventil in die Kraftstoffverteilerleiste (Common Rail). Zur Anpassung des Fördervolumens an den betriebspunktabhängigen Fördermengenbedarf kann ein Pumpenelement abgeschaltet werden, indem das Einlaßventil durch ein elektromagnetisch betätigtes Elementabschaltventil in offener Position gehalten wird.

Typische Kennwerte der Hochdruckpumpenauslegung für einen 2 Liter-DI-Motor sind:

- Antriebsleistung ca. 3 kW bei Motornennleistung und 1350 bar Systemdruck
- mittleres Antriebsdrehmoment ca 15 Nm bei 1350 bar Systemdruck.

Der Kraftstoffdruck wird in der Speicherleitung, dem sog. Rail, durch einen Kraftstoffdruckfühler gemessen und im Steuergerät mit dem gewünschten Sollwert verglichen. Durch Ansteuerung des auf der Hochdruckseite der Hochdruckpumpe angeordneten Druckregelventils kann das Steuergerät die Absteuermenge am Druckregelventil verändern und damit den gewünschten Druck im Rail einregeln.

Das Kraftstoffvolumen des Rails dient als Hochdruckspeicher und dämpft Druckschwingungen, die durch die Hochdruckpumpe und insbesondere den durch Druckwellenverlauf während der Einspritzung über eine Einspritzdüse entstehen.

Über Durchflußbegrenzer (optional) und kurze Hochdruckeinspritzleitungen sind die Einspritzdüsen direkt mit dem Rail verbunden. Die Durchflußbegrenzer reagieren bei dauerhafter Leckage der jeweiligen Einspritzdüse und sperren die betroffene Düse von der Kraftstoffversorgung durch das Rail ab.

Zum Schutz gegen unzulässigen Überdruck ist am Rail ein Druckbegrenzungsventil (optional) vorgesehen.

Sowohl unzulässiger Überdruck als auch dauerhafte Leckage werden auch vom Steuergerät durch Überwachung der Druckregeldifferenz erkannt. Im Fehlerfall wird die Förderung der Hochdruckpumpe durch Abschalten der Elektrokraftstoffpumpe unterbunden.

Das Kernstück des CR-Systems sind die magnetventilgesteuerten Einspritzdüsen. Bild 10.2 zeigt das Funktionsprinzip einer solchen Düse.

Der Kraftstoff gelangt über den Anschlußstutzen mit Stabfilter in einen Kanal zur Einspritzdüse, sowie über eine Zulaufdrossel (Z-Drossel) in den Ventilsteuerraum. Der Ventilsteuerraum ist über eine Ablaufdrossel (A-Drossel), die durch ein elektrisches Magnetventil geöffnet werden kann, mit dem Kraftstoffrücklauf verbunden.

Im unbestromten Zustand des elektrischen Magnetventils ist die A-Drossel durch die Ventilkugel bzw. die Magnet-Ventilfederkraft geschlossen. Im Ventilsteuerraum und an der Einspritzdüse herrscht der gleiche Systemdruck.

Da die Druckangriffsfläche des Ventilkolbens größer ist als diejenige an der Düsennadel, drückt die daraus resultierende Kraft die Düsennadel in ihren Sitz und verschließt die Einspritzbohrungen gegenüber dem Brennraum des Motors.

Wird das elektrische Magnetventil bestromt und dadurch die A-Drossel geöffnet, vermindert sich der Druck im Ventilsteuerraum, und die jetzt größere düsenseitige Kraft öffnet die Düsennadel. Die Einspritzung beginnt.

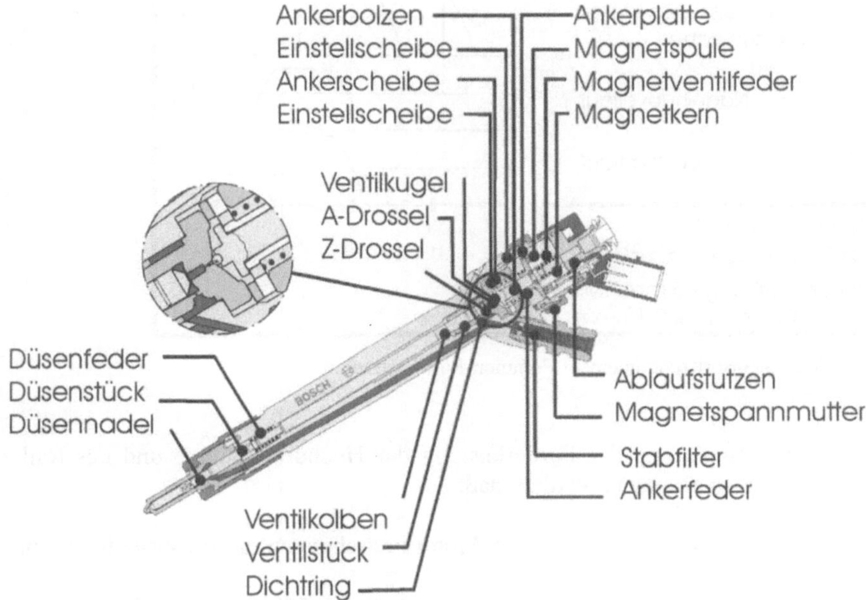

Bild 10.2: Einspritzdüse eines Common-Rail-Einspritzsystems

Die während der Öffnung der A-Drossel abfließende Steuermenge gelangt über den Kraftstoffrücklauf zurück zum Kraftstofftank.

Wird das elektrische Magnetventil nicht mehr angesteuert, drückt die Ventilfederkraft über den Ankerbolzen die Ventilkugel in ihren Sitz und verschließt die A-Drossel. Über die Z-Drossel steigt der Druck im Ventilsteuerraum wieder auf das düsenseitige Druckniveau an. Die hydraulisch wirksame Kraft auf Steuerkolben und Einspritzdüse kehrt sich um und die Düsennadel schließt. Die Einspritzung ist beendet.

Bestimmend für die Einspritzmenge ist die Ansteuerdauer des Magnetventils bzw. die Öffnungsdauer der Einspritzdüse, der Kraftstoffdruck und der Ausflußquerschnitt an der Einspritzdüse.

Um auch kleinste Einspritzmengen (Piloteinspritzung 1-2 mm³/Einspritzung) stabil darzustellen, muß das elektrische Magnetventil in ca. 250 µs voll geöffnet werden.

Bild 10.3 zeigt den zeitlichen Verlauf der Hauptkenngrößen während der Einspritzung.

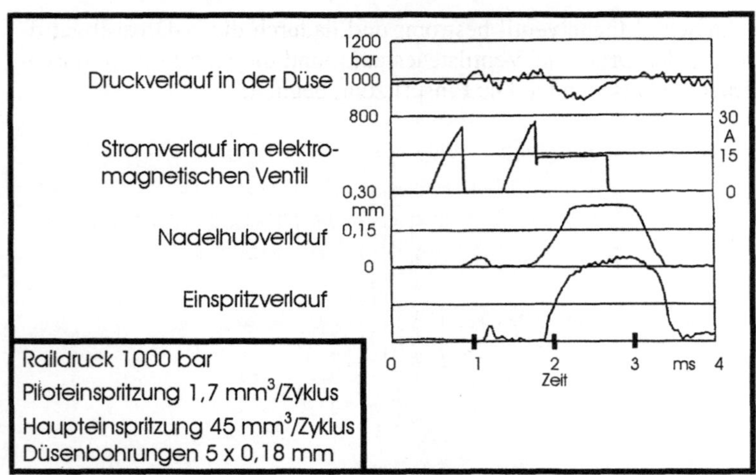

Bild 10.3: Piloteinspritzung in einem Common-Rail-System

Die Dimensionierung der Förderleistung der Hochdruckpumpe und des Rail-volumens muß so ausgelegt werden, daß:

- beim Start des Motors nach ca. 1,5 Motorumdrehungen ein Einspritzdruck von 200 bar erreicht wird
- der Einspritzdruck bei Laständerung innerhalb ca. 200 ms seinen Sollwert erreicht
- für alle Drehzahlen die Einspritzmenge und Steuermenge sowie natürliche Leckagemenge für die Einspritzdüsen gefördert werden
- die Druckschwankungen im Rail gering (kleiner ca. 50 bar) bleiben.

Diese Forderungen sind zum Teil gegenläufig, so daß eine Kompromißauslegung gefunden werden muß.

Ein Common Rail System, welches im wesentlichen dieser Darstellung entspricht, wird seit Mitte 1997 in Serie ausgeliefert. Das System ist in Bild 10.4 dargestellt.

Folgende Merkmale dieser Ausführung sind erwähnenswert:

- Mehrfacheinspritzungen (Vor-/Haupt-/Nacheinspritzung)
- variabler Einspritzbeginn für die Mehrfacheinspritzungen innerhalb bestimmter Grenzen
- einstellbarer Wert des Maximaldrucks
- maximaler Druck bis 1350 bar konstant über die gesamte Einspritzung.

Bild 10.4: Common-Rail-System für PKW-DI-Dieselmotoren

Auch bei diesem Einspritzsystem wird bereits an Verbesserungen wie Drucksteigerung, einer Hochdruckpumpe mit variablem Fördervolumen, Bauraumverkleinerung, Toleranz- und Funktionsverbesserung etc. gearbeitet.

Die Forderung nach einer Hochdruckpumpe mit kontinuierlicher Fördermengensteuerung ergibt sich aus dem bisherigen Druckregelprinzip. Der überschüssige Kraftstoff auf der Hochdruckseite wird bislang am Druckregelventil abgesteuert. Dieser Druckabbau ohne Arbeitsverrichtung führt zu einer unerwünschten Erhöhung der Kraftstofftemperatur im Niederdruckförderkreis, was bei einigen Applikationen Sondermaßnahmen zur Kraftstoffkühlung erfordert. Überdies führt die erhöhte Leistungsaufnahme der stets voll fördernden Hochdruckpumpe zu einer Senkung des Gesamtwirkungsgrades des Motors.

In Entwicklung ist daher eine neue Hochdruckpumpe (CP3), die die Regelung des Raildruckes durch eine Fördermengenverstellung der Hochdruckpumpe ermöglicht. Durch ein magnetgesteuertes Schieberventil kann die Füllung der Hochdruckpumpenelemente zwischen 0 % und 100 % des geometrischen Fördervolumens verändert werden und somit dem betriebspunktabhängigen Kraftstoffmengenbedarf des Motors angepaßt werden.

Bei der Auslegung von Einspritzsystemen und deren Applikation in der Praxis müssen Kompromisse eingegangen werden, weil die einzelnen Funktionsparameter teilweise gegensätzliche Auswirkungen auf die verschiedenen Motorforderungen haben. Schematisch sind diese in Bild 10.5 dargestellt.

So bewirkt ein hoher Einspritzdruck zwar niedrige Ruß- und Partikelemissionen und ermöglicht ein hohes Drehmoment, die NO_x-Emission, das Geräusch und die konstruktive Ausführung sind jedoch nachteilig beeinflußt.

Zusätzliche Freiheitsgrade, wie Einspritzdruckvariation, Variation von Voreinspritzung in Menge und Spritzabstand zur Haupteinspritzung erhöhen den Aufwand für die Applikation dieser Einspritzsysteme beträchtlich.

Der Einfluß dieser Applikationsparameter auf die Motorwerte ist sorgfältig zu überprüfen.

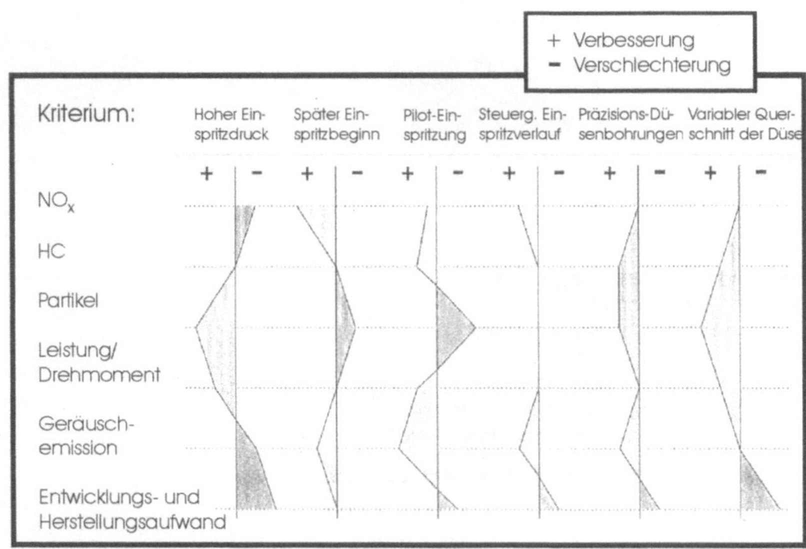

Bild 10.5: PKW-DI-Dieselmotoren – Kenngrößenoptimierung

Die Bilder 10.6 und 10.7 zeigen den Einfluß von Druck, Abgasrückführungsrate, Einspritzbeginn und Voreinspritzung am Beispiel eines Common Rail Systems.

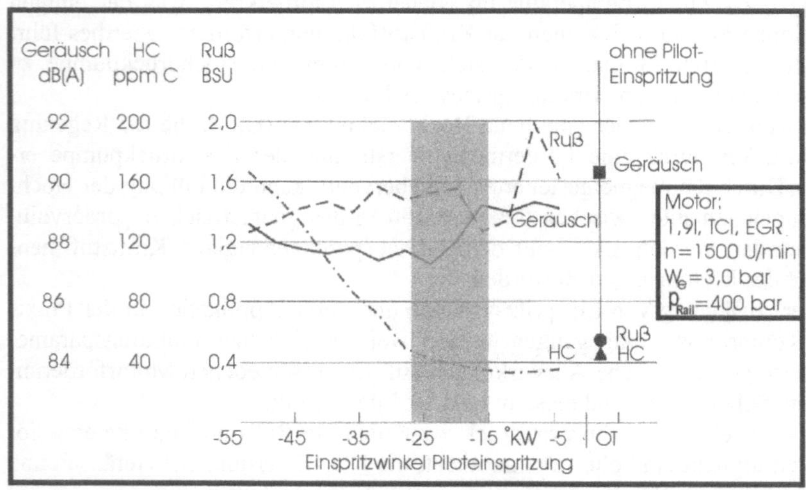

Bild 10.6: DI-Dieselmotor mit Common Rail – Einfluß der Pilot-Einspritzung auf HC, Ruß und Geräusch

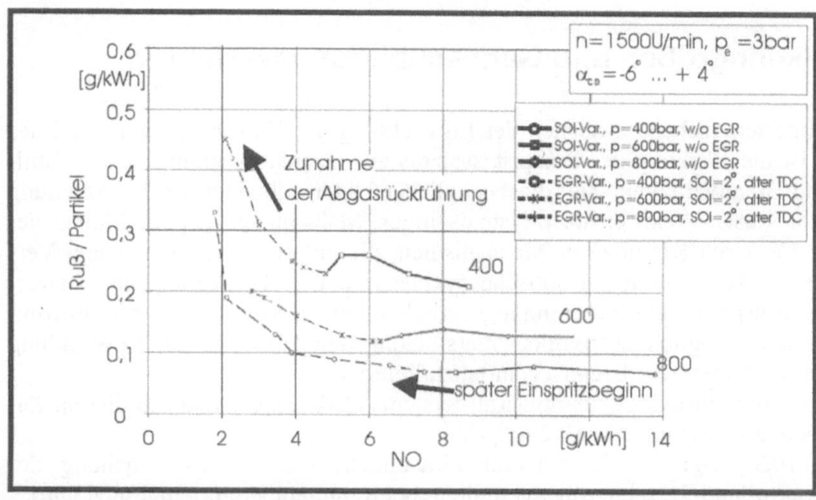

Bild 10.7: DI-Dieselmotor mit Common Rail – Einfluß von Einspritzbeginn, Abgasrückführung (AGR) und Rail-Druck auf Ruß- und NO_x-Emission

Die wesentlichen Anforderungen an zukünftige Einspritzausrüstungen sind in Bild 10.8 zusammengestellt.

- Variable Einspritzmenge und -beginn
- Einspritzdruck 1600 ... 2000 bar
- Kleine Pilot-Einspritzmenge
- Variabler Einspritzverlauf
- Präzisionsbohrungen in Einspritzdüsen
- Düsen mit variablem Austrittsquerschnitt
- Systeme mit reduzierter Streuung des Einspritzmengensignals
- Einspritzsysteme für Zylinder unter $250cm^3$

Bild 10.8: Anforderungen an künftige Einspritzausrüstungen

10.2
Strahlkenngrößen und Gemischbildungsverfahren

Die Interferenzebene zwischen der Entwicklung des Einspritzsystems und des Motors ist die Wirkung des Einspritzsystems auf Strahlausbreitung, Gemischbildung und Brennverhalten. Ziel diesbezüglicher Untersuchungen ist die Ableitung relevanter düsen- und einspritzsystemseitiger Maßnahmen zur Erfüllung der Grenzwerte durch Klärung der Mechanismen, die auf Gemischbildung und Verbrennung wirken. Durch die optische zyklusaufgelöste Betrachtung und Bewertung des Einspritz- und Verbrennungsverhaltens unter realistischen Motorbedingungen ist es möglich, wertvolle Unterstützung und Hinweise zur Entwicklung Common Rail-gerechter Brennverfahren zu liefern.

Die Einspritzdüse des Common-Rail-Systems als Versuchsträger in diesem Zusammenhang wurde im Bild 10.2 dargestellt.

Bild 10.9 zeigt die Gesamtstrahlbildkammer, die zur Untersuchung der Strahlstruktur und Tropfengrößenverteilung bei Raumtemperatur eingesetzt wird.

Die Untersuchungen erfolgen bei einer den motorischen Randbedingungen bei Verdichtungsende angepaßten Luftdichte von typischerweise 25 bar. Durch Verwendung verschiedener Flanscheinsätze an der Kammerrückseite können alle Arten von Einspritzdüsen an die Kammer angeschlossen werden. Für die Gesamtstrahlbilduntersuchungen werden die austretenden Einspritzstrahlen durch beide Seitenfenster mit einem ca. 1cm starken Lichtband beleuchtet. Die Aufnahme des unter 90° gestreuten Lichtes erfolgt durch das Frontfenster.

Durch Verwendung eines Nd-YAG-Lasers als Lichtquelle werden Pulse von ca. 40 ns Dauer erzeugt, die eine ausreichend kurze Belichtungszeit für diese hochdynamischen Vorgänge ermöglichen. Untersuchungen zum Gemischbildungs- und Entflammungsverhalten werden in der in Bild 10.10 dargestellten Hochtemperatur-/Hochdruckkammer durchgeführt.

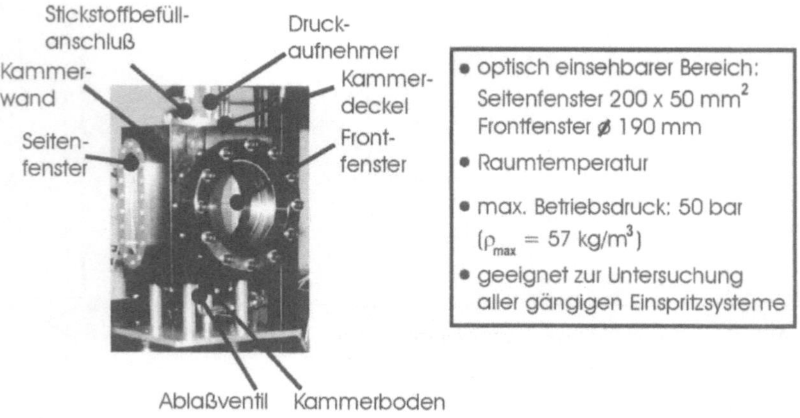

Bild 10.9: Gesamtstrahlkammer – kalt

Bild 10.10: Hochdruck-/ Hochtemperaturkammer

Die motorischen Drücke und Temperaturen werden durch eine, dem eigentlichen Einspritzvorgang vorgeschaltete, magere Wasserstoffverbrennung erreicht. Die Kammer ist von 4 Seiten über Quarzglasfenster optisch zugänglich. Sie ist für Spitzendrücke von 200 bar und Spitzentemperaturen von 1800 K ausgelegt. Je nach Wahl des Sauerstoffanteils in der Vorverbrennungsphase ist es möglich, inerte, d.h. für reine Verdampfungsuntersuchungen geeignete Gemische oder reaktive, d.h. für Entflammungsuntersuchungen geeignete Gasmischungen zu erzeugen. Zur Trennung der Flüssigphase von der Gasphase des Einspritzstrahls wird die kombinierte Schlieren-Streulichttechnik eingesetzt.

Die Bilder 10.11 und 10.12 zeigen die in den Kammeruntersuchungen auswertbaren Strahlparameter.

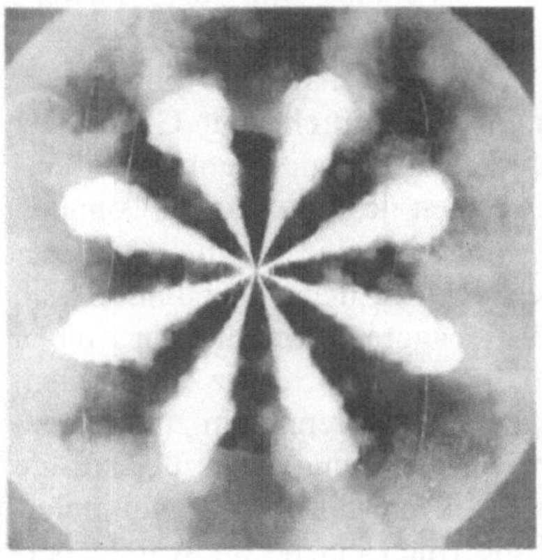

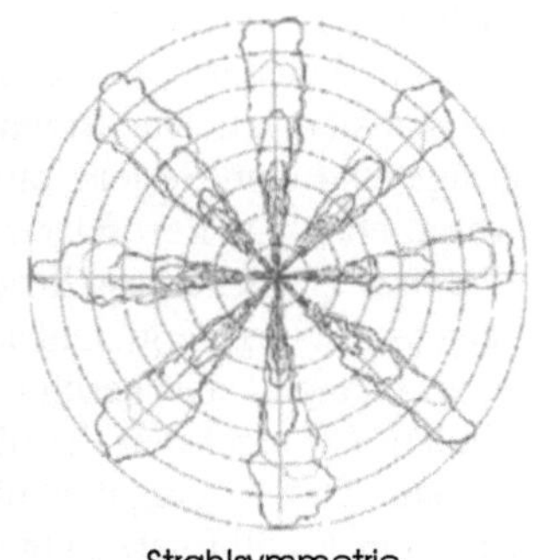

Bild 10.11: Einspritzstrahlauswertung (Gesamtstrahlbild)

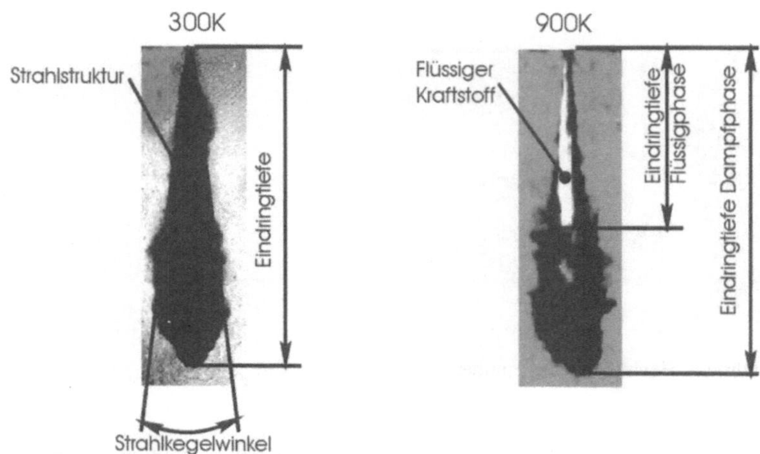

Bild 10.12: Einspritzstrahlauswertung (Einzelstrahl)

Erfaßbare Kenngrößen bei der Einspritzstrahlauswertung sind: Strahlspitzenweg, Strahlkegelwinkel, Flüssigphase, Dampfphase des Einspritzstrahls und die Tropfengrößenverteilung. Die Auswertung der makroskopischen Strahlkenngrößen erfolgt weitestgehend automatisiert unter Einsatz der digitalen Bildverarbeitung.

Um in der Lage zu sein, nicht nur das Strahlbild und das Gemischbildungsverhalten, sondern auch den Verbrennungsvorgang und die Schadstoffbildung zu beurteilen, wird ein 1-Zylinder-Motor mit Glaskolben analog Bild 10.13 verwendet.

Der Versuchsträger ist ein aus der Serie abgeleitetes Einzylinder-Versuchsaggregat, in dem der optische Brennraumzugang durch einen Glaseinsatz im Kolbenkopf realisiert ist. Die Brennraumabmessungen und -geometrien entsprechen weitestgehend dem Serienmotor, für welchen des untersuchte Common Rail System vorgesehen ist. Besonderer Wert wurde auf eine originale Muldenkontur gelegt. Damit ist sichergestellt, daß sich der Versuchsträger hinsichtlich Drall- und Quetschströmung vergleichbar zum Serienaggregat verhält. Der Kolben wurde im Schaft verlängert und geschlitzt, so daß in diesem Schlitz ein mit dem Gehäuse verbundener Spiegel den Strahlengang aus dem Brennraum zur Kamera hin umlenken kann. Das Aggregat wird überwiegend "fremdversorgt", d.h. die Ansaugluft wird dem Preßluftnetz entnommen und kann mit einer Konditionieranlage erwärmt werden. Damit können bis auf die Unterschiede im Wärmeübergang zwischen Glas und Stahl äußerst realitätsnahe Motorbetriebszustände simuliert werden.

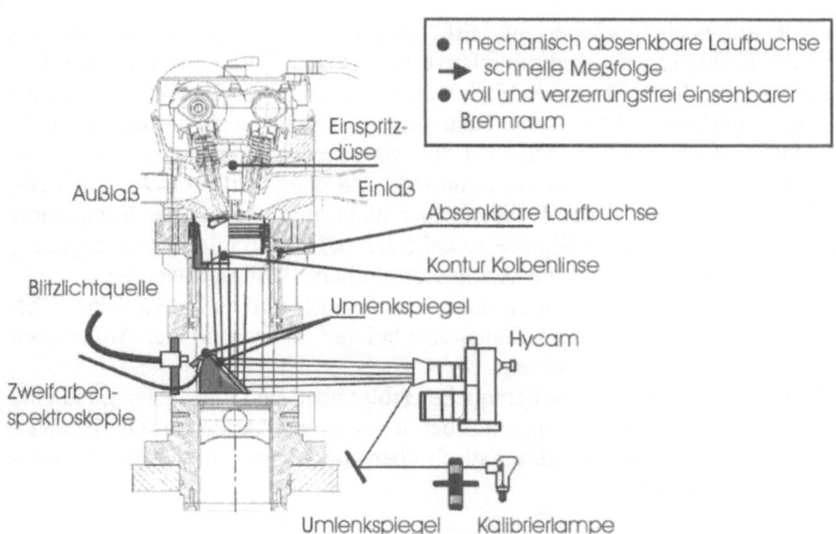

Bild 10.13: Filmaggregat

Mit einer Fremdlichtquelle wird die Ausbildung des Einspritzstrahles beurteilt und anschließend die Verbrennung durch das Rußleuchten beobachtet. Erfaßbare Kenngrößen bei der Verbrennungsfilmauswertung sind die Länge des flüssigen Strahlkernes, Öffnungswinkel und Flächen, wie im Bild 10.14 ersichtlich ist.

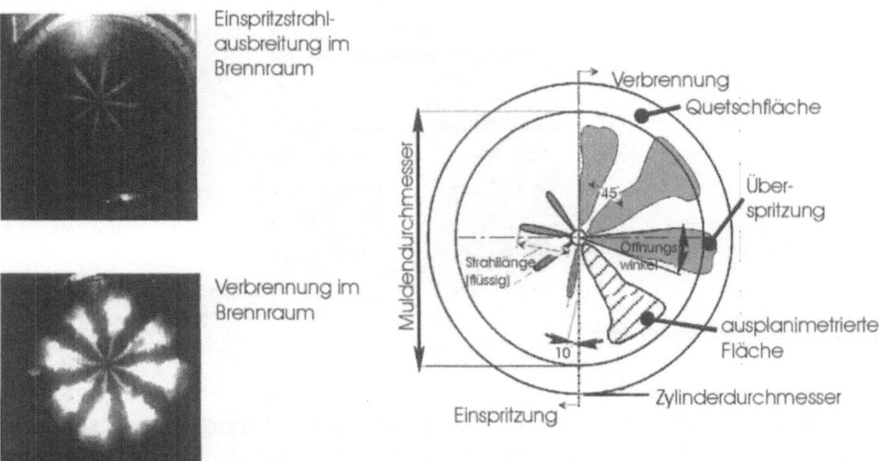

Bild 10.14: Verbrennungsfilmauswertung

Aus dem Rußleuchten können mit Hilfe der Zwei-Farben-Methode Informationen über die Rußtemperatur und die relative Rußkonzentration gewonnen werden. Theoretische Grundlage für dieses Verfahren ist die aus dem Planck'schen Strahlungsgesetz abgeleitete Wien'sche Näherungsgleichung, welche die spektrale Strahldichte eines schwarzen Strahlers für verschiedene Temperaturen kleiner 3000 K beschreibt. Die Rußkonzentration läßt sich dann mit Hilfe des Lambert-Beer'schen Gesetzes ermitteln. Es reicht hier nicht aus, wie bei der Temperatur nur auf das Verhältnis zweier Signale zu kalibrieren. Es muß mit einer geeigneten, geeichten Strahlungsquelle auf die absolute Strahldichte kalibriert werden.

Bild 10.15 zeigt den ausgeführten optischen Versuchsaufbau mit Kalibrierlichtquelle und die schematische Vorgehensweise bei der Auswertung der Aufnahmen mittels der digitalen Bildverarbeitung.

Die Einblendung der Kalibrierlichtquelle erfolgt über ein Graufilterrad, um eine Linearität des ausgewerteten Temperaturbereiches zu gewährleisten. Die Bildauswertung erfolgt weitestgehend automatisch über eine eigens entwickelte Einlese- und Auswertevorrichtung.

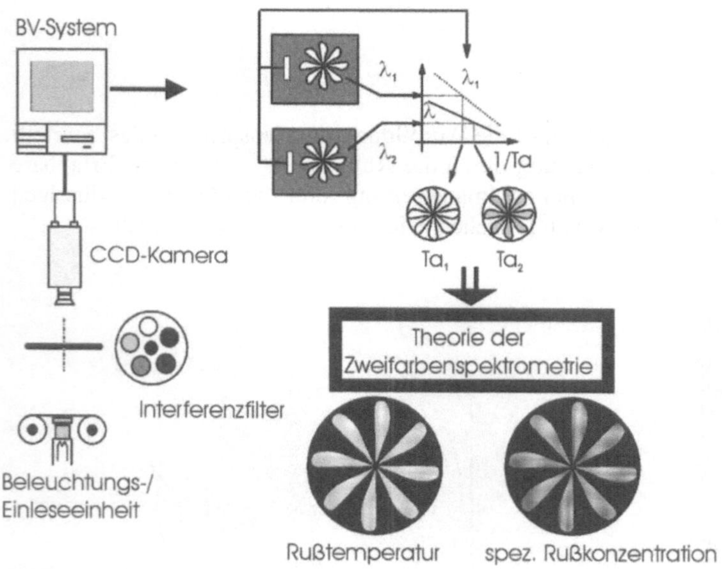

Bild 10.15: Zweifarbenverfahren

Wichtige Grundkenngrößen zur Einspritzsystemauslegung lassen sich aus Strahlaufnahmen ableiten. In den Bildern 10.16, 10.17 und 10.18 sind die wichtigsten Parameter und deren Einfluß auf die Strahlstruktur dargestellt.

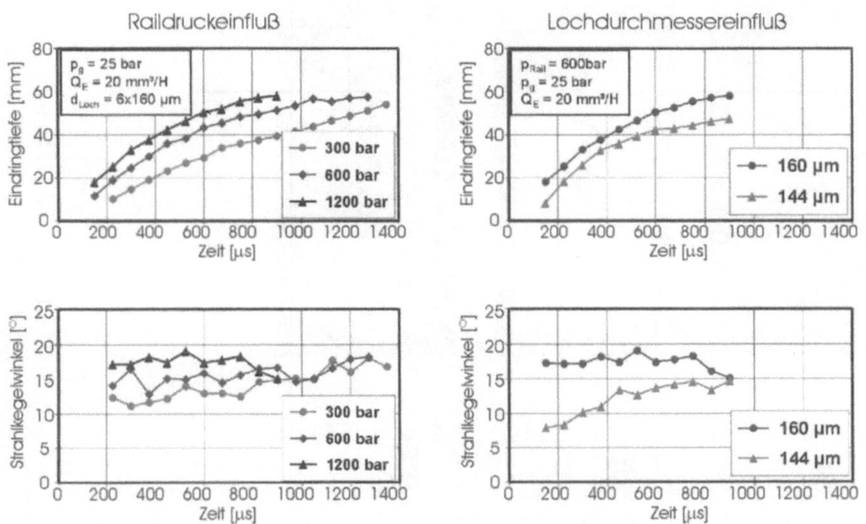

Bild 10.16: Einfluß des Drucks und des Durchflußquerschnitts auf Strahleindringtiefe und –kegelwinkel bei Raumtemperatur

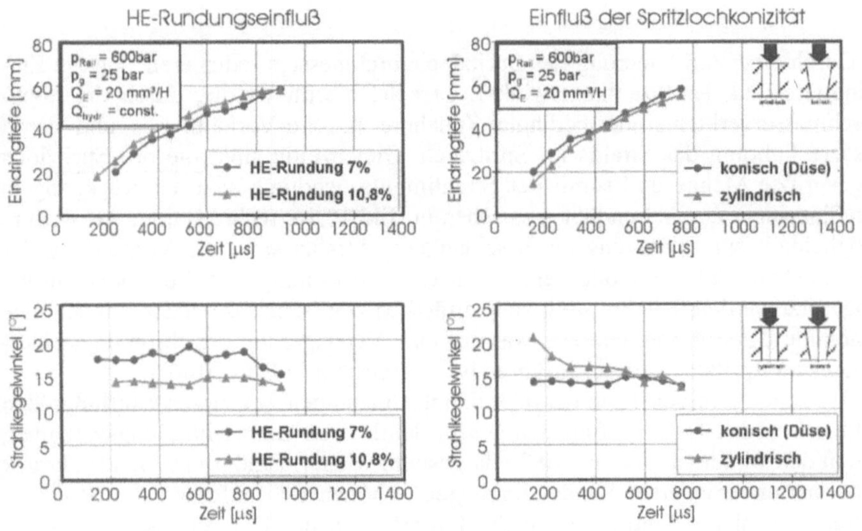

Bild 10.17: Einfluß der Düsengeometrie auf Strahleindringtiefe und –kegelwinkel bei Raumtemperatur

Eine Erhöhung des Raildrucks erzeugt aufgrund des höheren Strahlimpulses eine vergrößerte Eindringtiefe und einen buschigeren Strahl – dargestellt in Bild 10.16, linke Hälfte. Die Vergrößerung der Buschigkeit hat ihre Ursache in kleineren mittleren Tropfendurchmesser (SMD), wie aus dem Bild 10.18 ableitbar ist.

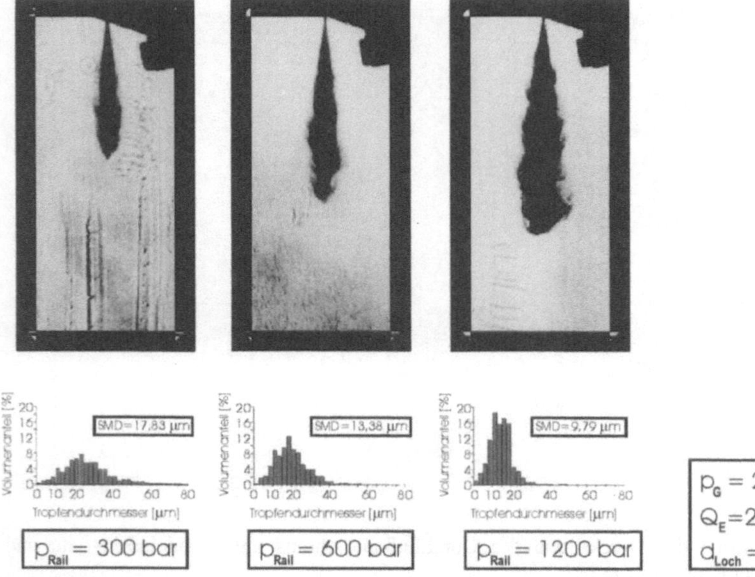

Bild 10.18: Strahlstruktur bei Raumtemperatur

Durch eine Verkleinerung des Spritzlochdurchmessers reduzieren sich die Eindringtiefe und der Strahlkegelwinkel. Ursache hierfür ist die, durch die Lochdurchmesserverkleinerung bedingte Zunahme des l/d-Verhältnisses und damit bessere Führung des Strahls im Spritzloch. Gleichzeitig sinkt die pro Spritzloch abgespritzte Menge und somit der Strahlimpuls, wodurch sich der Rückgang in der Eindringtiefe erklären läßt – zu sehen in Bild 10.16, rechte Hälfte. Als weitere Möglichkeit zur Erzeugung eines schlankeren Strahls kann die Verrundung der Spritzlocheinlaufkanten oder eine konische Aufweitung des Spritzlocheintritts eingesetzt werden. Hierbei stellt sich zusätzlich zum schlankeren Strahl noch eine Erhöhung der Eindringtiefe ein, was auf eine Verringerung des Strömungswiderstandes im Spritzloch zurückzuführen ist – dargestellt in Bild 10.17.

Die schon aus den kalten Strahlbilduntersuchungen bekannten Einflußgrößen auf die Strahlausbreitung finden sich sehr deutlich im Gemischbildungsverhalten, wie in den Bildern 10.19 und 10.20 dargestellt, wieder. Erhöht man den Raildruck bei sonst unveränderten Randbedingungen, erhöhen sich aufgrund des Strahlimpulses sowohl die Eindringtiefen der Flüssig- und der Dampfphase, als auch – korrespondierend mit den kleiner werdenden Tropfendurchmessern – die Verdampfungsgeschwindigkeit, ausgedrückt durch den Anteil der flüssigen Phase am gesamten Volumen, als Funktion der Einspritzdauer zu. Reduziert man den Spritzlochdurchmesser, können neben dem besseren Verdampfungsverhalten außerdem die Eindringtiefen der Dampf- und Flüssigphase beeinflußt werden. Dies bedeutet vor allem bei kleinvolumigen Motoren, daß durch eine Reduktion der Spritzlochdurchmesser aufgrund des geringeren Mengenbedarfs auch der Gefahr der Wandanlagerung von Flüsssigkraftstoff entgegengewirkt werden kann.

Raildruckeinfluß

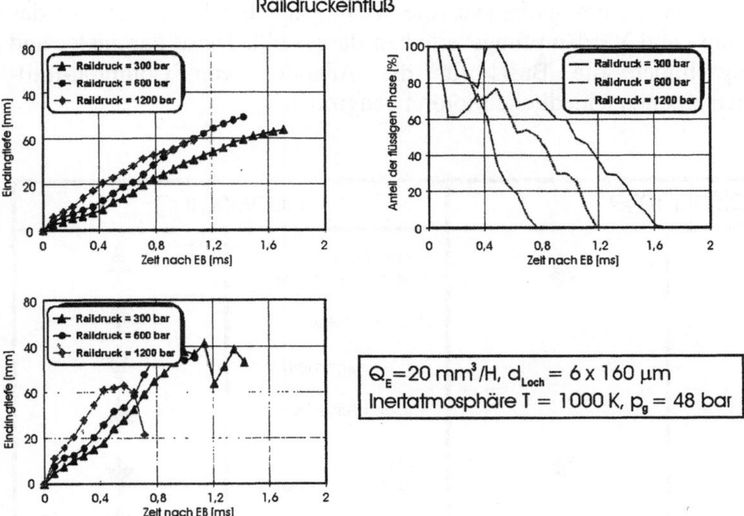

Bild 10.19: Einfluß des Drucks und des Durchflußquerschnitts auf die Strahleindringtiefe – warm

Lochdurchmessereinfluß

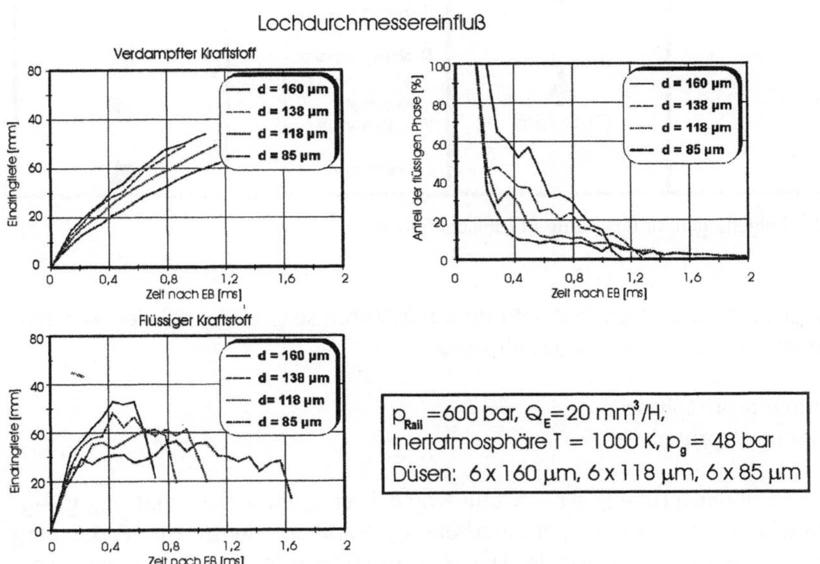

Bild 10.20: Einfluß der Düsengeometrie auf die Strahleindringtiefe – warm

In Bild 10.21 sind zusammenfassend die wichtigsten Einflußgrößen auf das Strahlausbreitungs- und Verdampfungsverhalten dargestellt. Diese Parameter und deren Wirkung bilden die Basis für die Adaption von Common-Rail-Einspritzystemen an unterschiedliche Motorenbaugrößen.

Maßnahme		Auswirkung	
Raildruck	↑	Eindringtiefe (Flüssig-/Gasphase)	↑↑
		Strahlkegelwinkel	↑
		Tropfendurchmesser	↓
		Verdampfungsverhalten	↑
Lochdurchmesser	↓	Eindringtiefe (Flüssig-/Gasphase)	↓
		Strahlkegelwinkel	↓
		Verdampfungsverhalten	↑
HE-Rundungsgrad	↑	Eindringtiefe (Flüssig-/Gasphase)	↗
		Strahlkegelwinkel	↘
Lochkonizität	↑ (Düsenform)	Eindringtiefe (Flüssig-/Gasphase)	↗
		Strahlkegelwinkel	↘

Bild 10.21: Folgerungen Strahlstruktur / Gemischbildung

Bedingt durch den Betrieb des Motors mit Voreinspritzung muß der Verbrennungsablauf in zwei Phasen unterteilt werden:

- die Piloteinspritzphase
- die Haupteinspritzphase.

Ziel der Piloteinspritzung ist – wie in Kap.8.1. erwähnt – die Schaffung geeigneter Randbedingungen (Temperaturerhöhung, Radikalbildung) zur Verkürzung des Zündverzuges des während der Haupteinspritzphase in den Brennraum eingebrachten Kraftstoffes und damit zur Absenkung des Verbrennungsgeräusches. Die Voreinspritzphase ist charakterisiert durch sehr kleine Nadelhübe. Aus Zerstäubungssicht ist ein gleichmäßiges Strahlbild anzustreben. Dementsprechend dominiert in dieser Phase die Gleichmäßigkeit der Zuströmbedingungen zu den Spritzlöchern, bzw. die Führungsqualität der Nadel, die durch enge Fertigungstoleranzen eingehalten werden kann.

Bild 10.22 zeigt die Unterschiede im Strahlausbreitungs- und Verbrennungs-verhalten bei Düsen mit einfach und zweifach geführter Düsennadel.

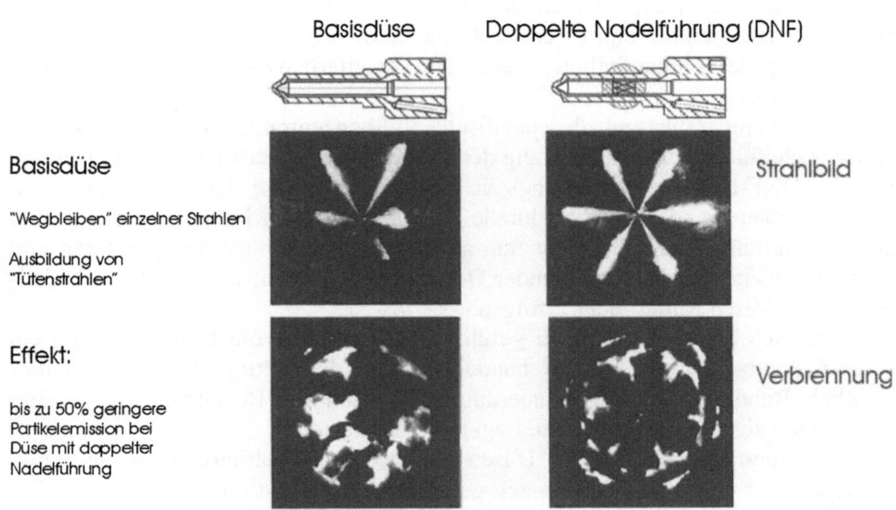

Bild 10.22: Wirkung der Düse mit doppelter Nadelführung

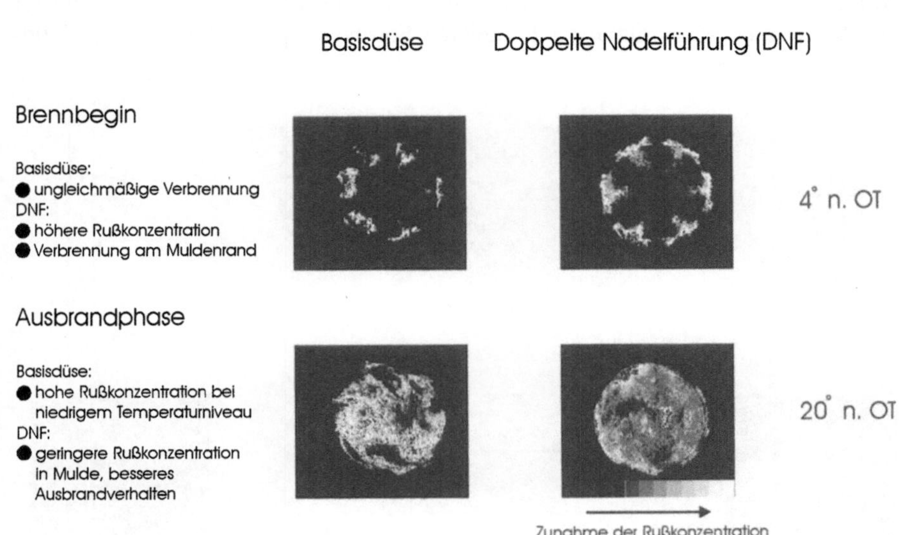

Bild 10.23: DNF-Düse: Rußbildung und Ausbrand

Als einer der wesentlichen Punkte zur Erreichung niedriger Partikelwerte er-weist sich die Ausbildung eines gleichmäßigen Strahlbildes mit „schlanken" Strahlen bei der Piloteinspritzung. Die Abdeckung von einem oder zwei Strahlen durch das Ausweichen der Düsennadel führt sonst an eben diesen Düsenlöchern zu einem weit aufgefächerten Strahl.

Nach der Piloteinspritzung zeigt sich dann ein Rußleuchten in der Nähe der Düse, wo auch die Hauptverbrennung beginnt. Der nachfolgende Strahl spritzt in die brennende Flamme und es entsteht eine stark rußende Verbrennung, was die Auswertung der Filmaufnahmen nach dem Zweifarbenverfahren in Bild 10.23 deutlich belegen.

Die Rußtemperatur und die spezifische Rußkonzentration der Düse mit doppelter Nadelführung sind am Anfang der Verbrennung höher (mehr helle Flächen). Bei der DNF-Düse setzt allerdings in der weiteren Phase der Verbrennung ein rascher Rußausbrand ein (mehr dunkle Flächen), dagegen ist die Brenndauer bei der Standarddüse deutlich länger und aufgrund der niedrigen Temperaturen und lokalem Sauerstoffmangel (fehlender Drall) kann keine vollständige Nachoxidation des gebildeten Rußes mehr erfolgen.

Da es sich bei einer zweifach geführten Düsennadel vom Prinzip her um ein statisch überbestimmtes System handelt, kommt den Fertigungstoleranzen hinsichtlich Rundlauf- und Desachsierung eine besondere Bedeutung zu. In Bild 10.24 sind exemplarisch mögliche Lagefehler dargestellt.

Im Extremfall kann sich bei Düsen mit zweiter Nadelführung ein Spritzbild einstellen, das sich von einer einfach geführten Düse nicht unterscheidet. Abhilfe schafft hier die Anbringung eines Hinterschnittes an der Düsennadel (sogenannte ZHI-Düse). Durch diesen Hinterschnitt stellt sich in der ersten Hubphase eine zusätzliche Stabilisierung der Düsennadel durch ein hydraulisches Druckpolster ein. In der Haupteinspritzphase dominieren Formgebung und Lage der Spritzlöcher das Brennverhalten.

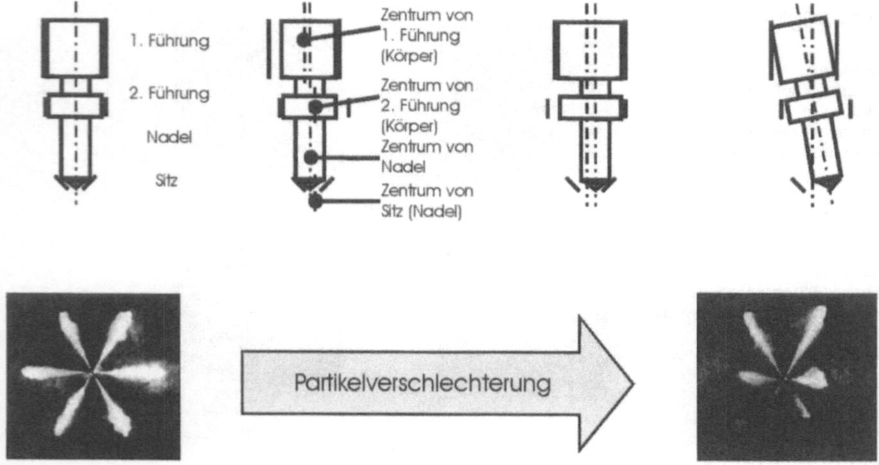

Bild 10.24: Einfluß der Düsennadelfertigung auf die Emissionen

Wichtig ist hierbei, lastabhängig den besten Auftreffpunkt auf den Muldeneinzug zu wählen, wie in Bild 10.25 dargestellt.

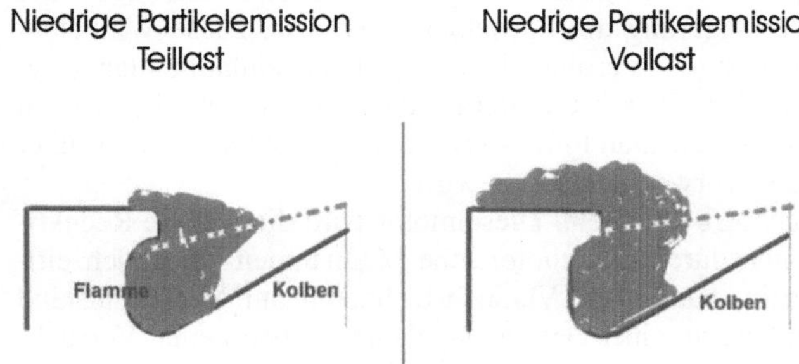

Bild 10.25: Einfluß der Strahllage auf die Emissionen

Eine optimale Wahl des Auftreffpunktes ist Voraussetzung für eine gute Wirkung des Dralls, eine gute Luftausnutzung und damit verbunden einen schnellen Rußausbrand. Bei einem niedrigen Auftreffpunkt auf den Muldenrand wandert die Flammenfront entlang der Kolbenmulde und weiter ins Zentrum, was sich in der Teillast durchaus als positiv erweisen kann. Bei Vollast ist es vorteilhafter, einen höheren Auftreffpunkt zu wählen, um die im Quetschspalt vorhandene Luft und die Wirkung der Quetschströmung voll auszunutzen. Aus düsenseitiger Sicht sind hierzu eine enge Toleranz von Höhenwinkel und Düsenüberstand und der Einsatz von hydroerosiv verrundeten Düsenlöchern positiv. Diese Effekte sind im Bild 10.26 zusammengefaßt.

Piloteinspritzung
gleichmäßiges Strahlbild ohne "Tütenstrahlen"

Effekt: Gleichmäßige Entflammung der Haupteinspritzung
Entflammung nicht in Düsennähe, gute Luftausnutzung
Düsenseitige Maßnahmen:
Düse mit doppelter Nadelführung
enge Fertigungstoleranzen

Haupteinspritzung
exaktes Auftreffen des Einspritzstrahls auf den Muldeneinzug

Effekt: optimale Wirkung des Dralls, gute Luftausnutzung, schneller
Rußausbrand
Düsenseitige Maßnahmen:
enge Toleranzen von Höhenwinkel und Düsenüberstand
hydroerosive Verrundung der Spritzlochkanten zur Stabilisierung

Bild 10.26: Konzepte zur Strahlausbildung

Werden Düsen ohne Verrundung der Spritzlocheinlaufkanten eingesetzt, ist eine Abhängigkeit des Strahlauftreffpunktes von Raildruck und eingespritzter Menge feststellbar. Der Einspritzstrahl folgt erst bei größeren Einspritzmengen einer geometrisch gedachten Verlängerung der Spritzlochlängsachse. Diese Winkelbewegung des Strahles kann durch Verrunden der Spritzlocheinlaufkanten (Hydroschleifen) minimiert werden. Dies hat weiterhin den Vorteil, daß sich nahezu keine Veränderungen hinsichtlich Durchfluß durch eine Kantenverrundung über der Laufzeit ergeben, da dies vorweggenommen wird.

Schwerpunkt zukünftiger Arbeiten beim Dieselmotor wird die weitere Reduktion der Schadstoffemissionen durch innermotorische Maßnahmen bei gleichzeitiger Verbrauchssenkung sein. Klassische Versuchstechniken am Motorprüfstand sind bei alleiniger Anwendung an einer Grenze angelangt. Neben neuen Versuchstechniken wie der statistischen Versuchsplanung wird daher immer mehr auf die Unterstützung durch modernste optische Meßverfahren zurückgegriffen. Sie sind unentbehrlich für die Optimierung des dieselmotorischen Arbeitsprozesses, da nur mit diesen Verfahren das Verständnis der komplexen physikalischen Zusammenhänge beim Gemischbildungs- und Verbrennungsprozeß erweitert werden kann.

Wie die an dem neuen Common-Rail-Einspritzverfahren für Pkw-Dieselmotoren durchgeführten Untersuchungen zeigen, bietet die Common-Rail-Technologie ein hohes Potential zur Erreichung künftiger Schadstoffgrenzwerte (Euro IV). Die Untersuchungen zeigen allerdings auch, daß sich ein künftiger Entwicklungsschwerpunkt auf die Steuerung des Einspritzverlaufs und der Strahlstruktur konzentrieren muß. Erfolgversprechende Ansätze, wie piezogesteuerte Einspritzventile neue Düsenkonzepte oder drehzahlunabhängige Modulation des Druckverlaufs, sind bereits Gegenstand von Forschungsprojekten.

11 Einspritzsysteme mit drehzahlabhängiger Kraftstoff-Druckmodulation und Einspritzdüsen variablen Durchflußquerschnitts

11.1
Gestaltung des Einspritzverlaufs mittels Druckmodulation

Die flexible Gestaltung des Einspritzverlaufs wird – entsprechend den Ausführungen in Kap.8 – als eine vorteilhafte Möglichkeit zur Erfüllung zukünftiger Abgasemissionsvorschriften mit direkteinspritzenden Dieselmotoren betrachtet.

Im Kap.8.3. wurde gezeigt, daß die Gestaltung eines günstigen Einspritzverlaufs über die Druckmodulation möglich ist, wofür bei nockengetriebenen Pumpen ein entsprechendes Nockenprofil zu entwerfen ist. Ein wesentlicher Nachteil dieses Konzeptes besteht allerdings darin, daß der Druckwellenverlauf und dadurch der Einspritzverlauf drehzahlabhängig ist. Dieser Nebeneffekt ist zum Teil durch zusätzliche Steuerungskomponenten, z.B. an den Pumpenelementen oder an der Einspritzdüse, kompensierbar.

Die Gestaltung des Einspritzverlaufs mittels der Druckmodulation stellt spezifische Anforderungen an die nockengetriebene Pumpe [11.11], [11.12], [11.7], [11.13]. Dazu zählen:

- hohes Einspritzdruckpotential ($\geq$ 1600 bar)
- Durchführbarkeit sowohl von Voreinspritzung (gestufter Einspritzung) als auch von Piloteinspritzung
- Unabhängige Einstellung von:
    - Beginn der Vor/Piloteinspritzung
    - Beginn der Haupteinspritzung
    - Einspritzende ($\rightarrow$Einspritzmenge)
- Einstellbarkeit des Druckniveaus der Vor- bzw. Piloteinspritzung
- relativ langsamer Anstieg des Druckes zu Beginn der Haupteinspritzung
- schnelles Einspritzende
- Einstellbarkeit des maximalen Einspritzdruckes

Darüber hinaus sollte die notwendige Flexibilität ohne den Austausch wesentlicher Systemkomponenten erreicht werden.

Um ein derartiges Einspritzsystem zu entwickeln, das all diesen genannten Anforderungen nachkommt, wurden bei AVL Graz in einer Konzeptphase verschiedene Funktionsprinzipien untersucht und schließlich das optimale System ausgelegt, konstruiert und gebaut.

Konzepte und Systemauswahl

Vor der Erstellung erster Konzepte wurde festgelegt, daß das neue Einspritzsystem an einem Einzylinder-Nutzfahrzeug Diesel-Forschungsmotor getestet werden sollte. Die Begründung dafür ist, daß an diesem Versuchsträger (4 Ventile, 2 Liter Hubraum) dem erhöhten Platzbedarf eines komplexen Einspritzsystems leichter nachgekommen werden kann als an einem kleinen, schnellaufenden Dieselmotor.

Eine unbedingte Voraussetzung dafür, die gewünschte Systemflexibilität hinsichtlich Einspritzratenverlaufsformung realisieren zu können, war die Verwendung einer elektronischen Regelung. Eine Vor- oder Piloteinspritzung kann mit mehreren bekannten Techniken [11.1], [11.2], [11.20], [11.18], [11.8] erreicht werden. Bei trocken angetriebenen Einspritzpumpen ist allerdings die anfängliche Einspritzrate nicht frei wählbar, sondern ergibt sich zwangsläufig nach Drehzahl und Last.

Drei Einspritzsysteme mit unterschiedlichen Funktionsprinzipien wurden unter Verwendung eines AVL Computerprogrammes zur Simulation der Einspritzhydraulik und Mechanik [11.2] auf ihre Tauglichkeit analysiert. Alle erfüllten die gestellten Forderungen. Daß letztendlich ein nockengetriebenes Einspritzsystem, das einem konventionellen Pumpe-Düse System sehr ähnlich ist, für Forschungszwecke gewählt wurde, ist nur auf die rasche Verfügbarkeit seiner Komponenten und den geringeren Einbauaufwand zurückzuführen.

Funktionsbeschreibung

Die Funktion des nockengetriebenen flexiblen Einspritzsystems welches im Bild 11.1 dargestellt ist, kann wie folgt beschrieben werden: Durch die Nockenbewegung wird der Kolben nach unten bewegt und der Kraftstoff verdrängt, der durch das geöffnete Magnetventil 1 weitgehend drucklos in das Kraftstoffversorgungssystem des Motors fließt. Die Einspritzung wird durch das Schließen von Magnetventil 1 eingeleitet. Der Kraftstoffrückfluß wird dadurch gesperrt und der Druck im Hochdruckteil der Pumpe beginnt zu steigen. Nach Erreichen des Düsenöffnungsdrucks und gleichzeitigem Einspritzbeginn baut sich weiterhin Druck solange auf, bis in weiterer Folge das Druckbegrenzungsventil öffnet. Ab diesem Zeitpunkt wird während der anschließenden Voreinspritzung der Einspritzdruck annähernd konstant gehalten. Die überschüssige Kraftstoffmenge wird durch das noch offene Magnetventil 2 in das Kraftstoffversorgungssystem abgesteuert. Die Haupteinspritzung beginnt, wenn das Magnetventil 2 bestromt wird und schließt. Damit wird auch die zweite Verbindung zum Niederdruckkreislauf gesperrt und das Druckbegrenzungsventil außer Funktion gesetzt.

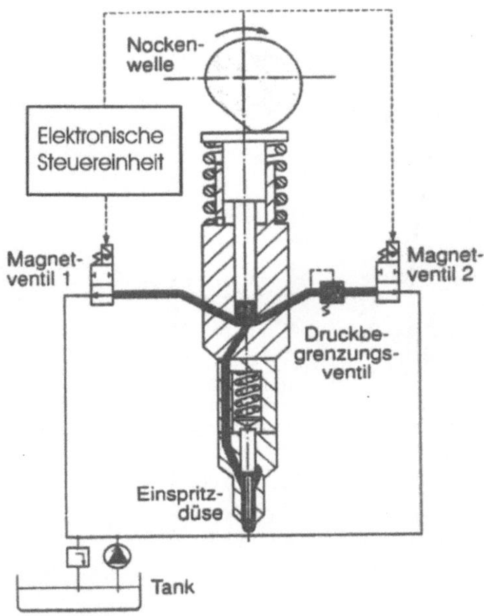

Bild 11.1: Nockengetriebene Einspritzpumpe mit Magnetsteuerung

Ab diesem Zeitpunkt erfolgt der Druckanstieg wie in einem gewöhnlichen Pumpe-Düse-System. Das Einspritzende wird mit dem Öffnen des Magnetventils 1 eingeleitet. Komprimierter Kraftstoff fließt ab, bis der Düsenschließdruck erreicht ist und das Schließen der Düsennadel die Einspritzung beendet. Nach Erreichen der maximalen Hubposition des Pumpenkolbens wird der Kolben über die Rückstellfeder an den Grundkreis des Nockenprofils gedrückt. Dabei wird der Pumpenraum über das Magnetventil 1 wieder mit Kraftstoff gefüllt.

Ergebnisse am Funktionsprüfstand

Nach Entwicklung des Einspritzsystems – wobei soweit wie möglich marktverfügbare Komponenten verwendet wurden – wurde dieses auf dem Funktionsprüfstand getestet.

Das Bild 11.2 demonstriert, daß die Forderung nach flexibler Voreinspritzung mit dieser Systemkonfiguration erfüllbar ist. Die Dauer der vorgelagerten Einspritzung kann in beliebiger Weise eingestellt werden, wobei der Einspritzdruck während dieses ersten Teiles der Einspritzung nahezu konstant gehalten werden kann.

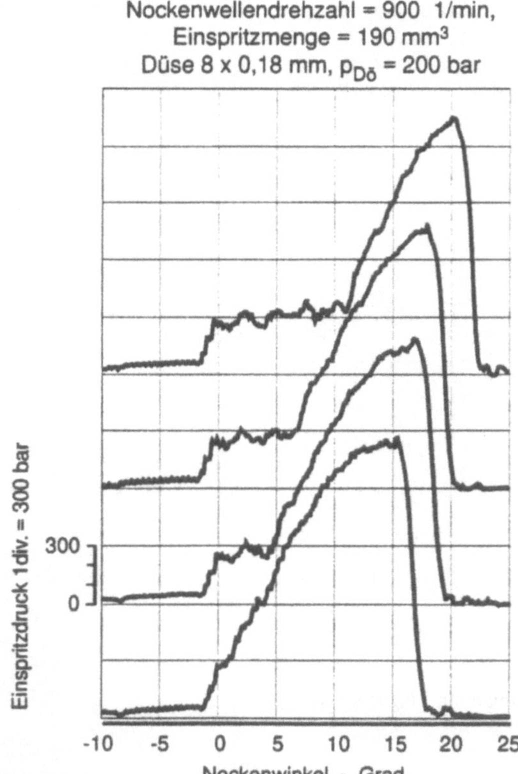

Bild 11.2: Messungen am Funktionsprüfstand / Variation der Ventilschaltzeiten

Die Flexibilität des Einspritzsystems erlaubt die Realisierung von nahezu jedem Einspritzverlauf. Die untere Kurve in Bild 11.3 zeigt z.B. eine der Haupteinspritzung vorgelagerte Piloteinspritzung. Im selben Bild ist zusätzlich das Ergebnis einer Kombination von Vor- und Piloteinspritzung mit schnellem (mittlere Kurve) und langsamem Einspritzende (obere Kurve) wiedergegeben. Zusätzlich ist es auch möglich, eine Nacheinspritzung darzustellen, die wiederum mit verschiedenen gestuften Einspritzungen kombiniert werden kann.

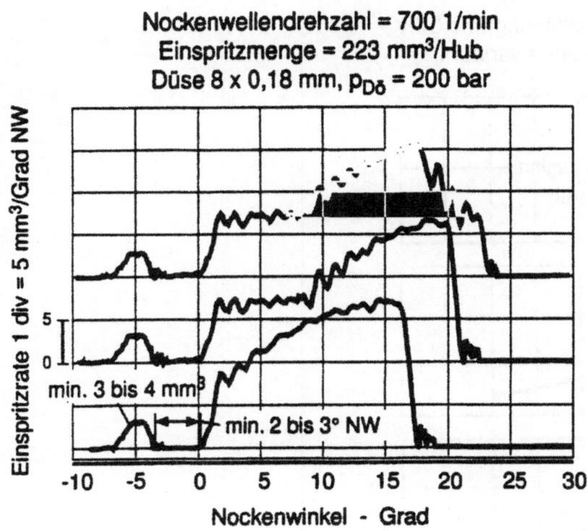

Bild 11.3: Messungen am Funktionsprüfstand – verschiedene Formen des Einspritzverlaufes mit Vor- und Piloteinspritzung

Motorergebnisse

Als Versuchsträger diente ein aufgeladener ladeluftgekühlter AVL Einzylinder-Forschungsmotor mit einem Hubvolumen von 2 l. Der Schwerpunkt der Untersuchungen lag bei einer Motordrehzahl von 1000 U/min und 75% Last.

Bild 11.4 zeigt beispielhaft die Vorteile einer gestuften Einspritzung gegenüber einer spät gestellten Einspritzung ohne entsprechende Gestaltung des Einspritzverlaufes. Die Einhüllende im Ruß/NO_x-Diagramm repräsentiert alle optimalen Kombinationen von Dauer und Beginn einer Voreinspritzung. Man kann daraus den Emissionsvorteil erkennen, welchen die gestufte Einspritzung gegenüber der „normalen" Einspritzung besitzt. Anhand der drei Kurven in Bild 11.4 kann auch nachvollzogen werden, daß mit Voreinpritzung NO_x-Emission und Kraftstoffverbrauch auf verschiedene Weise verbessert werden können. Eine Standardeinspritzung ergibt bei 0.08 g/kWh Ruß (EURO III Erfordernis) eine NO_x-Emission von 5.5 g/kWh und einen spezifischen Kraftstoffverbrauch von 242 g/kWh (Punkt A). Bei gleicher Rußemission und gleichem Verbrauch kann mit einer optimierten Voreinspritzung die NO_x- Emission auf 4.75 g/kWh, d.h. um etwa 14% reduziert werden (Punkt B). Andererseits können gegenüber der Standardeinspritzung bei gleicher Rußemission die NO_x- und Verbrauchswerte gleichzeitig auf 5 g/kWh (-9 %) bzw. 224 g/kWh (-7 %) vermindert werden, wenn eine Voreinspritzung mit 20 °KW Voreinspritzdauer gewählt wird (Punkt C).

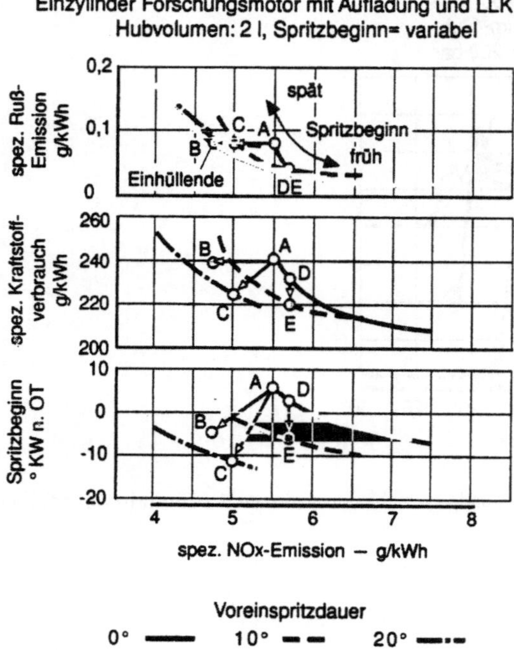

Bild 11.4: Einfluß einer gestuften Einspritzung auf den Ruß / NO_x und b_e / NO_x-Zusammenhang

In Bild 11.4 sind zwei weitere Betriebspunkte D und E markiert, in denen identische NO_x- und Rußemissionen gemessen wurden (NO_x: 5.7 g/kWh, Ruß: 0.04 g/kWh). Punkt D gilt für Standardeinspritzung, Punkt E für eine Voreinspritzung mit 10 °KW-Vorlagerung. Weil mit der Voreinspritzung der Einspritzbeginn von 1.4 ° n.OT auf 7° v.OT vorverlegt werden kann, ergibt sich dadurch eine Reduzierung des Kraftstoffverbrauchs von 232 auf 223.5 g/kWh. In den Bildern 11.5 und 11.6 wird der Sachverhalt genauer analysiert:

Bild 11.5 zeigt für beide Betriebspunkte die Verläufe von Nadelhub, Kraftstoffdruck, Brennverlauf und Zylinderdruck. Der mit der Voreinspritzung für gleiche NO_x-Emissionen mögliche frühere Einspritzbeginn führt zu einem höheren Zylinderspitzendruck. Die anfängliche Wärmefreisetzung verläuft aber etwas langsamer und auch deren Spitzenwert liegt niedriger als im Falle der „normalen" Einspritzung.

Die in Bild 11.6 gezeigten Resultate entstanden unter Verwendung eines Computerprogrammes für Verbrennungsanalyse. Das Paket beinhaltet ein Zweizonen-Verbrennungsmodell und ein Modell zur Berechnung der NO_x-Bildung [11.20]. Die Voreinspritzung führt zu niedrigeren Temperaturen der Verbrennungsgase. Begründet wird dies mit der geringeren Wärmefreisetzungsrate im Bereich des Einspritzendes.

Die Phase der NO_x-Bildung wird in Richtung früh verschoben. Der Unterschied in den Zylinderdruckverläufen ergibt einen deutlichen Unterschied in der Rate der Energieabgabe an die Kurbelwelle. Es ist offensichtlich, daß der Verbrauchsvorteil, der mit einer Voreinspritzung erzielt wird, im Bereich zwischen OT und 30° nach OT entsteht und vor allem von der früheren Wärmefreisetzung herrührt.

Aus den oben beschriebenen Ergebnissen läßt sich die Strategie ableiten, durch eine Frühverlagerung der Einspritzphase auch den Verlauf der Wärmefreisetzung nach früh zu verschieben, aber diese in der ersten Phase der Verbrennung durch Begrenzung der Einspritzrate klein zu halten.

Auch die Piloteinspritzung wurde hinsichtlich ihrer Wirkung auf die Verbrennung analysiert. Es wurden zwei Varianten mit unterschiedlichen Einspritzabständen untersucht. Der Beginn der Haupteinspritzung wurde dabei konstant gehalten. Die Pilotmenge wurde in beiden Fällen auf 6 mm³/Hub eingestellt.

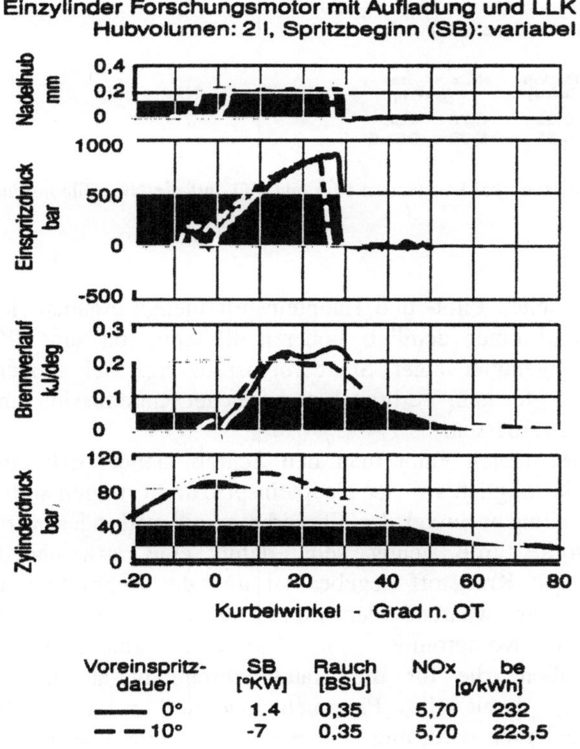

Voreinspritz-dauer	SB [°KW]	Rauch [BSU]	NOx	be [g/kWh]
—— 0°	1.4	0,35	5,70	232
— —10°	-7	0,35	5,70	223,5

Bild 11.5: Einfluß der Voreinspritzung bei konstantem Ruß und NO_x auf den Kraftstoffverbrauch

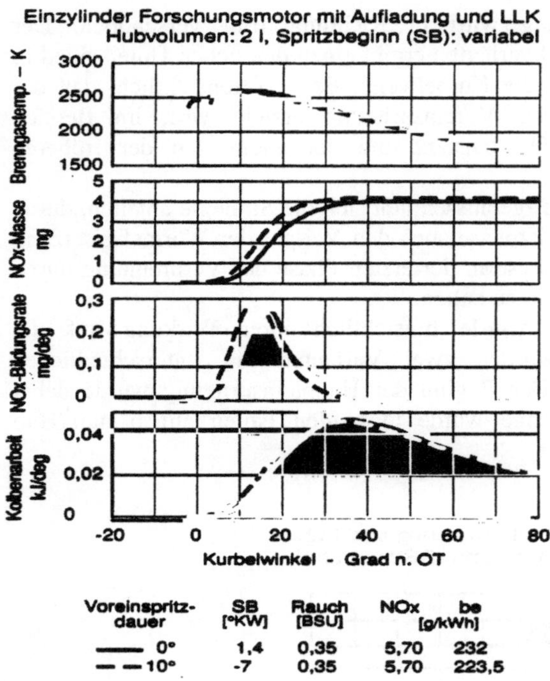

Voreinspritz-dauer	SB [°KW]	Rauch [BSU]	NOx	be [g/kWh]
0°	1,4	0,35	5,70	232
10°	-7	0,35	5,70	223,5

Bild 11.6: Einfluß der Voreinspritzung bei konstantem Ruß und NO_x auf die NO_x-Bildung und Kolbenarbeit

Bei kleinem Abstand zwischen Pilot- und Haupteinspritzmenge ergaben sich bei höherem Verbrauch und einer deutlich höheren Rußemission eine 9% niedrigere NO_x-Emission gegenüber einer Standardeinspritzung. Bei großem Spritzabstand wurde bei etwa gleichem Verbrauch und gleicher Rußemission eine 5% niedrigere NO_x-Emission gemessen.

Aus den gewonnenen Resultaten kann man den Schluß ziehen, daß eine Piloteinspritzung so kurz wie möglich vor der Haupteinspritzung erfolgen sollte, damit eine massive NO_x-Bildung während der Vorverbrennung verhindert wird. Der Piloteinspritzdruck sollte groß genug sein, damit eine ausreichende Durchmischung von Luft und Kraftstoff gegeben ist und die Rußbildung in Grenzen gehalten wird. Die während der Piloteinspritzung eingebrachte Kraftstoffmenge sollte ein Kompromiß sein: Einerseits sollten genug Verbrennungsprodukte anfallen (die für die Hauptverbrennung als interne Abgasrückführung wirken), damit die Flammentemperatur während der Hauptverbrennung niedrig gehalten wird, und andererseits muß eine übermäßige Rußbildung (durch zu hohe Pilotmenge) unterbunden werden.

11.2
Einspritzdüsen mit variablem Durchflußquerschnitt

Eine weitere Möglichkeit den Einspritzverlauf den Motorerfordernissen anzupassen, besteht in der Kombination einer nockenangetriebenen Pumpe mit Einspritzdüsen, die einen variablen Durchflußquerschnitt aufweisen. Der prinzipielle Zusammenhang wurde in Kap. 8.3. / Bild 8.12 dargestellt.

Vorversuche, die ohne Verwendung von Abgasrückführung (AGR) durchgeführt worden waren [11.18], hatten gezeigt, daß dieses Konzept ein großes Potential zur Reduzierung der Abgasemissionen aufweist. Um festzustellen, ob dieser Emissionsvorteil auch bei Verwendung von AGR bestehen bleibt, wurden auf einem aufgeladenen, ladeluftgekühlten Einzylinder-Forschungsmotor des Typs AVL FM 528 (0.533 Liter Hubraum) weitere Untersuchungen durchgeführt. Bild 11.7 zeigt für den Betriebspunkt 2000 U/min, 10 mm^3/Hub den Einfluß von Durchflußquerschnitt und AGR-Rate auf NO_x/ Ruß- und NO_x/Verbrennungsgeräusch-Trade-Off. Der Einpritzbeginn wurde dabei so eingestellt, daß sich der gleiche spezifische Kraftstoffverbrauch ergab.

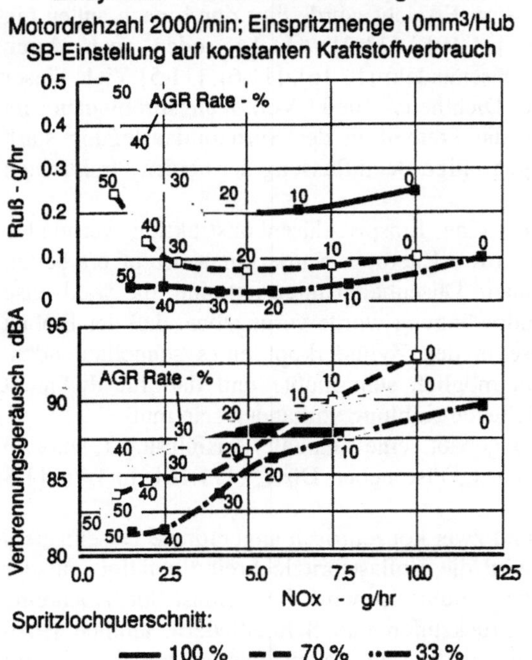

Bild 11.7: Einfluß von AGR-Rate und Durchflußquerschnitt auf NO_x/Ruß Trade Off und NO_x/Verbrennungsgeräusch Trade Off

Im oberen Teil des Bildes ist ersichtlich, daß durch die Verwendung kleiner Spritzlochquerschnitte und hoher AGR-Raten sowohl die Ruß- als auch die NO_x-Emission deutlich verbessert wird.

Aus dem unteren Teil des Bildes 11.7 ist abzulesen, daß auch das Verbrennungsgeräusch mit erhöhter AGR-Rate und kleinerem Spritzlochquerschnitt deutlich gesenkt werden kann.

Basierend auf gleichen Partikelemissionen ergab die Hochrechnung der Meßergebnisse für den FTP72 Zyklus für das Standardsystem eine NO_x-Emission von 0.7 g/Meile, während mit der Teillast/Vollast-Düse 0.35 g/Meile erreicht wurden.

Infolge dieser eindeutigen Ergebnisse wurde in der AVL eine Teillast/Vollast - Düse für den Fahrzeugeinsatz entwickelt.

Konzept und Funktionsbeschreibung

Das Konzept einer Einspritzdüse mit variablem Durchflußquerschnitt ist nicht neu, und viele Ausführungen wurden in der Vergangenheit mit unterschiedlichem Erfolg getestet. Die meisten Anstrengungen wurden unternommen, um Einspritzdüsen zu entwerfen, die bei Teillast eine Lochreihe mit kleinem Durchflußquerschnitt freigeben und in denen in der Vollast eine zusätzliche Reihe mit großem Querschnitt geöffnet wird. Erreicht wurde dies durch nach außen hin öffnende Düsennadeln [11.17], [11.19], [11.3], [11.14] oder auch durch konzentrische Anordnung zweier Düsennadeln [11.16], [11.6], [11.5] Viele dieser „variablen" Düsen führten zu Dichtheits- und Verkokungsproblemen im Nadelsitzbereich. Außerdem war die Freiheit in der Spritzbildauslegung stark eingeschränkt, wenn man eine gegenseitige Beeinflussung der beiden Strahlreihen vermeiden wollte.

Diese Nachteile können durch eine Einspritzdüsenkonstruktion vermieden werden. Nach eingehenden Studien der Literatur wurde ein Konzept erarbeitet, wonach zwei Einspritzdüsen in einem Düsenhalter integriert sind, die wahlweise aktiviert werden können. Als Randbedingung wurde vorgegeben, daß der Einbau dieser kombinierten Einspritzdüse in den Zylinderkopf eines schnellaufenden, direkteinspritzenden Dieselmotors möglich sein mußte und daß für die nicht „aktive" Einspritzdüse eine ausreichende Kühlung vorhanden sein muß.

Es wurden zwei Ausführungen gebaut: eine koaxiale Ausführung („Düse in Düse") und eine Tandemausführung („Düse neben Düse") [11.16]. In Bild 11.8 sind beide Konzepte dargestellt.

In der *Koaxial-Einspritzdüse* sind zwei konzentrisch angeordnete Düsennadeln eingebaut. Mit der Außennadel wird die Vollastspritzlochreihe betätigt, mit der Innennadel, die in der Außennadel geführt ist wird die Teillast-Spritzlochreihe betätigt. Beide Nadeln sind mit Druckstufen und Schließfedern, ähnlich jenen konventioneller Düsen, ausgestattet, und beide Nadeln werden gleichzeitig mit dem Einspritzdruck beaufschlagt.

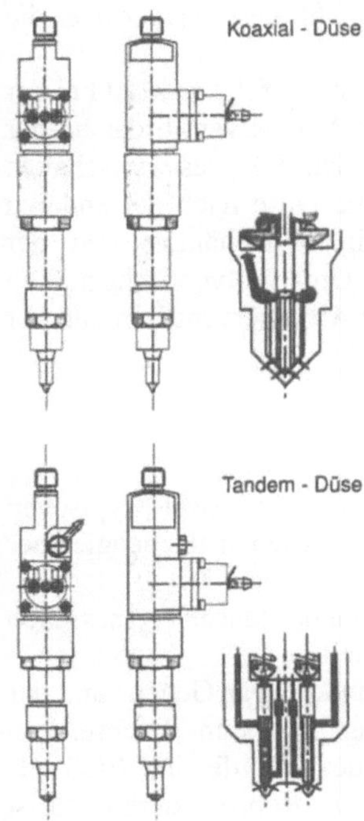

Bild 11.8: Teillast / Vollastdüsen-Konzepte

Um bei der Einspritzung zu verhindern, daß beide Nadeln öffnen, wird die Rückseite jener Nadel, die geschlossen bleiben soll, ebenfalls mit Einspritzdruck beaufschlagt. Die Druckbeaufschlagung der jeweiligen Nadelrückseite erfolgt mit einem 4/2-Wege-Schieber-Ventil, das elektromagnetisch betätigt wird.

Dieses Konzept gewährt eine große Freiheit in der Gestaltung des Einspritzverlaufes. Sowohl für Teillast als auch für Vollast können Lochanzahl, Durchflußquerschnitt und Strahlrichtung frei gewählt werden. Auch ist durch den Kraftstoff, der eingespritzt wird, eine ausreichende Kühlung der Düsenkuppe gegeben: eine Überhitzung und Verkokung der nicht aktivierten Spritzlöcher ist somit nicht zu befürchten.

Auch in der *Tandem-Einspritzdüse* sind zwei Düsennadeln eingebaut. Sie sind nicht konzentrisch zueinander angebracht – wie in der Koaxial-Einspritzdüse, sondern liegen nebeneinander. Die Verwendung der Tandem-Düse ist dieselbe: Bei hohen Drehzahlen und großen Lasten wird durch größere Spritzlöcher eingespritzt, während bei geringeren Drehzahlen und kleinen Lasten die kleineren Spritzlöcher verwendet werden. Ein gleichzeitiger Betrieb beider Einspritzdüsen ist auch hier nicht vorgesehen: über ein 4/2-Wege Magnetventil kann entweder die Vollast- oder die Teillast-Düsennadel angesteuert werden.

Um die Kuppe der nicht einspritzenden Düse ausreichend kühlen zu können, wurde eine eigene Kühlgalerie vorgesehen. Der kühlende Kraftstoff fließt über das

4/2-Wegeventil zur nicht „aktiven" Düsenkuppe und verläßt diese wieder über die Zulaufbohrung.

Das Aktivieren des jeweils passenden Düsenquerschnitts erfolgt sowohl bei der Koaxial- als auch bei der Tandemausführung durch ein Magnetventil, das an der Oberseite der kombinierten Einspritzdüse angebracht ist. Für das Umschalten bieten sich zwei Strategien an: man kann entweder eine Düse nach der anderen schalten, oder man schaltet alle Düsen gleichzeitig. Unabhängig von der gewählten Strategie sind die Anforderungen an das Umschaltventil bezüglich Schaltzeit bei weitem nicht so hoch sind wie jene, der Absteuerventile moderner Einspritzpumpen.

Untersuchungen am Funktionsprüfstand

Beide Ausführungen wurden am Funktionsprüfstand in zwei typischen Lastpunkten erprobt und in ihrer Einspritzcharakteristik mit jenen flächengleicher Standarddüsen verglichen.

Generell verliefen die mit den neuen bzw mit Standarddüsen gemessenen Verläufe von Einspritzdruck und Einspritzrate sehr ähnlich.

Auch der Umschaltvorgang von einer Düse auf die andere war Gegenstand der Untersuchungen am Funktionsprüfstand. Bild 11.9 zeigt die beim Wechsel von Teil- auf Vollast (und umgekehrt) gemessenen Druckverläufe im BOSCH-Indikator, die direkt proportional der Einspritzrate sind. Die Reproduzierbarkeit ist gut und man kann erkennen, daß während der Schaltvorgänge eine nahtlose Aufeinanderfolge der Einspritzerverlaufe gegeben ist. Die im Bild dargestellte sprunghafte Änderung der Einspritzmenge beim Wechsel von Teil- auf Vollastquerschnitt (und umgekehrt) wurde für die anschließenden Motortests durch Implikation von zwei düsenspezifischen Kennfeldern in das Pumpensteuergerät korrigiert.

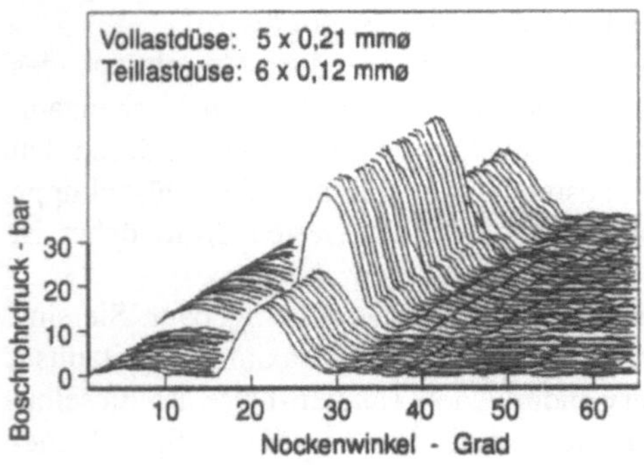

Bild 11.9: Einfluß der Tandemdüsen-Umschaltung auf den Einspritzverlauf

Motorergebnisse

Die mit einer Teillast/Vollastdüse erzielbaren Emissionsverbesserungen zeigt Bild 11.10. Die Versuche erfolgten an einem Vierzylinder-Saugmotor mit einem

Hubvolumen von 2.0 l, wobei weder eine Abgasrückführung noch ein Oxidationskatalysator zur Anwendung kamen. Die Teillast/Vollast-Düse wurde dabei mit Standarddüsenhalter und zwei Düsenkonfigurationen für Teillast- bzw. Vollastbetrieb simuliert und das Emissionsergebnis im FTP72 Test wurde aus den Motorkennfeldern hochgerechnet. Die mit den ausgeführten Tandemdüsen im Vergleich zu konventionellen Düsen erzielbaren Emissionsvorteile wurden hingegen an dem AVL-Leader-Motor [11.6], [11.5], welcher in einem Audi 100 eingebaut war, im MVEG Kalttest ermittelt. Zur Vergleichbarkeit der Emissionsergebnisse wurden diese auf den Kraftstoffverbrauch bezogen.

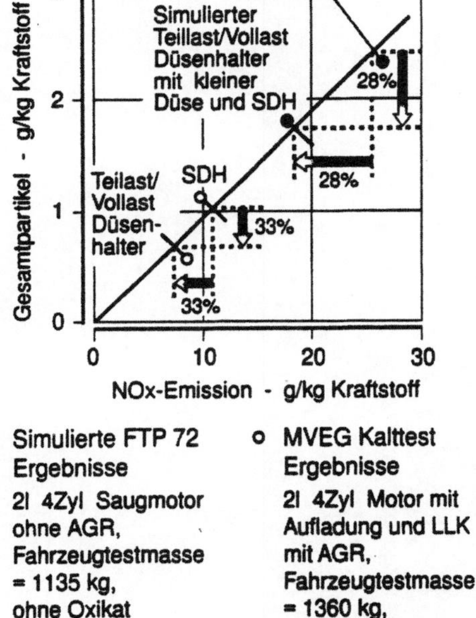

Bild 11.10: Auswirkungen der AVL Teillast / Vollast-Düse auf NO_x / Partikel-Fahrzeugemission

Die durch den Nullpunkt laufende Gerade weist die geringsten Abweichungen von den Meßergebnissen auf. Die von den Meßpunkten ausgehenden Linien stellen Trade-off-Hyperbeln dar. Deren Schnittpunkt mit der Geraden wird zur Beurteilung der Emissionsverbesserung herangezogen. Während für den Saugmotor durch die Verwendung einer Teillast/Vollastdüse sowohl die NO_x- als auch die Partikelemission um etwa 28% verbessert wurden, ergab sich für den aufgeladenen ladeluftgekühlten Motor ein Verbesserungspotential um etwa 33%. Damit gilt, daß eine Düse mit variablem Spritzlochquerschnitt für Motorteillast- bzw. Vollastbetrieb unabhängig vom Aufladezustand des Motors und vom Einsatz der Abgasrückführung stets ein Verbesserungspotential von etwa 30% sowohl für die NO_x- als auch die Partikelemission aufweist.

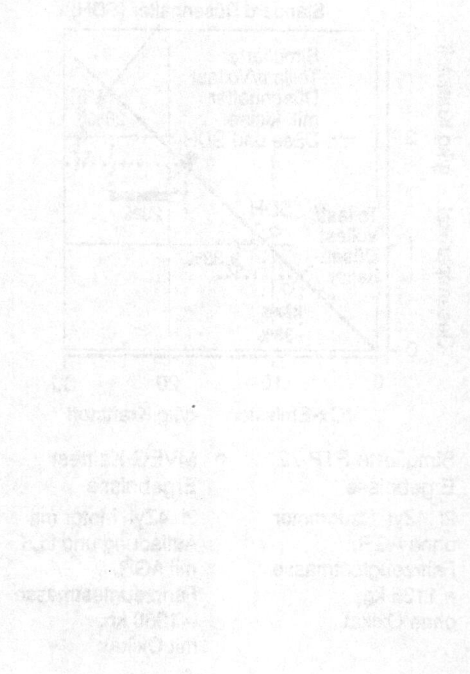

12 Systeme mit drehzahlunabhängiger Modulation des Kraftstoffdrucks: Das Diesel-Druckstoßeinspritzsystem

12.1 Funktionsbeschreibung und Ausführungsbeispiel

Wie in Kapitel 8.3 erwähnt, wird der Verlauf des Kraftstoffdrucks in einem solchen Fall derart gestaltet, daß im Zusammenspiel mit der Nadelhubbewegung und mit der Veränderung des Düsenquerschnittes der entsprechende Einspritzverlauf resultiert. Der drehzahlunabhängige Druckwellenverlauf wird in der Kraftstoffleitung durch hydrodynamische Effekte erzielt. Ein solcher Effekt, der zum Teil im Rahmen der Systeme zur Benzin-Direkteinspritzung geschildert wurde, ist der Druckstoß (Wasserschlag, hydraulischer Widder). In Bild 12.1 ist ein Druckstoßeinspritzsystem für Direkteinspritzung in Mehrzylinder-Dieselmotoren schematisch dargestellt.

Die Kraftstoff-Druckwelle, die jeweils zu einer Einspritzdüse geleitet wird, entsteht infolge der Beschleunigung einer Kraftstoffsäule innerhalb einer Schwungleitung, die an der Einspritzdüse angeschlossen ist und ihres nachfolgenden Aufpralls auf einen starren Körper – in diesem Falle ein elektromagnetisch gesteuertes Ventil. Durch den Aufprall wird eine geringfügige Flüssigkeitskompression hervorgerufen, die eine steile Druckerhöhung zur Folge hat. Vom Aufprallort pflanzt sich die Druckwelle mit Schallgeschwindigkeit in die Schwungleitung fort, wobei durch die Abmessungen dieser Leitung und durch die Gestaltung eines Druckwellendämpfers am Leitungseingang der Druckwellenverlauf entsprechend der Erfordernisse gestaltet werden kann. Der Druckverlauf wird zum Eingang einer Einspritzdüse geleitet, die auf der Ventilseite an die Schwungleitung angekoppelt ist.

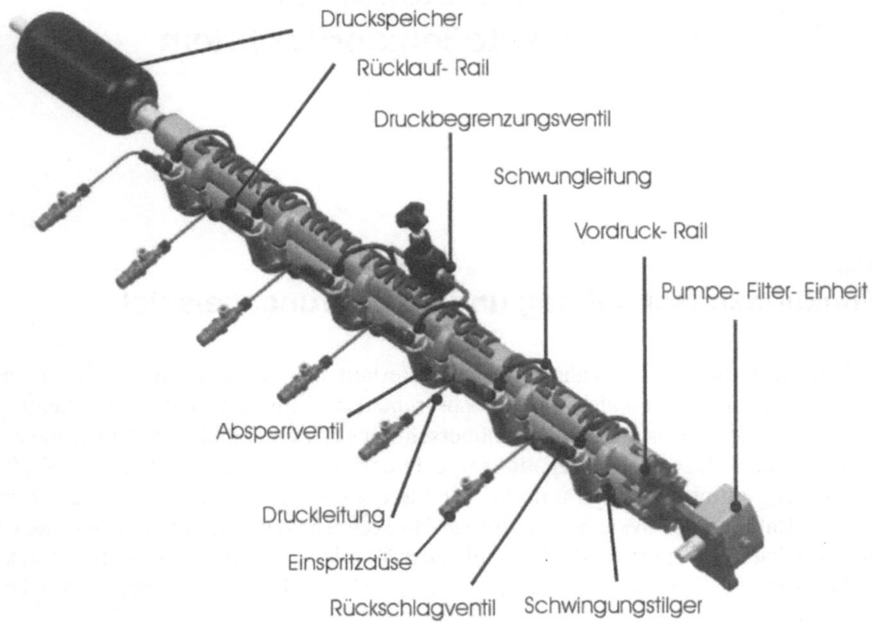

Bild 12.1: Mehrzylinder-Druckstoßeinspritzsystem – Schema

Zur Kraftstoffbeschleunigung in der Schwungleitung wird die potentielle Energie des Kraftstoffes in Form eines Vordruckes genutzt, der in einem separaten Modul des Systems – bestehend aus Vordruckpumpe, Druckbegrenzungsventil, Filter und Speicher – erzeugt wird. Der Speicher ist in der Konfiguration, die in Bild 12.1 dargestellt ist, als gemeinsame Leitung für alle Zylinder gestaltet. Der Vordruck in diesem Modul ist in der Regel 10-15 mal geringer als der maximale Druck der zu erzeugenden Druckwelle, beispielsweise 50bar Vordruck für eine Druckwelle mit einer Amplitude von 600bar. Dieser Vordruck soll während der Kraftstoffbeschleunigung, die 1-10ms dauert, am Eingang der Schwungleitung einen konstanten Wert aufweisen. Andererseits ist am Leitungsende bei geöffneten Ventil eine Ausströmung des Kraftstoffs aus der Schwungleitung bei möglichst geringem Strömungswiderstand zu gewähren. Die Konfiguration in Bild 12.1 sieht dafür eine gemeinsame Vordruckleitung bzw. eine gemeinsame Rücklaufleitung für alle Schwungleitungen vor. In Bild 12.2 ist die Konstruktion eines solches Systems und in Bild 12.3 die realisierte Ausführung am hydraulischen Funktionsprüfstand dargestellt.

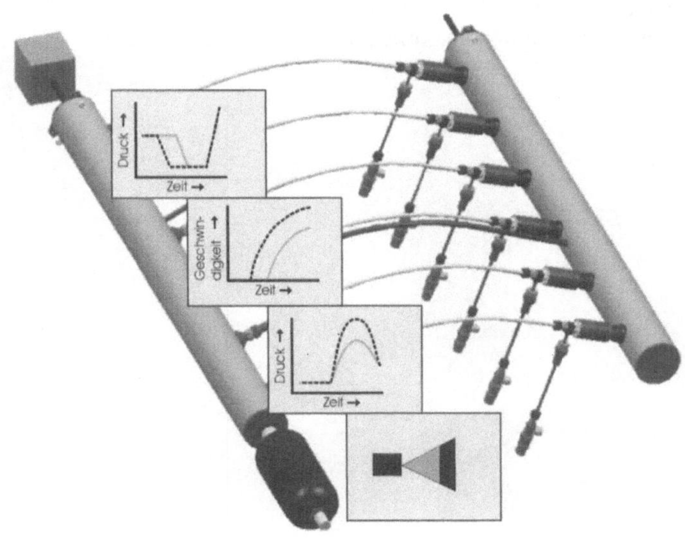

Bild 12.2: Mehrzylinder-Druckstoßeinspritzsystem – Konstruktion

Bild 12.3: Mehrzylinder-Druckstoßeinspritzsystem – Prototyp

In Bild 12.4 ist die Konstruktion einer Einspritzdüse dargestellt, die in den meisten Anwendungen eine einfache, konventionelle Bauart aufweist.

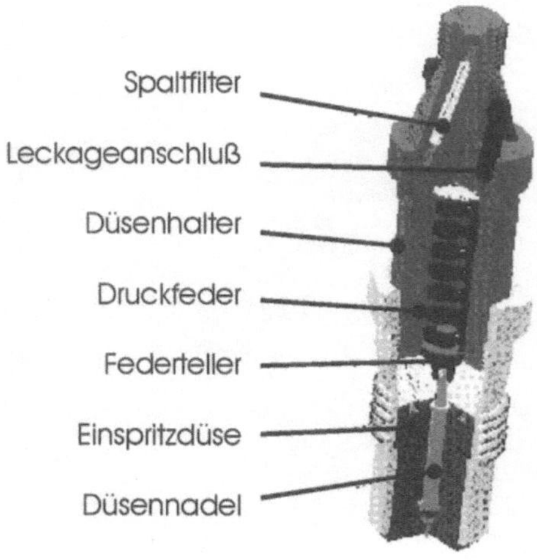

Bild 12.4: Diesel-Einspritzdüse

Bild 12.5 stellt die Ausführung eines elektromagnetischen Ventils mit kraftstoffdurchströmtem Anker dar.

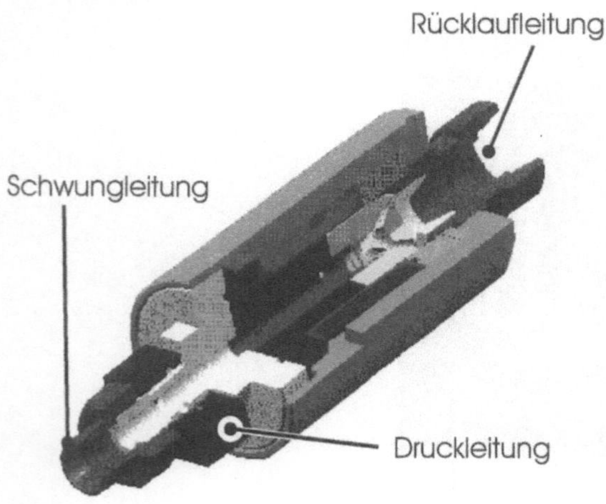

Bild 12.5: Absperrventil

Die direkte elektronische Steuerung jedes elektromagnetischen Ventils, welches in einer Schwungleitung montiert ist, gewährt die erforderliche Gestaltung des Druckverlaufs, aber auch eine sehr geringe Verzögerung zwischen Steuerimpuls und Druckverlauf. Der Einspritzbeginn kann durch die entsprechende Verlegung der Druckwelle anhand des elektrischen Steuersignals unbegrenzt variiert werden.

Die Einstellung der Einspritzmenge kann in zwei Arten vorgenommen werden:

- Variation des Vordruckwertes am Eingang der Schwungleitung bei unveränderter Beschleunigungsdauer des Kraftstoffs, welche durch entsprechend konstante Öffnungsdauer des elektromagnetischen Ventils in der Schwungleitung erfolgt.
- Konstanter Vordruck am Eingang der Schwungleitung und veränderte Beschleunigungsdauer des Kraftstoffs, welche durch entsprechend eingestellte Öffnungsdauer des elektromagnetischen Ventils in der Schwungleitung erfolgt.

In den 4 Sequenzen, die der Konstruktion in Bild 12.2 beigefügt sind, kann der Verlauf der Vorgänge für zwei unterschiedliche Einspritzmengen nach der Methode b) verfolgt werden: Durch Öffnung des elektromagnetischen Ventils für eine längere Dauer wird auch eine höhere Geschwindigkeit des Kraftstoffs bis zum Aufprall erreicht. Daraus resultiert nach dem Aufprall auf das schlagartig schließende Ventil auch eine höhere Druckamplitude. Dabei ist die Dauer der Druckwelle unverändert – entsprechend der gegebenen Resonanzbedingungen in der Schwungleitung. Infolge der größer gewordenen Druckdifferenz zwischen dem Kraftstoff am Eingang der Einspritzdüse und dem Gas im Brennraum nimmt auch die Einspritzmenge zu.

Der Einspritzbeginn wird durch die entsprechende Verlegung des Startimpulses für den Stromverlauf im elektromagnetischen Ventil bestimmt. In allen Anwendungsformen des Systems werden dafür in der Steuerelektronik Datenkennfelder gespeichert, die Last, Drehzahl, Umgebungsbedingungen oder weitere Motorparameter berücksichtigen.

Die Komponenten des Systems und ihre Konfiguration entsprechend Bild 12.2 zeigen keine wesentlichen Unterschiede zu einem Common-Rail-System. Der wesentliche Unterschied ist funktioneller Art: während bei Common-Rail-Systemen der maximale Druck stets in der gemeinsamen Druckleitung vorhanden ist, liegt in der gemeinsamen Leitung eines Druckstoßsystems nur ein Vordruck an, der, wie bereits erwähnt, in der Regel 10-15mal niedriger als die maximale Druckamplitude ist. Der maximale Druck entsteht nur für den Zylinderstrang bzw. nur für den Einspritzvorgang der momentan durchgeführt wird.

12.2
Ergebnisse beim Einsatz in Motoren

Untersuchungen mit verschiedenen Systemausführungen am hydraulischen Funktionsprüfstand zeigen eine exakte Funktion und reproduzierbare Ergebnisse. In Bild 12.6 ist der Verlauf des Stromes zur Steuerung des elektromagnetischen Ventils und der daraus resultierenden Druckwelle in der Schwungleitung darstellt. Das Bild zeigt, daß bis zum Erreichen einer Stromspitze, welche von der Magnetkraft zur Öffnung des Ventils bestimmt wird, der Vordruck in der Schwungleitung unverändert bleibt. Nachdem der Anker am Ende der Öffnungshubes angekommen ist, genügt in der Regel nur ein Teil des maximalen Stromes, um ihn offen zu halten. Im Druckverlauf ist während dieser Phase ein Abfall zu sehen, der durch die Umsetzung der potentiellen in kinetische Energie während der Kraftstoffbeschleunigung begründet ist. Nach Unterbrechung des Stromes und einer Verzögerungsdauer, die einen elektromagnetischen und einen hydraulischen Anteil enthält, kommt die Druckwelle zustande, die zur Einspritzdüse geleitet wird.

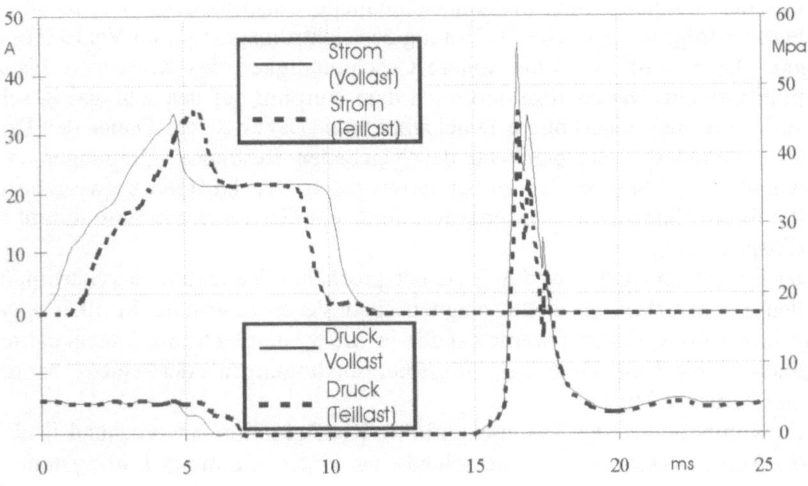

Bild 12.6: Steuerstrom- und Druckverlauf des Einspritzsystems

Das Bild 12.7 zeigt andererseits anhand zweier unterschiedlicher Arbeitsfrequenzen, daß die Vorgänge für jede Motordrehzahl bei konstanter Einspritzmenge praktisch unverändert bleiben.

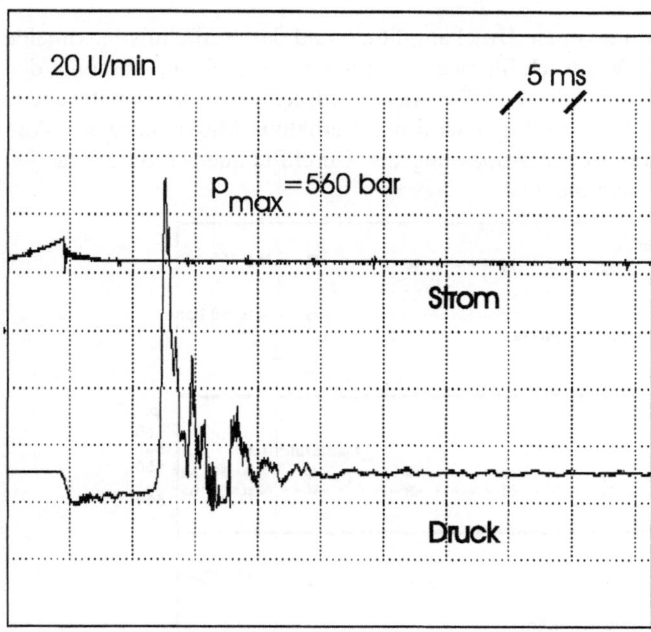

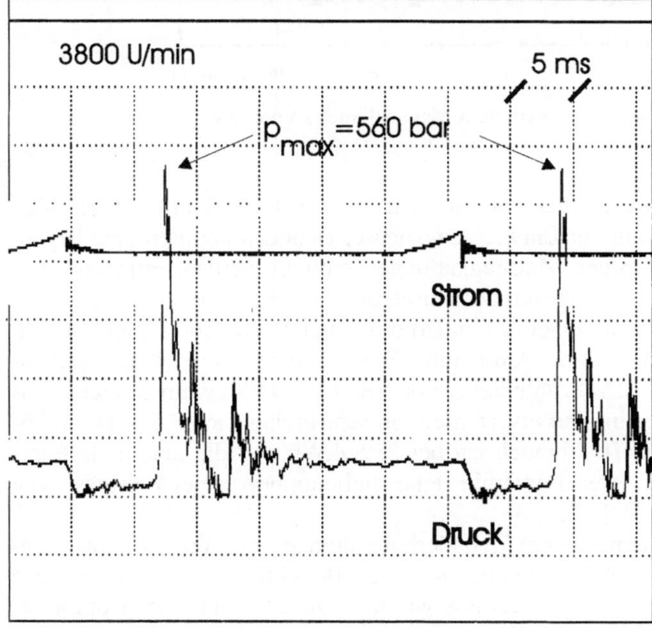

Bild 12.7: Steuerstrom- und Druckverläufe für verschiedene Drehzahlen

In Bild 12.8 sind die maximale Druckamplitude und das Verhältnis maximaler Druck zum eingestellten Vordruck für zwei Vordruckwerte in einem Abschnitt der Ventilöffnungsdauer dargestellt. Je höher der Vordruck für eine bereits abgestimmtes System wird, desto niedriger wird das Verhältnis Maximaldruck / Vordruck, was in der hydraulischen Anpassung der Durchflußquerschitte an das jeweilige Druckpotential begründet ist.

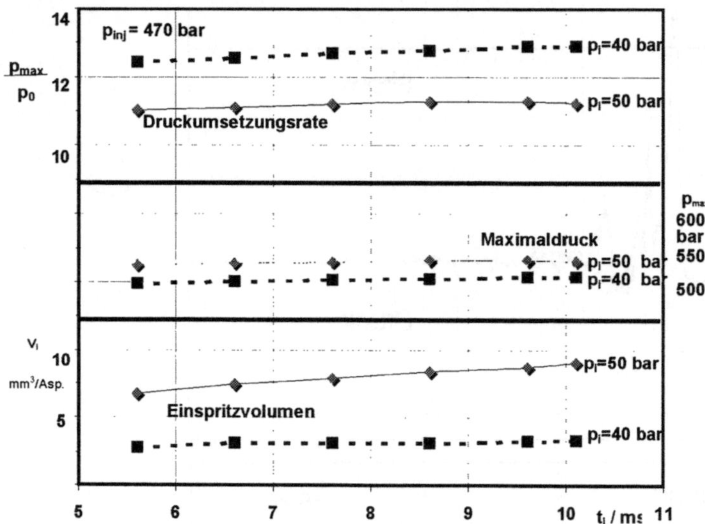

Bild 12.8: maximale Druckwerte und Verhältnis Maximaldruck / Vordruck

Die Druckstoßeinspritzanlagen zur Einspritzung von Dieselkraftstoff befinden sich derzeit größtenteils in der Entwicklungsphase. Dennoch konnten gute Ergebnisse beim Einsatz in einigen Motorengattungen erreicht werden. Folgende Beispiele bezeugen das breite Spektrum der Einsatzmöglichkeiten dieses Verfahrens:

Zweitakt-Dieselmotor mit einem Zylinderhubvolumen von 250cm³, luftgekühlt, mit Kurbelkastenspülung, ohne Aufladung. Beim Einsatz eines Druckstoßeinspritzsystems wurde ein Drehzahlbereich von 1800 bis 7400U/min erreicht, was für einen Zweitaktmotor im Dieselverfahren ein sehr breites Gebiet ist. Der minimale spezifische Kraftstoffverbrauch lag bei 289g/kWh und die maximale Energiedichte bei 420kPa, was immerhin eine hubraumbezogene Leistung von 31,5kW/dm³ ergibt [12.2], [12.3].

Viertakt-Dieselmotor mit einem Zylinderhubvolumen von 300 cm³, wassergekühlt, ohne Aufladung. Im Drehzahlbereich von 1000-4500 U/min zeigten erste Untersuchungen vergleichbare Ergebnisse wie mit einer, für den Motor optimierten Reihenpumpe. Dabei wurde allerdings der Öffnungsdruck der Einspritzdüse (gleiche Düsenart für beide Systeme) von 175bar auf 95bar gesenkt. Dies zeigt die guten Strahlcharakteristika, insbesondere die ausreichende Zerstäubung, die durch den steilen Druckanstieg während eines Druckstoßes, selbst bei einer relativ niedrigen Druckamplitude, möglich sind. Die erreichte Energiedichte bis zur zulässigen Rußgrenze betrug in diesem Fall 650kPa, was einer hubraumbezogenen Leistung von 17,6kW/dm³ bei 4500U/min entsprach [12.1].

Viertakt-Gasmotor mit einem Zylinderhubvolumen von 4200cm³, wassergekühlt, mit Turboaufladung. Die Dieseleinspritzung wird in diesem Fall in einem anderen Sinne als Piloteinspritzung genutzt, indem der Dieselkraftstoff, der gegen Ende der Kompression des Gemisches Gas / Luft in den Brennraum eingespritzt wird, selbst zündet und damit – anstelle einer Zündkerze – bessere Bedingungen für die Zündung des Gas / Luft Gemisches bietet. Die Kenngrößen des Einspritzstrahles bei der Anwendung eines Diesel-Drucksstoßeinspritzsystems erlaubten die Senkung der NO_x-Emission auf 0,25 g/m³ (½ TA Luft) bei Vollast (maximaler Zylinderdruck: 160bar / effektive Energiedichte: 161kPa) was ein gutes Ergebnis ist [12.4]. Die in Bild 12.9 dargestellten Verläufe für Nadelhub der Einspritzdüse, Stromverlauf im elektromagnetischen Ventil der Einspritzanlage und Druckverlauf am Eingang in der Einspritzdüse – bezogen auf den Kurbelwinkel – geben

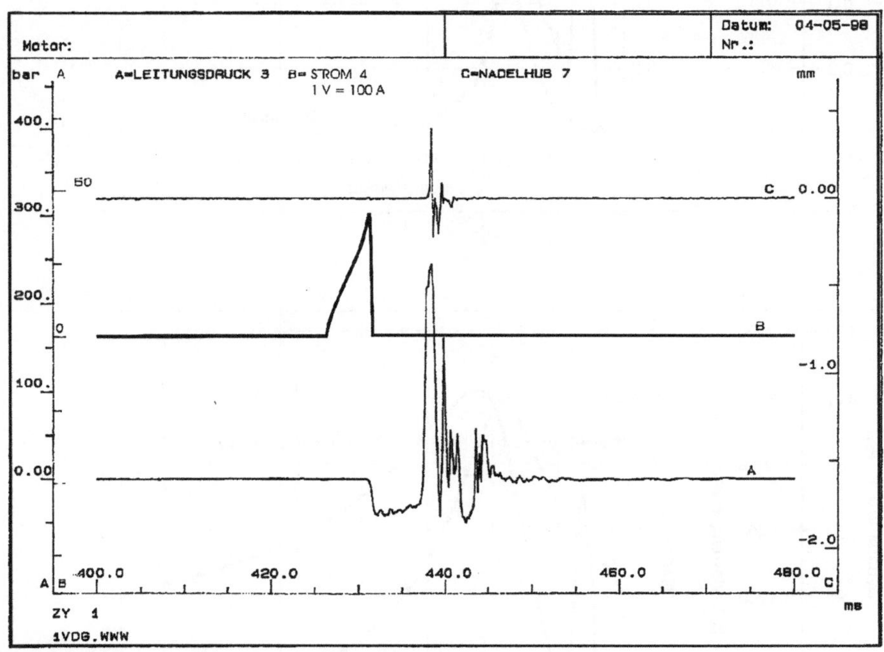

Auskunft über die realen zeitlichen Abläufe.

Bild 12.9: Verläufe der Kenngrößen des Druckstoßeinspritzsystems

In Bild 12.10 sind schließlich der Brennverlauf sowie Zylinderdruck- und Temperaturverlauf für die beschriebenen Einspritzvorgänge dargestellt. Dieser Anwendungsbereich hat eine beachtliches Potential, wie gegenwärtige Untersuchungen zeigen.

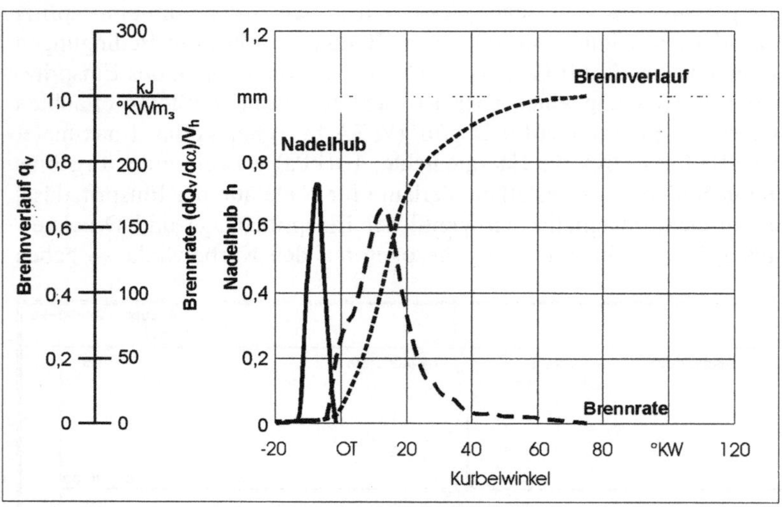

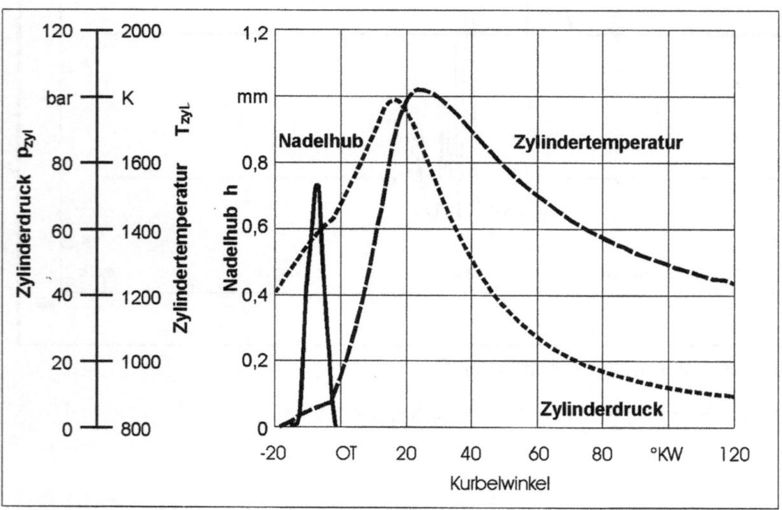

Bild 12.10: gemessene Verläufe von Brennverlauf, Zylinderdruck und Temperatur beim Motorbetrieb

Bild 12.11: Einspritzstrahlentwicklung

Im Bild 12.11 ist die zeitliche Entwicklung des Einspritzstrahls bei dem Druck-stoßeinspritzsystem dokumentiert, welches für die Diesel-Piloteinspritzung in Gasmotoren entwickelt wurde.

13 Einspritzsysteme für alternative Kraftstoffe – insbesondere Flüssiggase

13.1
Alternative Kraftstoffe – Ressourcen und Potentiale zur Senkung der Schadstoffemission

Überblick über mögliche Kraftstoffe

Alternative Kraftstoffe werden zunehmend als tatsächliche Alternative zu den herkömmlichen Benzin- und Dieselkraftstoffen betrachtet. Sie sind auch entsprechend verfügbar, umweltverträglich und einigermaßen wirtschaftlich herstellbar. In Bild 13.1 ist eine Übersicht fossiler und nachwachsender Rohstoffe, die als Kraftstoffe einsetzbar sind und ihre Herstellungstechnologie dargestellt.

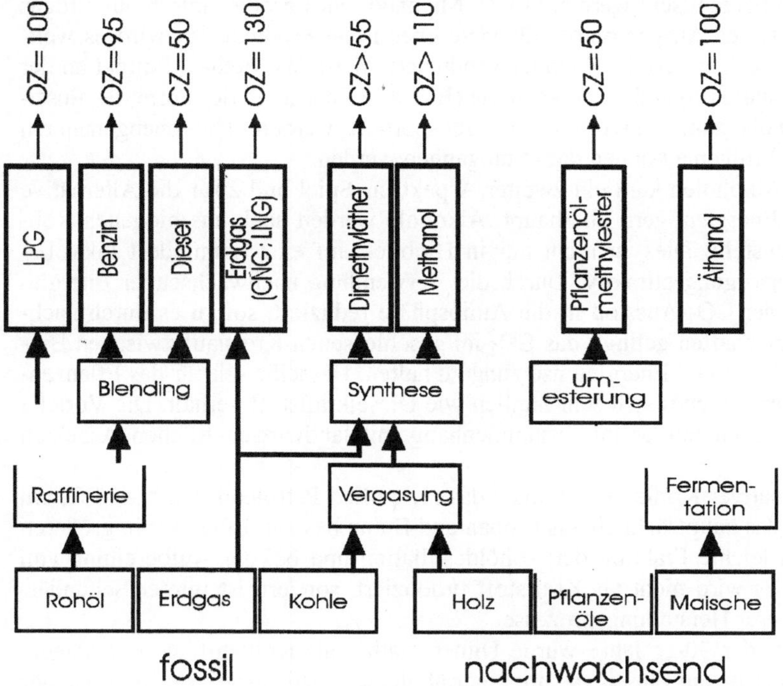

Bild 13.1: Alternative Kraftstoffe und ihre Ressourcen (OZ – Oktanzahl, CZ – Cetanzahl)

Seit Jahrzehnten ist die Motivation, nach Alternativen zu den konventionellen Kraftstoffen zu suchen, hoch. Dafür gibt es mehrere Gründe, deren Schwerpunkte sich im Laufe der Zeit veränderten. Die primäre Frage war zunächst die Sicherung der Versorgung. Die Ereignisse in den 70-er Jahren, die allgemein als „Energiekrise" bezeichnet werden, haben unter anderem gezeigt, wie sehr man vom Erdöl als nahezu einzigem Primärenergieträger für Kraftstoffe abhängt. Damals begann mit Nachdruck die Suche nach neuen Technologien für die Erschließung anderer Ressourcen.

Aus den gleichen Gründen resultiert die Bestrebung, die chemische Energie der Kraftstoffe auch möglichst effizient umzusetzen. In Verbrennungskraftmaschinen erfolgt dies durch Direkteinspritzung der Kraftstoffe in die komprimierte Zylinderladung der Motoren.

Die interessanteste Alternative zu Erdöl ist Erdgas. Weltweit ist in den fossilen Lagerstätten fast soviel Energie als Gas wie als Öl vorhanden [13.3]. Der größte Nachteil ist die niedrige Energiedichte und der dadurch sehr „unpraktische" Transport des Gases in Pipelines, Drucktanks („Compressed Natural Gas" - CNG) oder Kryotanks („Liquified Natural Gas" - LNG, verflüssigtes Gas bei ca. -162°C).

In den 80-er Jahren wurde die Entwicklung von Alkoholmotoren vorangetrieben, wobei Methanol und Äthanol als Kraftstoffe zum Einsatz kamen. Beide Alkohole werden als Reinstoffe verwendet, können aber auch den konventionellen Kraftstoffen beigemischt werden [13.3]. Methanol wird großtechnisch aus Erdgas hergestellt. Da es Ausgangsstoff für viele chemische Produkte ist, wird es weltweit in entsprechend großen Mengen produziert. Wird das Methanol direkt an der Erdgaslagerstätte produziert, so kann die (Erdgas-) Energie in der Form des flüssigen Methanols zum Endverbraucher transportiert werden. Die obengenannten praktischen Probleme können damit umgangen werden.

Mit den Alkoholen kam ein zweiter Aspekt ins Spiel und zwar die Alternative zu fossilen Energieträgern überhaupt. Alkohole werden auch aus biogenen Rohstoffen hergestellt. Dies ist nicht nur in Hinblick auf eine (zumindest lokal begrenzte) Versorgung attraktiv. Durch die Verwendung nachwachsender Energieträger wird der CO_2-Ausstoß in die Atmosphäre reduziert, sofern es durch nachhaltiges Wirtschaften gelingt, das CO_2 im geschlossenen Kreislauf zwischen Biomasseproduktion und Energieumsetzung zu halten. Dasselbe gilt für das Pflanzenölmethylester, welches sich sehr ähnlich wie Dieselkraftstoff verhält. Die Vorteile des Esters stehen immer im Zusammenhang mit landwirtschaftlichen Aspekten [13.11].

Als alternativer Kraftstoff gilt auch das „Liquified Petroleum Gas" – LPG, ein Flüssiggas, das hauptsächlich aus Propan und Butan besteht. LPG fällt in größeren Mengen als leichte Fraktion der Rohöldestillation und bei der Aufbereitung von Erdgas an. Es wird nicht als Kraftstoff produziert, sondern ist immer Sekundärprodukt anderer Herstellungsprozesse.

Erst Mitte der 90-er Jahre wurde Dimethyläther als Kraftstoff vorgeschlagen. Dimethyläther ist ein Flüssiggas mit einer ähnlichen Siedekurve wie LPG. Haldor Topsoe veröffentlichte 1995 ein kostengünstiges und energetisch effizientes Verfahren zu dessen Herstellung aus Erdgas [13.5]. Gleichzeitig demonstrierten einige Studien die ausgezeichnete Eignung dieses Stoffes als Kraftstoff für Dieselmotoren [13.8], [13.10], [13.13], [13.16]. Dimethyläther wird wie Methanol aus Synthesegas hergestellt – wie in Bild 13.1 dargestellt. Im Vergleich zu Methanol zeigt er in seinen physiologischen Eigenschaften erhebliche Vorteile (z.B Toxizität), aber auch in seiner Eignung als Kraftstoff.

Die in Bild 13.1 angegebenen Oktanzahlen (OZ) und Cetanzahlen (CZ) zeigen, daß (mit Ausnahme des Pflanzenölmethylesters) Dimetyläther der einzige Diesel-Alternativkraftstoff mit guten Selbstzündungseigenschaften ist.

Sauerstoffhaltige Kraftstoffe wie Alkohole und Äther verbrennen praktisch rauchfrei. Günstig sind auch Kohlenwasserstoffe mit kurzen Molekülstrukturen, weil sie relativ wenig Kohlenstoff und einen hohen Wasserstoffanteil haben. Gasförmige Kraftstoffe sind leichter mit Sauerstoff zu durchmischen und unterdrükken allein dadurch die Bildung von festen Kohlenstoffpartikeln. Reiner Wasserstoff ist aus dieser Sicht optimal. Technologien zur Verwendung des Wasserstoffs als Motorkraftstoff sind weit vorangeschritten und nach wie vor attraktiv [13.19].

In einem „Amendment" des U.S. „Clean Air Act" 1990 („Clean Fuel Fleet Program" [13.20]) werden Emissionsstandards für „clean fuel vehicles" definiert, in dem auch Verdunstungsverluste eine wichtige Rolle spielen. Man nimmt dabei an, daß mit Methanol, Äthanol, LNG und CNG diese Standards am ehesten zu erreichen sind („the most likely vehicles to be certified will be ..."). Bild 13.2 zeigt Emissionswerte von LKW-Motoren, die auf diese Kraftstoffe optimiert wurden [13.1], [13.2], [13.9], [13.10].

Diese Werte beziehen sich auf den ECE R49 Test. Zum Vergleich sind auch die für das Jahr 2000 in Europa vorgeschlagenen EURO 3 Emissionsniveaus angegeben. Mittlerweile forcierte man weltweit, vor allem in Ballungsräumen, die Verwendung dieser „clean fuels" für Busse und Verteilerfahrzeuge.

Kraftstoff	NO_x (g/kWh)	Part.** (g/kWh)	HC (g/kWh)	CO (g/kWh)	η_{therm}	Gemisch-bildung
LPG (lean burn)	1.5	<0.05	0.25	0.1	0.35	extern
CNG (lean burn)	1.0	<0.05	0.2	0.1	0.35	extern
Methanol	2.5	<0.05	0.4	1.5	0.37	DI Fremdzündung
Dimethyläther*	2.5	<0.05	0.25	1.8	0.40	DI Selbstzündung
EU 2000 (Vorschlag) neuer Testzyklus	5.0	0.1	0.66	2.1		

*ohne EGR, ohne Oxidationskat.   ** aus Schmierölbestandteilen

Bild 13.2: Schadstoffemissionen und Zykluswirkungsgrade von LKW-Motoren im ECE R49 Test für verschiedene alternative Kraftstoffe

Für Dimethyläther existiert bislang noch kein geeignetes Einspritzsystem, aus diesem Grund liegen dafür nur Ergebnisse von speziellen Versuchsmotoren vor. Dimethyläther ist dabei der einzige selbstzündende Alternativkraftstoff. Dies spiegelt sich im hohen thermischen Wirkungsgrad wider. Wie mit keinem anderen Kraftstoff kann damit der Brennverlauf über die Einspritzrate gesteuert werden, was zu einer leisen Verbrennung führt und zu den niedrigen Schadstoffemissionen beiträgt [13.10]. Eine umfassende ökologische Beurteilung des Dimethyläthers wurde in [13.18] durchgeführt. Diese schließt auch Herstellungsprozeß, Transport und CO_2-Emission ein.

In bezug auf die Kraftstoffsysteme sind für verschiedene Stoffe ähnliche Probleme zu lösen (Abdichtung von Leckagen, Korrosion, verminderte Schmierfähigkeit, etc.). Es ist daher naheliegend, ein Systemkonzept für mehrere Kraftstoffe zu entwickeln. Dadurch können je nach Bedarf bestehende Motoren mit ähnlichen DI-Einspritzsystemen auf alternative Kraftstoffe umgerüstet werden.

Dimethyläther – der alternative Dieselkraftstoff

Die großen Vorzüge des Dimethyläthers sind sein hoher Sauerstoffgehalt (ca 35 Masse%) und die niedrige Selbstentzündungstemperatur (235°C). Er hat gute physiologische Eigenschaften, die sehr intensiv erforscht sind, da er auch als Treibgas in Spraydosen verwendet wird. Weitere Eigenschaften und Stoffwerte sind in [13.14], [13.15] dargestellt.

Bereits in den 80-er Jahren wurde Dimethyläther als Zündhilfe für Methanol eingesetzt [13.4]. Daraus resultierte, daß der Äther am besten im gesamten Kraftstoffsystem flüssig, d.h. über seinem Dampfdruck, gehalten wird, damit er als Flüssigkeit komprimiert und im DI-Verfahren eingespritzt werden kann. Für die ersten Versuche wurden daher DI-Dieselmotoren, deren Einspritzsysteme oft nur geringfügig modifiziert waren, verwendet. Bei AVL wurde beispielsweise anfangs ein Speichereinspritzsystem mit hydraulischer Druckverstärkung verwendet [13.13], für spätere Versuche wurden eine Pumpe-Düse-Einheit [13.10] und eine Reiheneinspritzpumpe [13.8] eingesetzt.

Diese modifizierten Dieseleinspritzsysteme eigneten sich für die ersten „Grundsatzversuche", die auf speziell dafür ausgerüsteten Motorprüfständen durchgeführt wurden. An einen Betrieb in der Öffentlichkeit war in dieser Form nicht zu denken. Als erste Maßnahme mußten bei allen Anlagen die Kraftstoffleckagen nach außen, sowie jene in Pumpengehäuse und Motor-Kurbelgehäuse unterbunden werden, da der leichtentzündliche Dimethyläther beim Austritt sofort verdampft und mit der Umgebungsluft ein explosives Gemisch bilden kann. Um die Sicherheit zu gewährleisten, wurden Absauganlagen eingesetzt. Spezielle und zum Teil recht aufwendige Abdichtungskonstruktionen waren an den (in Dieseleinspritzsystemen üblichen) berührungsfreien Spaltdichtungen notwendig [13.10].

Diese Bemühungen wurden letztendlich durch sehr gute Motorergebnisse belohnt. Mit Nutzfahrzeugmotoren (1 und 2 Liter pro Zylinder) wurden die kalifornischen Grenzwerte für das Jahr 2000 ohne zusätzliche Abgasnachbehandlung erreicht (ULEV, Hochrechnungen auf US Haevy Duty Transient Cycle aus Stationärtests, [13.10], [13.13]). Mit einem PKW-Motor (AVL LEADER) konnte man (mit Oxikat) ebenfalls die kalifornischen ULEV Grenzwerte erreichen ([13.8], FTP 72/75 Simulation aus Stationärtests). Zusätzlich wurde durch Gestaltung des Einspritzverlaufs das Verbrennungsgeräusch der Motoren drastisch reduziert. Die thermischen Wirkungsgrade entsprachen jenen von DI-Motoren für Dieselkraftstoff.

Schließlich entstand ein weltweites Interesse an Dimethyläther, sowohl von Seiten der Motorentwickler als auch von Seiten der Kraftstoffindustrie. Aus diesem Grund wurden die Arbeiten auch fortgesetzt und bei AVL die Entwicklung eines Motors für Dimethyläther begonnen, dessen Betriebssicherheit und Fahrleistung einen Einsatz in der Öffentlichkeit zuläßt. Dafür mußte in erster Linie ein geeignetes Kraftstoffsystem entworfen werden. Dieses sollte speziell für die Direkteinspritzung des Flüssiggases Dimethyläther konzipiert sein. Darüber hinaus aber sollte es – in modifizierter Form – auch für andere alternative Kraftstoffe einsetzbar sein.

13.2
Einspritzsysteme zur Direkteinspritzung von Flüssiggasen

Anforderungen an ein System zur Direkteinspritzung von Flüssiggasen

Während der Versuche mit Dimethyläther wurden wichtige Erfahrungen in bezug auf die Verdichtung und Einspritzung eines Flüssiggases gesammelt. Erwartungsgemäß traten die meisten Probleme in jenen Komponenten auf, in denen das Gas an bewegten Teilen abzudichten war, z.B. bei rotierenden Wellen, oszillierenden Pumpenstempeln oder bei den Nadelführungen der Einspritzdüsen. An diesen Dichtstellen müssen spezielle Berührungsdichtungen eingesetzt werden, noch besser sind Membrane oder Bälge. Dabei ist zu beachten, daß einige alternative Kraftstoffe chemisch aggressiv auf häufig verwendete Elastomere reagieren. Dimethyläther und Methanol z.B. zersetzen Viton und NBR (Nitril-Butadien-Rubber).

Die Flüssiggase Dimethyläther und Propan/Butan, aber auch Alkohole, haben sehr niedrige Viskositäten und schlechte Schmiereigenschaften. In Komponenten, welche vom Eigenmedium geschmiert werden (das sind alle Dieseleinspritzpumpen), kam es durch den Dimethyläther wiederholt zum „Festfressen" von gegeneinander bewegten Teilen. Auf einfachste Weise verhindert man dies durch die Zumischung von Additiven, die die Schmierfähigkeit erhöhen.

In ihrem thermodynamischen Verhalten zeigen Flüssiggase einige Besonderheiten, da sie (gegenüber den flüssigen Kraftstoffen) relativ nahe an ihren kritischen Punkten liegen (z.B. Dimethyläther : T krit= 126.9°C, p krit= 52.4 bar). In diesem Bereich ist die Flüssigphase eines Stoffes viel „gasähnlicher" als bei niedrigen reduzierten Zuständen, das heißt, die Flüssigkeit ist viel kompressibler und ihre Stoffwerte ändern sich stark mit Druck und Temperatur. Man muß den Dimethyläther im Gegensatz zu Dieselkraftstoff um ein mehr als doppelt so hohes Volumen zusammendrücken, um den nötigen Einspritzdruck zu erreichen. Zusätzlich ist eine hohe Temperaturkompensation notwendig.

Die Nähe zum kritischen Punkt bringt aber auch Vorteile. Da etwa der Dimethyläther mit überkritischem Druck eingespritzt wird, verdampft der Kraftstoff bereits teilweise während der Entspannung in der Düse, was die Zerstäubung des Kraftstoffs unterstützt (Expansion ins Naßdampfgebiet) [13.10].

Die für die verschiedenen Kraftstoffe geforderten Einspritzcharakteristiken sind individuell verschieden. Dimethyläther wurde z.B. in den oben genannten Arbeiten mit ca. 200 bis 300bar eingespritzt. Für das fremdgezündete LPG sind ähnliche Drücke wie bei den Benzin DI-Konzepten zu erwarten. Diese liegen zwischen 50 und 240bar [13.6], [13.17].

Um mit selbstzündenden Kraftstoffen niedrige Schadstoffemissionen zu erreichen, muß man den Einspritzbeginn (nach Möglichkeit voll flexibel) steuern. Dafür bietet ein elektronisches System natürlich optimale Voraussetzungen. Desweiteren kann man den Brennverlauf und die Wärmefreisetzung im Motor durch den zeitlichen Verlauf der Kraftstoffeinspritzung beeinflussen. Aus diesem Grund soll es möglich sein, den Einspritzverlauf zu verändern [13.7].

Das Kraftstoffsystem muß darüber hinaus preiswert sein und möglichst einfach auf bestehende Motoren aufgebaut werden können. Alle Komponenten des neuen Systems müssen auf dem Markt erhältlich sein. Etwaige Adaptionen und Weiterentwicklungen werden ausschließlich gemeinsam mit den Herstellern durchgeführt.

Konzept des Kraftstoffsystems

Die beschriebenen Anforderungen werden von keinem Einspritzsystem für konventionelle Kraftstoffe erfüllt. Die meisten Konzepte, die den Kraftstoff nur für die Dauer der Einspritzung auf hohen Druck verdichten, sind wegen der hohen Kompressibilität der Flüssiggase und wegen der hohen Temperaturkompensation schwer einsetzbar. Außerdem weisen diese Systeme (Einzel-, Reihenpumpen, Verteilerpumpen, Pumpe-Düse-Elemente) alle Spaltdichtungen auf, die aufwendig umkonstruiert werden müßten. Eine Alternative zu dieser Klasse von Systemen bilden die Speichereinspritzsysteme („Common Rail" CR-Systeme).

Für die speziellen Anforderungen wurde ein CR-Konzept entworfen, das weder dem für Dieselkraftstoff entspricht (z.B. [13.12]), noch jenem für fremdgezündete Kraftstoffe [13.6], [13.17]. Dieses Konzept wird im Folgenden beschrieben (siehe dazu auch [13.14], [13.15]). Besonderes Augenmerk wird dabei auf einige Details gelegt, welche die Applikation der Systeme auf bestehende Motoren betrifft. Einer der wichtigsten Sicherheitsaspekte ist die neu entworfene Steuerungsstrategie.

Das Grundprinzip des Einspritzsystems ist in Bild 13.3 dargestellt. Der Kraftstoff wird von einer Vorförderpumpe vom Speichertank in das System gefördert und gleichzeitig auf einen bestimmten Vorförderdruck komprimiert. Diese Pumpe bestimmt daher gemeinsam mit dem dazugehörigen Druckventil das Druckniveau auf der Niederdruckseite des Einspritzsystems. Der Einspritzdruck wird von der Hochdruckpumpe erzeugt, welche der Verbrennungsmotor antreibt. Sie ist so dimensioniert, daß ständig eine gewisse Kraftstoffmenge im System zirkuliert, somit kann der Einspritzdruck durch ein Druckregelventil auf einem bestimmten

Niveau gehalten werden. Im Hochdruckteil ist der Druckspeicher angeschlossen, der im wesentlichen aus einem Verteilerrohr besteht („Common Rail").

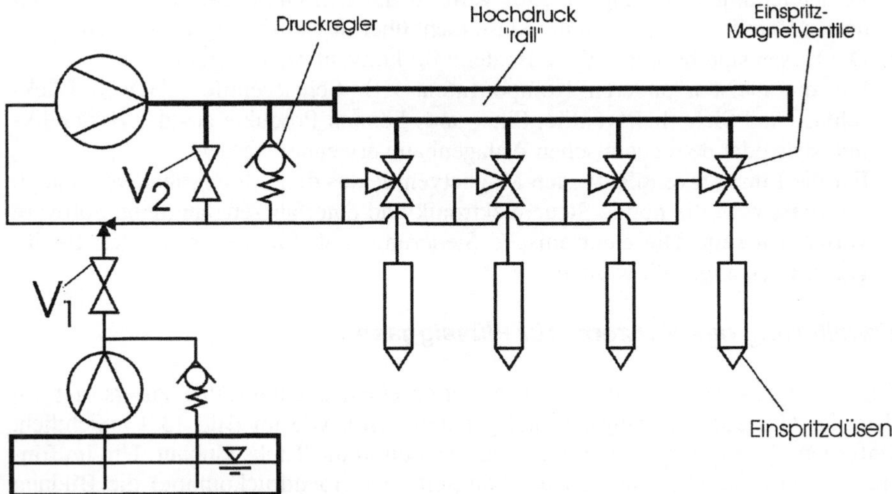

Bild 13.3: Konzept des DI-Einspritzsystems für alternative Kraftstoffe

   Charakteristisch ist, daß die Einspritz-Magnetventile den Kraftstoffstrom zu den Einspritzdüsen direkt schalten und ihn über die Öffnungsdauer zumessen. Die Ventile sind vorteilhafterweise 3/2-Wege Ventile, d.h., während der einspritzfreien Zeit verbinden sie die Einspritzdüsen über eine Leckageleitung mit dem Niederdruck und halten den Hochdruckkreislauf geschlossen. Für eine Einspritzung schließt das Ventil die Niederdruckleitung und öffnet den Hochdruckanschluß. Dadurch steigt in der Einspritzdüse der Kraftstoffdruck über den Nadelöffnungsdruck an, die Düse wird geöffnet und Kraftstoff eingespritzt. Bei Einspritzende schaltet das Magnetventil in die Ausgangsstellung zurück. Die Druckentlastung erfolgt wieder über die Leckageleitung der Düse.
   Zur Steuerung der Kraftstoffzufuhr und des Hochdrucks werden ein bzw. zwei Schaltventile benötigt (V1, V2). Es muß möglich sein, die Kraftstoffzufuhr jederzeit zu unterbrechen z.B. während des Motorbetriebs in einer Notsituation aber auch für die Dauer eines längeren Motorstillstands. Das kann durch das Absperrventil V1 geschehen. Zusätzlich ist für einige Steuerungsfunktionen auch ein beliebiges Zu- und Abschalten des Hochdrucks gefordert. Dies kann durch Kurzschließen von Druck- und Saugseite der Hochdruckpumpe erfolgen (V2). Verwendet man einen elektronischen Druckregler, so bewerkstelligt diese Funktion auch der Regler selbst.
   Das Konzept weist die folgenden Vorteile auf :

– Die Hochdruckpumpe braucht den Kraftstoff nicht zeitlich mit dem Motor abgestimmt fördern. Man kann kontinuierlich fördernde Pumpen mit speziellen Dichtungen oder Membranen verwenden.

- Die Einspritzdüsen werden nur während des Einspritzvorgangs mit Hochdruck beaufschlagt. In der restlichen Zeit herrscht in den Düsen Vorförderdruck. Die Lekageleitung zum Magnetventil wird so dimensioniert, daß auch bei Bruch dieses Ventils der Druck in der Düse nicht über ihren Öffnungsdruck ansteigt.
- Die Düsen sind herkömmliche Bauteile für konventionelle Kraftstoffe.
- Für die meisten anderen Komponenten, z.B. Schaltventile (V1,V2), Rückschlag- und Sicherheitsventile, Filter usw. können Produkte aus der Hydraulikindustrie oder dem chemischen Anlagenbau verwendet werden.
- Für die Einspritzventile werden Magnetventile aus dem Motorenbau verwendet. Für diese muß die nötige Steuerelektronik und eine fahrzeugtaugliche Software vorhanden sein. Die elektronische Steuerung muß für die geänderten Bedingungen neu angepaßt werden.

Erweiterung des Konzepts für Flüssiggase

Für Flüssiggase ist zunächst der Tank durch einen Druckbehälter zu ersetzen, in dem das Gas auf Sättigungszustand gehalten wird, wie im Bild 13.4 ersichtlich. Dafür sind Vorförderpumpen geeignet, die man in die Tanks einbaut. Um im Einspritzsystem (hauptsächlich an der Saugseite der Hochdruckpumpe) die Bildung von Kavitationsblasen zu vermeiden, muß die Vorförderpumpe das Flüssiggas über den Dampfdruck verdichten. Der Vorförderdruck in Systemen für Dimethyläther und LPG beträgt bei 20°C ca. 10 bar (der Sättigungsdruck liegt bei ca. 5bar).

Das Einspritzsystem funktioniert ähnlich der beschriebenen Ausführung, nur die erhöhten Anforderungen an die Abdichtung des Gases erzwingen einige Änderungen. Die Dichtungsproblematik wurde bereits eingehend erläutert. Da derzeit keine speziellen Komponenten für derartige Anwendungen von Flüssiggasen verfügbar sind, werden etwaige Leckagen vom System selbst abgefangen. Dabei werden an kritischen Stellen Leckagen bewußt zugelassen, aber in einen eigens dafür vorgesehenen Tank geführt, der auf so niedrigem Druck gehalten wird, daß der Kraftstoff als Gas vorliegt (in Bild 13.4 ist eine Leckageabfuhrleitung von der Pumpe gestrichelt eingezeichnet).

Das bedeutet aber, daß nun auch das gesamte System jederzeit in den Niederdrucktank entspannt werden kann. Durch die Entspannung verdampft das Flüssiggas und das System wird (wegen der niedrigen Gasdichte) fast leer. In Bild 13.4 ist der Niederdrucktank dargestellt. Dieser wird, nach dem englischen Wort für den Entleerungsvorgang, als „Purge"-Tank bezeichnet.

Durch den „Purge"-Effekt werden noch zwei weitere grundlegende Probleme gelöst, welche vor allem mit dem selbstzündenden Dimethyläther existieren :

- Während eines längeren Motorstillstandes muß das Ausdampfen des Kraftstoffs aus der Düse in den Brennraum verhindert werden. Das Gas könnte dort mit der vorhandenen Luft ein zündfähiges Gemisch bilden, welches beim nächsten Motorstart unkontrolliert zündet. Eine vorgespannte Düsennadel, welche den Brennraum über eine rein metallische Berührungsfläche abdichtet, kann auf Dauer ein Durchsickern des (zumindest unter Sättigungsdruck stehenden) Flüssiggases in den Brennraum nicht verhindern.

– In Notsituationen muß der flüssige Kraftstoff vom (heißen) Zylinderkopf möglichst schnell weggebracht werden. Da der Kraftstoff ständig unter Druck steht, würde, z.B. beim Bruch einer Düse, Kraftstoff unkontrolliert in den Motor gelangen.

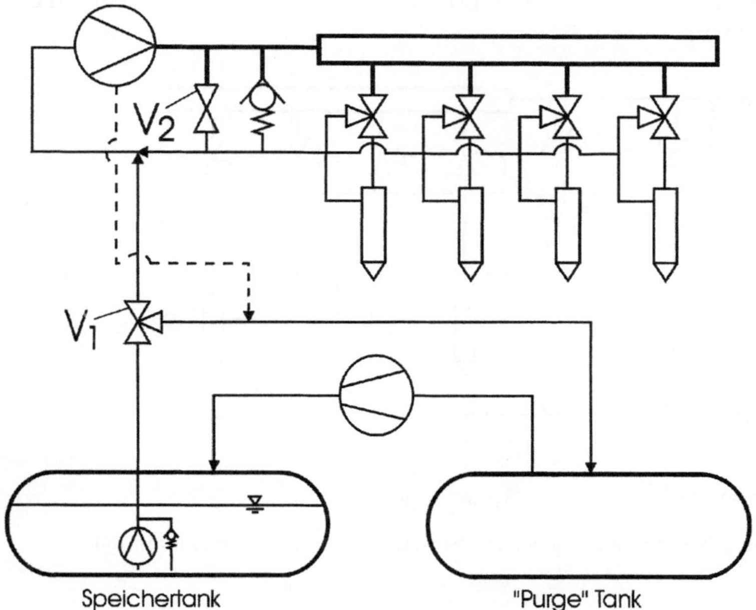

Bild 13.4: Konzept eines DI-Einspritzsystems für Flüssiggase

Die Entleerung wird am besten durch das Schaltventil V1 gesteuert, das in diesem Fall als 3/2- Wege Ventil ausgeführt ist. Dies ist deshalb wichtig, weil auf alle Fälle ein Kurzschluß zwischen Kraftstofftank und Purge-Tank verhindert werden muß. Die zwei einzig möglichen Positionen von V1 verhindern das. Das System ist entweder mit dem Speichertank (Purge-Tank geschlossen) oder mit dem Purge-Tank (Speichertank geschlossen) verbunden.

Das Gas des Purge-Tanks wird sukzessive in den Speichertank zurückverdichtet. Der dafür verwendete Kompressor regelt gleichzeitig den „Purge"-Druck. Am besten wird er unabhängig vom Motor angetrieben, etwa über die Batterie oder mit Druckluft, und wirkt diskontinuierlich, indem ihn zwei am Purge- Tank angeschlossene Druckgeber (Maximal- und Minimaldruck) ein- bzw. ausschalten. Für solche einfachen Regelungen gibt es äußerst robuste pneumatische Lösungen, die eine Überwachung des Purge-Tanks sogar bei Stillstand des Motors (in einer Garage) ermöglichen.

Die grundlegende Konzeption bietet nun die Möglichkeit, die Einspritzdüsen vom übrigen System komplett zu trennen, wie in Bild 13.5 ersichtlich ist.

Entsprechend der Ausführung kann ein weiteres 3/2-Wege-Ventil (V3) direkt in die Füll- und Absteuerleitung der Einspritzdüsen eingebaut werden. Durch dieses

Ventil wird die (kleine) Flüssiggasmenge in den Düsen und den angrenzenden Kraftstoffleitungen extrem schnell abgeführt (innerhalb einiger Hundertstel Sekunden). Selbst wenn der Hochdruck im Common Rail noch aufgebaut ist und die Einspritzventile noch Kraftstoff freigeben, erfolgt bei offenem V3 keine Einspritzung mehr, da durch das, in den Düsen sofort vorhandene Gas kein Druck mehr aufgebaut wird.

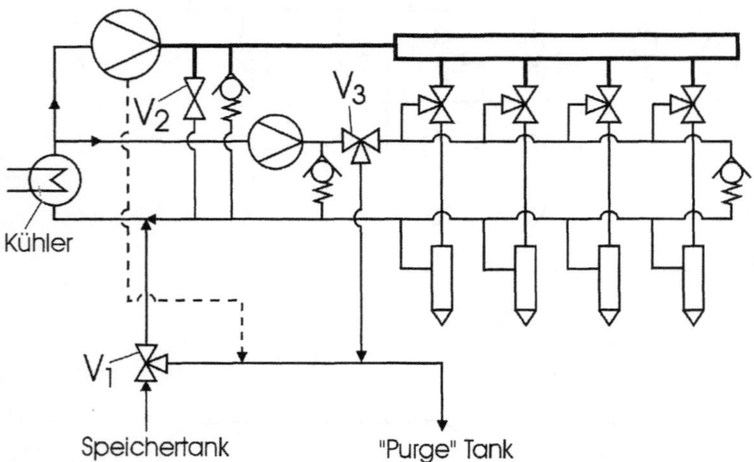

Bild 13.5: DI-Einspritzsystem mit gesondertem Niederdruckkreislauf für die Einspritzdüsen

Die Erfahrung hat gezeigt, daß der in Bild 13.5 hinzugefügte Niederdruckkreis auch notwendig ist, um ein (ungewolltes) Verdampfen des Kraftstoffs in den heißen Einspritzdüsen zu vermeiden. Durch einstellbare Druckventile kann man den Standdruck der Düsen leicht erhöhen und zur Kühlung des Kraftstoffs wird ein Wärmetauscher benötigt. Für die thermische Anpassung des Kraftstoffsystems stehen damit die Parameter Standdruck in den Düsen, Förderleistung der Umlaufpumpe und Wärmeaustauschfläche des Kühlers zur Verfügung. Die Umlaufpumpe verbraucht wenig Energie und wird über einen Elektromotor angetrieben.

Mit alternativen Kraftstoffen können neue Energieressourcen erschlossen werden und somit die Lösung von Umweltproblemen vorangetrieben werden. In den letzten Jahrzehnten wurden in diesem Umfeld viele Forschungs- und Entwicklungsprojekte initiiert und – zumindest aus technischer Sicht – auch erfolgreich abgeschlossen. Die Kostenentwicklung der chemischen Energieträger ist allerdings oft anders verlaufen als vorhergesagt, weshalb sich manche Technologien – aus ökonomischen Gründen – nicht im großen Stil durchsetzten.

Mit einigen alternativen Kraftstoffen wie z.B. Dimethyläther können die Schadstoffemissionen der Motoren extrem reduziert werden („clean fuels"). Ihre Verwendung wird vor allem in Ballungsgebieten empfohlen.

Aus dieser Perspektive betrachtet, ergibt sich für die Entwicklung der Einspritzsysteme zur Kraftstoff-Direkteinspritzung ein neues und vielversprechendes Feld.

Literatur

Kapitel 1

1.1   Blair, G. P.: Design and Simulation of Two- Stroke Engines. SAE 1996, ISBN 1- 56091- 685- 0

1.2   Cousin, J., CO.R.I.A. / UMR 6614 CNRS, Univertstié et INSA de Rouen, W. M. Ren und S. Nally, Siemens Automotive: Transient Flows in High Pressure Swirl Injectors. SAE Paper 980499

1.3   Franco, A.; Martorano, L.; Stan, C.; Eichert, H: Development of Two- Stroke Engines with Direct Injection. SETC Conference, Milwaukee, USA, 1995, SAE Paper 951776

1.4   Franco, A.; Martorano, L., Stan, C.; Eichert, H: Simulation Concept for the Optimization of a Direct Injection Configuration Applied to the Engine, 30 th ISATA Congress, Florence, Italy, 16.- 19. 06. 1997, Paper Nr. 97EN 007

1.5   Kano Masao, Kimitaka Saito und Masatoshi Basaki, Nippon Soken Inc., Souichi Matsushita und Takeshi Gohno, Toyota Motor Corp.: Analysis of Mixture Formation of Direct Injection Gasoline Engine. SAE Paper 980157

1.6   Li Jianwen, Jae Ou Chae, Ke Zeng, S. M. Lee, Y. S. Jeong, J. Y. Hnoh und M. S. Cho, Inha University: Preliminary Investigation of a Diffusing-Oriented Spray Stratified Combustion System for DI Gasoline Engines. SAE Paper 980151

1.7   Moriyoshi Yasuo, Hitoshi Nomura und Youhei Saisyu, Chiba University: Evaluation of a Concept for DI Gasoline Combustion Using Enhanced Gas Motion. SAE Paper 980152

1.8   Olbrich, Chr.; Stan, C.: Zu einigen Problemen bei der Benzin-Direkteinspritzung. Wissenschaftliche Beiträge der ICH Zwickau 7 / 1981

1.9   Planckmann, J. D., Ghandhi T. und Kim, J. B., Engine Research Center, University of Wisconsin-Madison: The Effects of Mixture Stratification on Combustion in a Constant-Volume Combustion Vessel. SAE Paper 980159

1.10   Pontoppidan, M. und Gaviani, G., Magneti Marelli – ENGINE Control Division, G. Bella und V. Rocco, Tore Vergata University, Rome – Depatment of Mechanical Engineering: Improvements of GDI-Injector Optimization Tools for Enhanced SI-Engine Combustion Chamber Layout. SAE Paper 980494

1.11   Stan, C.: Experimental analysis of the fuel spray characteristics for DI high speed engines using a ram- tuned injection system. SAE Paper 972742

1.12   Stan, C.; Eichert, H.; Maturano, I.; Franco,A.: Fluid Dynamic Modelling of GDI for Compact Combustion Chambers. SAE Paper 980755

1.13   Stanglmaier, Rudolf, H., Matthew J. Hall and Ronald D. Matthews, University of Texas, Austin: Fuel-Spray / Charge-Motion Interaction within the Cylinder of a Direct-Injected, 4-Valve, SI Engine. SAE Paper 980155

1.14   Swhelby Michael H., VanDerWege Brad A. und Hochgreb Simone, Massachusetts Instiude of Technology: Early Spray Developement in Gasoline Direct-Injected Spark Ignition Engines. SAE Paper 980160

1.15   Takagi Yasou, Teruyuki Itoh, Shigeo Muranaka, Akihiro Iiyama, Yasunori Iwakiri, Tomonori Urushihara und Ken Naitoh, Nissan Motor Co., Ltd.: Simultaneous Attainment of Low Fuel Consumption, High Output Power and Low Exhaust Emissions in Direct Injection SI Engines. SAE Paper 980149

1.16   Xu Min und Lee E. Markle, Delphi Automotive Systems: CFD-Aided Developement of Spray for an Outwardly Opening Direct Injection Gasoline Injector. SAE Paper 980493

Kapitel 2

2.1   Bartolini, C. M.; Vicenzi, G.; Chiatti, G.: Performance Analysis of a Two- Stroke Gasoline Engine with Direct Injection. SETC 93 Conference, Pisa, Italy, 1993, SAE Paper 931508

2.2   Carson, C. E.; Kee R. G.; Kenny, R. G.; Stan, C.; Lehmann, K.; Zwahr, S.: Ram-Tuned and Air- Assisted Fuel Injection Systems Applied to a SI Two-Stroke Engine. SAE Congress, Detroit, USA, 1995, SAE Paper 950269

2.3   Heimberg, W.: FICHT Pressure Surge Injection System. SETC Conference, Pisa, Italy, 1993, SAE Paper 931508

2.4   Houston Rodney und Geoffrey Cathcart, Orbital Engine Company: Combustion and Emissions Characteristics of Orbital's Combustion Process Applied to Multi-Cylinder Automotive Direct Injected 4-Stroke Engines, SAE Paper 980153

2.5   Kampmann, S,; Moser, W. u.a.:Benzin-Direkteinspritzung – eine Herausforderung für zukünftige Motorsteuerungssysteme. MTZ 58 (1997) 9, 10

2.6   Kuhnt, H.- W.; Burger, W.; Knapp, G.: Zweitakt-Kleinmotoren mit Direkteinspritzung. MTZ 57 (1996) 1

2.7   Preussner, C., C. Döring, S. Fehler und S. Kampmann, Robert Bosch GmbH: GDI: Interaction Between Mixture Preparation, Combustion System and Injector Performance. SAE 980498

2.8   Stan, C.; Küntscher, V.: Ein unkonventionelles Einspritzsystem für kleine, schnellaufende Dieselmotoren, XX. FISITA Congress, Belgrade, Yugoslavia, 1986, SAE Paper 865040

Kapitel 4

4.1   Anderson, R.W., Brehob, D.D., Yang, J., Vallance, J.K., Whiteaker, R.M.: A new direct injection spark ignition (DISI) combustion system for low emission. FISITA96 Technical paper P0201

4.2   Beck, T, Eppinger, A., Zurawka, T.: Effizienzsteigerung des Entwicklungsprozesses für Embedded-Control-Systeme durch automatische Seriencodegenerierung. Embedded Intelligents. Sindelfingen 1997.

4.3   Benninger, N.F., Dieterich, K.: Anwendung neuer Methoden und Werkzeuge zur effizienten Entwicklung digitaler Automobilelektronik. VDI Tagung Systeme der Fahrzeugelektronik. Baden Baden. 1996

4.4   Fraidl, G., Piock, W.F., Wirth, M.: Gasoline Direct Injection: actual trends, future strategies for injection and combustion systems. SAE960465

4.5   Grigo, M., Schwaderlapp, M., Wolters, P.:Luftgeführtes Gemischbildungsverfahren für einen direkteinspritzenden Ottomotor. 18. Int. Wiener Motorensymposium 1997

4.6   Harada, J., Tomita, J., Mizuno, H., Mashiki, Z., Ito, Y.: Development of a direct injection gasoline engine. SAE 970540

4.7   Kampmann, S., Stutzenberger H.: Benzin-Direkteinspritzung für Ottomotoren: Einspritzsystem und Gemischbildung, Haus der Technik Veranstaltung „Direkteinspritzung im Ottomotor" 1997

4.8   Kume, T., Iwamoto, Y., Iida, K., Murakami, M.,Akishino, K., Ando, H.: Combustion Control Technologies for Direct Injection SI Engine. SAE 960600

4.9   Schäpertöns, H., Emmenthal, K.D., Grabe, H.J., Oppermann, W.: VW's Gasoline Direct Injection (GDI) Research Engine. SAE 910054

4.10   Scussel, A.J., Simko, A.O., Wade, W.R.: The Ford PROCO Engine Update. SAE 780699

4.11   Seipler, D.: Produkte der Mikrosystemtechnik in der Motorsteuerung. Motorpressekolloquium 1996

4.12   Strehlau, W., Leyrer, J., Lox, E.S., Kreuzer, T., Hori, M., Hoffmann, M.: New Developments in Lean Nox Catalysis for Gasoline Fueled Passenger Cars in Europe. SAE 962047

4.13   Stutzenberger, H., Preussner, C., Gerhardt, J., Benzin-Direkteinspritzung für Ottomotoren- Entwicklungsstand und Ausblick. 17. Wiener Motorensymposium, 1996

4.14   Toyota: Direct-Injection 4-Stroke Gasoline Engine. Presseinformation 96

Kapitel 5

5.1   Allievi, L.: Über die veränderliche Bewegung des Wassers. Springer Verlag 1909

5.2   Franco, A.; Martorano, L.; Stan, C.; Eichert, H.: Fluid Dynamic Modeling of Gasoline Direct Injection for Compact Combustion Chambers, SAE Paper 980755

5.3   Franco, A.; Martorano, L.; Stan, C.; Eichert, H.: Development of Two Stroke Engines with Direct Injection, SAE Paper 951776

5.4   Franco, A.; Martorano, L.; Stan, C.; Eichert, H.: Numerical Analysis of the Performances of a Small Two Stroke Engine with Direct Injection, SAE Paper 960362

5.5   Froede, W.: Benzineinspritzung für kleine Zylinder von Ottomotoren. ATZ 57 (1958)8

5.6   Shelby, M.; VanDerWege, B.; Hochgreb, S.: Early Spray Development in Gasoline Direct-Injected Spark Ignition Engines, SAE Paper 980160

5.7   Sobadky, R.: Entwicklung und Untersuchung eines kombinierten Systemes zur optimalen Steuerung der Brennstoffeinspritzung und Zündung für Ottomotoren. Doctoral Thesis, Univ. Magdeburg 1970

5.8   Stan, C.: Concepts for the Development of Two-Stroke Engines. SAE Paper 931477

Kapitel 7

7.1   Houston, R., M. Archer, M. Moore und R. Newmann: Developement of a Durable Emissions Control System for an Automotive Two-Stroke Engine. SAE Paper 960361

7.2   Smith, D. und. Ahern, S: The Orbital Ultra Low Emissions and Fuel Economy Engine. 14. Wiener Motorensymposium, Mai 1993 VDI-Nr. 182, Seiten 203-229

7.3   Leighton, S. R. und. Ahern, S: The Orbital Small Engine Fuel System (SEFIS) for Direct Injected Two-Stroke Cycle Engines. 5. Grazer Zweiradsymposium, TU Graz, 1993

Kapitel 8

8.1   Arcoumanis, C., Gervaises, M. und Nouri, J. M.: Effect of fuel injection processes on diesel injection sprays. SAE paper No. 970080 Soc. Auto. Eng. Congress Detroit Feb 1997

8.2   Austen, A. E. W. und Priede, T.: Origins of diesel engine noise. Symposium on Engine Noise and Noise Suppression, Proc. I Mech E Auto. Div. 1960-1961 No. 1 63.

8.3   Bosch, W.: The fuel rate indicator; a new instrument for display of the characteristics of individual injection. SAE paper No. 660749 Soc. Auto. Eng. Congress Detroit Jan 1966

8.4   Cross, R. K., Lakra, P. und O'Neill, C. G.: Electronic fuel injection equipment for controlled combustion in diesel engines. SAE paper No. 810258 Soc. Auto. Eng. Int. Congress Detroit Feb. 1981

8.5   Dent, J. C. und Mehta, P. S.: A phenomenological combustion model for a quiescent chamber diesel engine. SAE paper No. 811235 Soc. Auto. Eng. Congress Detroit 1981

8.6   Doyle, D. M., Needham, J. R., Faulkner, S. A. und Freese, R. G.: Application of an advanced inline injection system to a heavy duty diesel engine. SAE paper No. 891847 Soc. Auto. Eng. Int. Off-Highway and powerplant Congress, Milwaukee Sept. 1989.

8.7   Farrell, P. V. Chang, C. T.; Su, T. F.: High Pressure Multiple Injection Spray Characteristics. SAE Paper 960860

8.8   Greeves, G., Khan, I. M., Wang, C. H. T. und Fenne, I.: Origins of hydrocarbon emissions from diesel engines. SAE paper No. 770259

8.9   Greeves, G.: Response of diesel combustion systems to increase of fuel injection rate. SAE paper 790037 Soc. Auto. Engrs. Congress Detroit Feb 26 -Mar 2 1979.

8.10   Head, H. E.: A model to predict combustion noise and ignition delay in diesel engines. paper C290/84 Proc I Mech E conference C156 London Juni 1984 pp 247-256

8.11   Herzog, P.: The ideal rate of injection for swirl-supported HSDI diesel engines. Proc. I Mech E seminar "Diesel Fuel Injection Systems" Shirley, Birmingham Oct. 10-11 1989 ISBN 0 85298 708 0, 1989.

8.12   Hiroyasu, H., und Arai, M.: Structures of fuel sprays in diesel engines. SAE paper No. 900475 Soc. Auto. Eng. Congress Detroit 1990

8.13   Knight, B. A.: Fuel-injection system calculations" I Mech E symposium "Four Papers on Diesel Engine Fuel Injection, Combustion and Noise. Proc. Auto. Div. I Mech E London 1960-61 No. 1 pp 25-33.

8.14   Küntscher, V.; Stan, C.: A New Diesel Mixture Formation Approach for Small High Speed Two- Stroke Engine Applications. SAE Paper 890210

8.15   Meurer, J. S.: Evaluation of reaction kinetics eliminates diesel knock. SAE Trans. Vol. 64, 1956

8.16   Nightingale, D. R.: A fundamental investigation into the problem of NOx formation in diesel engines. SAE paper No. 750848 Soc. Auto. Engrs. congress Detroit 1975.

8.17   Pilot injection for oil engines. CAV Ltd Publication N0.515 1951..

8.18   Pischinger, A.; Pischinger, F.: Gemischbildung und Verbrennung in Dieselmotoren. Springer Verlag, Wien 1957, S. 11- 17/ 127- 143

8.19   Russell, M. F. und Haworth R.: Combustion noise from high speed direct injection diesel engines. Soc. Auto. Engrs. SAE paper 850973

8.20   Russell, M. F.: Automotive diesel engine noise and its control. SAE paper 730243 SAE Int. Auto. Eng. Congress Detroit Jan 1973 und SAE Transactions Vol 82 1973

8.21   Russell, M. F. und Cavanagh, E. J.: Establishing a target for control of diesel combustion noise. SAE paper No. 790271 Soc. Auto. Eng. Detroit Int. Congress Feb 1979

8.22   Russell, M. F. und Lee, H. K.: Modelling diesel fuel injection equipment to control combustion noise. paper No. C487/27 Proc. I Mech E conference vehicle NVH and Refinement Birmingham May 2-4 1993 ISBN 085 298 9059 pp. 19-30.

8.23   Russell, M. F.: Diesel engine noise; control at source. SAE paper No. 820238 Soc. Auto. Eng. Int. congress Detroit, Feb 1982

8.24   Russell, M. F.: Recent C A V research into noise, emissions and fuel economy of diesel engines. SAE paper No. 770257 Soc Auto. Eng Congress Detroit Feb 1977, und SAE Buch PT-79/17 ISBN 0 89883 105 9, 1979

8.25   Soteriou, C. E. und Smith, M.: From concept to end product; computer simulation in the development of the EUI 200. SAE paper 960843 Soc. Auto. Eng. Int Congress Detroit Feb. 1996

8.26   Soteriou, C., Andrews, R. und Smith, M.: Direct injection sprays and the effect of cavitation and hydraulic flip on atomisation. SAE paper 950080 Soc. Auto. Engrs. congress Detroit 1995

8.27   Stan, C.: Ein Beitrag zur Entwicklung von Druckstoßeinspritzanlagen. Dissertation, IH Zwickau, 1984

8.28   Su, T. F.; Patterson, M. A.; Reitz, R. D.; Farrell P. V.: Experimental and Numerical Studies of High Pressure Multiple Injection Sprays. SAE Paper 960861

Kapitel 9

9.1   Bonse, Dr. B., Polach, Dr. W. Robert Bosch GmbH: Einspritzsysteme für moderne, umweltverträgliche Dieselmotoren. 51. Motorpressekolloquium 12.95

9.2   Bronkal, B.: Technologie-Trends in der KFZ-Technik. Staatliche Akademie Esslingen, 10/12. November 97

9.3   Kampmann, S., Dittus B., Mattes P., Kirner M.: The Influence of Hydro Grinding at VCO Nozzles on the Mixture Preparation in a DI Diesel Engine. SAE-Technical Paper Series, 960867

9.4   Pescherv, P., Stieper K., Astachow A., Krüger G., Potz D.: Untersuchungen zur Zerstäubung von Dieselkraftstoff und Schwerölen bei Variation der Einspritzbedingungen. Motortechnische Zeitschrift, 58. Jahrgang/Nr. 5 (1997)

9.5   Potz, P., Kreh, A., Warga, J.: Variable Orifice Geometrie Verified on the TWO-Phase Nozzle (URP).SAE-Technical Paper Series, 950081

9.6   Stumpp, G, Robert Bosch GmbH: Common Rail, an attractive Fuel Injection System for Passenger Car DI Diesel Engines. SAE-Kongress 2.96

9.7   Stumpp, G., Robert Bosch GmbH: Moderne Dieseleinspritztechnik. Techn. Akademie, Esslingen 12.95

9.8   Walz, Dr. L., Robert Bosch GmbH: Elektronisch gesteuerte Hochdruckeinspritzsysteme für den Diesel-Pkw. Haus der Technik, Essen 6.95

9.9   Krieger, K, Robert Bosch GmbH: Einspritzausrüstungen zur Verbesserung der Gemischbildung des Pkw-Dieselmotor mit Direkteinspritzung. AVL-Vortrag vom 4/5.9.97

Kapitel 10

10.1   Egger, K., Schöppe, D.: Diesel Common Rail II - Einspritztechnologie für die Zukunft. in VDI Fortschrittbericht, Reihe 12 Nr. 348, 1998.

10.2   Hoffmann, K-H., Hummel, K., Maderstein, T., Peters, A.: Das Common Rail Einspritzsystem - ein neues Kapitel der Dieseleinspritz-Technologie. MTZ, 1997

10.3   Krieger, K., Hummel, K.: Bosch- Common Rail: neue Erkenntnisse und weitere Herausforderungen. in VDI Fortschrittbericht, Reihe 12 Nr. 348, 1998

10.4   Pischinger, S., Duvinage, F., Weber, S.: Der 4-Zylinder DE-Dieselmotor mit 1 Liter Hubvolumen - Vision oder Realität?. 17. Wiener Motorensymposium, Wien 1996

10.5   Renner, G.: Moderne Verbrennungsdiagnostik für die dieselmotorische Verbrennung. in Essers, U., Dieselmotorentechnik 98, Expert-Verlag 1997

10.6   Willand, J., Haag, J., Renner, G., Engel, U., Hoffmann. K.H.: Der Piezo Aktuator als neues Steuerelement für zukünftige Common Rail Einspritzsysteme am Pkw-Dieselmotor. in VDI Fortschrittbericht, Reihe 12 Nr. 348, 1998

10.7   Wirth, R.: Entwicklung von kombinativen optischen Meßtechniken zur Untersuchung der Strahlausbreitung, Gemischbildung und Zündung unter dieselmotorischen Temperaturen und Drücken. Dissertation Universität Stuttgart, 1997

Kapitel 11

11.1   Athenstaedt, G., Herzog, P., Noraberg, J., Ruhri, F.: Einfluß einer Voreinspritzung auf die dieselmotorische Verbrennung und Beurteilung mittels Hochgeschwindigkeistfotografie an einem Einzylinder-Mittelschnelläufer. MTZ 49 (1988) 4

11.2   Augustin, U.: Experimentelle Untersuchung zur Voreinspritzung von Dieselmotoren. Dissertation an der TU-München 1990

11.3   Black, H.H.:Diesel Engine Improvements through Experimentation with Fuel Injection and Combustion Chamber Relationships. General Motors Engineering Journal, Jan-Feb 1954

11.4   Chmela, F.G., Werlberger P., Cartellieri W. P.: Parameters Affecting In-Cylinder Soot and NOx Formation in a Direct Injection Diesel Engine. XXIV FISITA Congress, London, Paper No. 925019, 1992

11.5   Deutsche Offenlegungsschrift DE 34 28 669 A1 vom 3. August 1984

11.6   Deutsche Offenlegungsschrift DE 40 23 223 A1 vom 21. Juli 1990

11.7   Erlach, H., Herzog P.: Entwicklungsanforderungen an zukünftige Einspritzsysteme für schnellaufende Dieselmotoren mit direkter Einspritzung. VII Symposium über Einspritzanlagen, Jihlava Tschechoslowakei, Okt. 1991

11.8   Gill, A.P.: Design Choices for 1990`s Low Emission Diesel Engines. SAE-Paper 880350

11.9   Gill, D.W.: Fuel Injection Technology for Low Emissions HSDI Diesel Engines. SAE-Paper 962369

11.10   Gill, D.W., Heimel, G., Herzog, P.L.: A Variable Nozzle Concept for High Speed DI Diesel Engines. IMechE Seminar on diesel fuel injection systems - 28.-29. Sept. 1995

11.11   Herzog, P.: The Ideal Rate of Injection for Swirl Supported HSDI Diesel Engines. IMechE Conference in Birmingham, 1989

11.12   Herzog, P.: Möglichkeiten, Grenzen und Vorausberechnung der einspritzspezifischen Gemischbildung bei schnellaufenden Dieselmotoren mit direkt luftverteilender Kraftstoffeinspritzung. VDI-Fortschrittsberichte, Reihe 12, Verkehrstechnik, Fahrzeugtechnik Nr. 127, 1989

11.13   Herzog, P., Bürgler, L., Winklhofer, E., Zelenka, P., Cartellieri, W.: NOx Reduction Strategies for DI Diesel Engines. SAE-Paper 920470

11.14   Hulsing, K. L.:Diesel Engine Design Concepts for the 1980s. SAE-Paper 790807

11.15   Ofner, H.; Gill, D. W.: A General Purpose Simulation Model for High Pressure Fuel Injection and Other Mechanical - Hydraulical Systems. IMechE Computers in Engine Technology IMechE 1991-11, Paper C430/009

11.16   Österreichische Patentanmeldung Nr. A1809/82 vom 7. Mai 1982

11.17   Potz, D., Kreh, A. & Warga, J.: Variable Orifice Geometry Verified on the Two-Phase Nozzle (VRD). SAE-Paper 950081

11.18   Priesner, H.: Düsenhalterkonzepte zur Beeinflussung des Einspritzvorganges bei Direkteinspritzern. Internationales Wiener Motorensymposium,1990

11.19   Sczomak, D.: Poppet Covered Orifice Fuel Injection Nozzle. SAE-Paper 900821

11.20   Wojik, K., Herzog, P.: Entwicklungsfortschritte beim direkteinspritzenden Dieselmotor für PKW und leichtes Nutzfahrzeug. Internationales Wiener Motorensymposium,1990

11.21   Wojik, K.; König, F.: The HSDI Engine AVL LEADER in the Car. 16. Internationales Wiener Motorensymposium, 4.-5. Mai 1995

Kapitel 12

12.1   Küntscher, V., Stan, C.: Ein unkonventionelles Eeinspritzsystem für kleine, schnellaufende Dieselmotoren. XXI. FISITA Kongreß, Belgrad 1986, Paper 86504

12.2   Küntscher, V., Stan, C.: A New Diesel Mixture Formation Approach for Small High-Speed Two-Stroke Engine Applications. SAE Paper 890210

12.3   Stan, C.: New Mixture Formation Concepts Applied for Small High-Speed Two-Stroke Engines. „Diesel Fuel Injection Systems" ImechE 1992

12.4   Stan, C., Hilliger, E.: Pilot Injection System for Gas Engines Using Electronically Controlled Ram-Tuned Diesel Injection. 22. CIMAC Kongreß, Kopenhagen, 1998, Paper 13.01

Kapitel 13

13.1   Chmela, F.; Bruner, G.; Knorr, H.: Using the TRI-FLOW Combustion System for the Development of a Lean Burn LPG Engine for City Buses. JSAE Congress; Yokohama 1997

13.2   Chmela, F.; Kapus, P.: Automotive Engines for Alternative Fuels. KSAE Seminar, May 1995; Seoul, South Korea

13.3   Nils Elam, M. van Walwijk et al: Automotive Fuels Survey. IEA Alternative Motor Fuels Agreement (1996)

13.4   Green, C.J.; Cockshutt, N.A.; King, L.: Dimethyl Ether as a Methanol Ignition Improver: Substitution Requirements and Exhaust Emissions Impact. SAE-Paper 902155

13.5   Hansen, J.B. et all: Large Scale Manufacture of a New Alternative Diesel Fuel from Natural Gas. SAE-Paper 950063

13.6   Iwamoto, Y. et al.: Development of Gasoline Direct Injection Engine. SAE-Paper 970541

13.7   Johnson, P.: Fuel nozzle designed to cut emissions, DIESEL PROGRESS Engines / Drives. August 1995

13.8   Kapus, P.; Cartellieri, W.: ULEV Potential of a DI/TCI Diesel Passenger Car Engine Operated on Dimethyl Ether. SAE-Paper 952754

13.9   Kapus, P.; Chmela, F.: The New AVL Gas Engine Combustion System, ICE-Vol. 20, Alternate Fuels, Engine Performance and Emissions. ASME 1993

13.10   Kapus, P.; Ofner, H.: Development of Fuel Injection Equipment and Combustion System for DI Diesels Operated on Dimethyl Ether. SAE-Paper 950062

13.11   Krahl, J.: Der Einsatz von Rapsölkraftstoffen - Technik, Emissionen, Umweltwirkungen. Schriftenreihe Praxis-Forum, 3. Kraftstoff- und Motorkolloqium (1996)

13.12   Krill, W.: New BOSCH solenoid valve-controlled fuel injection systems. IMechE-Seminar Publication 1995-3

13.13   McCarthy, C. et al.: A New Clean Diesel Technology: Demonstration of ULEV Emissions on a Navistar Diesel Engine Using a New Alternative Fuel. SAE-Paper 950061

13.14   Ofner, H.: Kraftstoffsystem für die Einspritzung von Dimethyläther in DI Dieselmotoren. Schriftenreihe Praxis-Forum, 3. Kraftstoff- und Motorkolloquium (1996)

13.15   Ofner, H.; Gill, D.W.; Kammerdiener, T.: A fuel injection system concept for dimethyl ether. C517/022, IMechE 1996

13.16   Sorensen, S.C.; Mikkelsen, S.E.: Performance and Emissions of a 0.273 Liter Direct Injection Diesel Engine with a New Alternative Fuel. SAE-Paper 950064

13.17   Tomoda, T. et al.: Development of Direct Injection Gasoline Engine - Study of Stratified Mixture Formation. SAE-Paper 970539

13.18   Verbeek, R.; Van der Weide, J.: Global Assessment of Dimethyl-Ether: Comparison with other Fuels. SAE-Paper 871607

13.19   Zittel, W.: Technologischer Entwicklungsstand wasserstoffgestützter Antriebssysteme im Straßenverkehr und Einführungsstrategien. Schreiftenreihe Praxis-Forum, 3. Kraftstoff- und Motorkolloquium (1996)

13.20   U.S. Code of Federal Regulations, 40 CFR PART 88. für Informationen siehe http://www.epa.gov/OMSWWW/omshome.htm

Sachwörterverzeichnis

K. Mollenhauer (Hrsg.)

Handbuch Dieselmotoren

1997. XXXI, 1029 S. 638 Abb., 14 Farbtafeln.
(VDI-Buch) Geb.**DM 268,-**; öS 1957,-; sFr 242,-
ISBN 3-540-62514-3

Das **Handbuch der Dieselmotoren** beschreibt
umfassend Arbeitsverfahren, Konstruktion
und Betrieb aller Dieselmotoren-Typen. Es
behandelt systematisch alle Aspekte der Diesel-
motoren-Technik von den thermodynamischen
Grundlagen bis zur Wartung. Schwerpunkt bei
den Beispielen ausgeführter Motoren sind die
mittel- und schnellaufenden sowie Hochlei-
stungs-Triebwerke. Aber auch alle übrigen Bau-
und Einsatzformen werden behandelt. Damit
ist das Buch ein unverzichtbares, praxisbezoge-
nes Nachschlagewerk für Motorenkonstruk-
teure, Anlageningenieure und alle Benutzer
dieser gängigen mechanischen Kraftquelle.
Die besten Autoren und Fachleute aus der
Industrie (von BMW, MAN B&W Diesel AG,
DEUTZMOTOR, Mercedes-Benz AG, Volks-
wagen AG u. a. großen Firmen) schreiben in
diesem Handbuch.

Springer

Preisänderungen vorbehalten.

Springer-Verlag, Postfach 14 02 01, D-14302 Berlin, Fax 0 30 / 827 87 - 3 01/4 48 e-mail: orders@springer.de   d&p.BA.65287/1.SF

A. Urlaub

Verbrennungsmotoren
Grundlagen, Verfahrenstheorie, Konstruktion

2., neubearb. Aufl. 1995. X, 568 S. 324 Abb. Geb.
DM 240,-; öS 1752,-; sFr 216,-
ISBN 3-540-58194-4

Leicht verständlich verschafft das Werk **Verbrennungsmotoren** einen vollständigen Überblick über die Zusammenhänge der Prozeßabläufe in Verbrennungsmotoren und liefert wichtige Konstruktionsdetails. In komprimierter und anwedungsorientierter Form werden die Grundlagen behandelt. Für die Entwicklung von Verbrennungsmotoren werden wichtige Prozeßabschnitte wie Ladungswechsel, Zündung und Verbrennung sowie Gemischbildung und Motorkühlung vertieft. Konstruktive Hinweise für alle wesentlichen Bauelemente und elementare Bauteilberechnungen werden ausführlich erläutert.

Springer-Verlag, Postfach 14 02 01, D-14302 Berlin, Fax 0 30 / 827 87 - 3 01/4 48 e-mail: orders@springer.de   d&p.BA.65287/2.SF